无线光通信系统的噪声模型

柯熙政　柯程虎　著

科　学　出　版　社

北　京

内 容 简 介

通信系统中，信号与噪声共同存在，在一定条件下可以相互转化，一般来说噪声是有害的。本书分析了无线光通信系统中噪声产生的机理，有助于规避噪声导致的不良影响，改善通信系统的性能；从基础理论出发，结合工程实践，探讨了无线光通信系统中噪声产生的机理，建立了无线光通信系统的噪声模型，分析了抑制无线光通信系统噪声的途径。本书试图为无线光通信的推广应用奠定理论基础，提供实验依据。

本书适合电子信息、通信工程及应用光学等专业高年级本科生、研究生及工程技术人员阅读。

图书在版编目(CIP)数据

无线光通信系统的噪声模型 / 柯熙政，柯程虎著. — 北京：科学出版社, 2025. 6. — ISBN 978-7-03-082112-6

Ⅰ. TN911.4

中国国家版本馆CIP数据核字第2025H9D123号

责任编辑：姚庆爽　纪四稳 / 责任校对：崔向琳
责任印制：师艳茹 / 封面设计：陈　敬

科 学 出 版 社 出版
北京东黄城根北街 16 号
邮政编码：100717
http://www.sciencep.com
北京九州迅驰传媒文化有限公司印刷
科学出版社发行　各地新华书店经销
*
2025 年 6 月第 一 版　开本：720×1000 1/16
2025 年 6 月第一次印刷　印张：21 1/2
字数：430 000
定价：190.00 元
(如有印装质量问题，我社负责调换)

前　言

　　无线光通信兼具光纤通信和微波通信的优点，与光纤通信相比，无线光通信无须铺设光纤，系统架设灵活方便；与微波通信相比，无线光通信无须频谱许可，收发装置非常轻便。无线光通信中的传输信号不受电磁波传播的物理限制，能够传输更远的距离，传输速率也更快，但是无线光通信系统中的噪声限制了其性能的进一步提高。本书分析无线光通信系统中噪声产生的机理，探索抑制噪声的方法，寻求逼近信道容量极限的途径，提高无线光通信系统的质量，为无线光通信的研究与系统设计奠定理论基础，提供实验依据。

　　全书共9章。第1章介绍无线光通信系统中噪声的分类，以及国内外相关研究进展。第2章介绍各类光电探测器噪声模型和噪声来源。第3章对各类大气湍流功率谱模型进行介绍，在此基础上对信源噪声、信道噪声以及信宿噪声等分布模型进行分析，最后研究了激光在大气湍流中的传输特性。第4章从大气湍流噪声和孔径平滑效应的基础理论入手，搭建三条不同距离的激光通信实测链路，并针对不同天气和不同接收孔径进行了大量的实验测量。第5章介绍大气湍流抑制方法及其研究进展，包括大孔径接收技术、部分相干光传输技术、分集技术和自适应光学技术。第6章建立了室外可见光路径损耗模型，并对不同天气条件下室外可见光通信性能进行探讨分析。第7章研究了水下无线光通信中湍流噪声对通信性能的影响，同时对不同水域中激光跨介质传输特性进行了分析。第8章建立了不同季节紫外光背景噪声模型，并对不同收发角度、不同通信距离以及不同天气条件下的紫外光噪声进行测量分析。第9章对光源噪声模型、大气信道噪声模型以及探测器噪声模型进行分析。本书第1~5章由柯熙政院士负责，第6~9章由柯程虎博士负责。

　　硕士研究生廖志文、许东升参加了本书的部分撰写工作，书中的实验是他们毕业论文的一部分；博士研究生秦欢欢参与了本书第6章部分实验工作。谨向他们表示衷心的敬意，感谢他们为科学研究付出的青春与热情。

　　本书是在作者受聘西安文理学院荣誉教授期间的部分工作，也是西安文理学院西安市无线光通信及其组网技术院士工作站的研究成果，感谢西安文理学院为本书的顺利出版所提供的便利与支持。

　　本书的研究工作得到了国家自然科学基金项目(61377080)、陕西省重点产业创新项目(2017ZDCXL-GY-06-01)、陕西省自然科学基础研究计划项目(2024JC-YBMS-562)、陕西数理基础科学研究项目(23JSQ024)的支持,谨致谢意。

　　感谢本书参考文献的作者,以及没有列入参考文献的研究者所做的贡献,他们的工作给作者研究以深刻的启迪。

　　由于作者学识有限,书中难免存在不妥之处,恳请各位读者批评指正。

作者谨识

2024 年仲夏于秦岭老屋

目　　录

第1章 绪　　论

本章介绍无线光通信噪声模型的研究背景，分析近年来无线光通信系统中噪声模型的研究进展，介绍大气湍流中光波传输特性的国内外进展，最后总结无线光通信系统噪声模型的发展趋势。

1.1　研究背景与意义

无线光通信是将数据信息加载到光束上进行传输，光束类似于载波。因此，光通信在信息传递和保密性、传输速率等方面有着明显的优势[1]；同时还能有效克服宽带网络"最后一公里"信息传输技术瓶颈问题，为广大用户提供更便捷的服务[2]。

无线光通信包括卫星间通信的星间光通信，卫星与地面站间通信的星地光通信，固定地面站间通信的地面无线光通信，移动设备与移动站或固定点间通信的车载、舰载、机载无线光通信，以及水下光通信等[2]。无线光通信兼具射频通信和光纤通信的特点，与光纤通信相比，无线光通信系统工作无须铺设光纤，系统架设灵活方便；与微波通信相比，无线光通信设备无须频谱许可，传输速率高，收发装置非常轻便。无线光通信中的传输信号不受电磁波传播的物理限制，能够覆盖更长的距离，传输速率也更快。

大气折射率是指光在真空中的传播速度与光在大气中的传播速度之比。光在大气中传播时，由于大气折射率分布不均匀，光的传播路径不可能总是沿直线，会发生相应的折射现象，从而对光信号在大气信道中的传输造成一定的影响，给发射端和接收端对准带来困难。物理上，空气的密度随着温度、湿度和压力等因素的变化而发生改变，会导致大气折射率的随机起伏和光信号的吸收及散射，造成光信号功率衰减和脉冲展宽，给通信系统带来串扰。此外，当激光在大气中传输时，大气折射率的随机起伏会对在大气中传输的激光产生一定的影响，如光束扩展、光束漂移、光强闪烁、到达角起伏等，从而导致激光通信及其跟踪瞄准系统的精确度和传输距离大幅下降，严重时甚至可能导致激光传输链路的中断[3,4]。图1.1详细描述了大气湍流及其对光通信的影响。

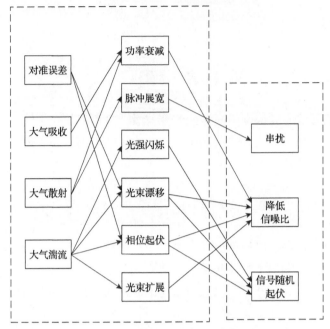

图 1.1　大气湍流及其对光通信的影响

1.2　无线光通信系统噪声模型研究现状

通信系统的作用就是通过信道将信息从信源发送到一个或多个信宿。在无线光通信中，首先将信源所产生的信息输出调制到光载波（光束或光场）上，光载波通过光信道发射出去，这就是光发射机。光发射机包括信源编码、信道编码、调制、光信号放大以及发射天线等环节。随后用光学的方法在接收端对光信号进行收集，并且加以处理，这就是光接收机。光接收机包括光信号收集天线、空间光-光纤耦合单元、前置放大器、检测器、解调器等。

通常情况下，在光场传输的过程中，会存在各种形式的噪声。噪声会对通信系统的性能造成严重影响，因此对这些噪声进行建模和分析是至关重要的。本章将从发射端、信道、接收端三方面对其中引入的各类典型噪声进行逐一分析。典型的无线光通信系统及其噪声分布如图1.2所示。

激光自诞生之日起，人们就积极尝试将其作为一种通信手段。1967 年，Brookner 等[5]就开始了对金星到地球的空间无线光通信的建模，并对激光在大气中的传输进行了测量[6]。通信理论的发展为无线光通信技术的进步奠定了理论基础。1970 年，Karp 等[7]对无线光通信理论进行了初步研究。1976 年 Gagliardi 等在《光通信》一书中系统地阐述了无线光通信的原理。半导体激光器的出现解决

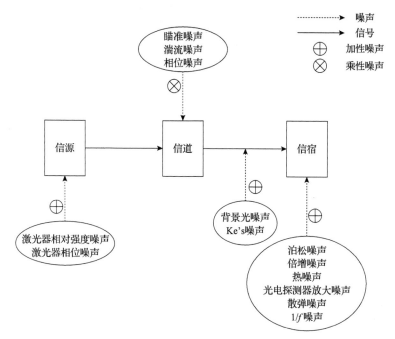

图 1.2　无线光通信系统及其噪声分布

了光源小型化的问题，1989 年，Katz[8]总结了新型激光器在无线光通信中的应用，并对系统模型做了进一步的总结。1994 年，Hinton[9]指出集成电路的发展让无线光通信进入了快速发展阶段，大规模集成电路使得复杂算法可方便地应用于无线光通信。2010 年，Wolf 等[10]指出无线光通信在与电信网融合的过程中，副载波调制将成为主流。同时，我国的无线光通信研究也从专项技术研究阶段上升为系统研究阶段。2004 年，柯熙政等[11]系统地研究了无线光通信系统中信源、信道和信宿各部分的数学模型，并指出通信编码对提升系统性能的重要性。2010 年，姜会林等[12]对空间激光通信系统做出总结，针对飞行平台的自动捕获、对准与跟踪系统做了详细阐述。2015 年，Yu 等[13]总结了我国星地激光通信的发展，详细介绍了卫星激光通信终端的设计、空间光束的预瞄和捕获、卫星轨道的预测等技术。这些研究表明，我国无线光通信领域内的研究趋于完善。无线光通信各部分噪声模型的研究虽然已经相当深入，但是仍处于孤立研究阶段，缺乏统一的系统噪声模型。因此，为了研究无线光通信系统的噪声模型，下面从信源、信道和信宿三方面入手，详细阐述与之相关的噪声模型的研究进展。

1.2.1　信源噪声

根据系统发光、调制设备的不同，无线光通信系统的信源噪声可以分为无线激光通信系统的激光器光源噪声和以发光二极管(light-emitting diode, LED)为光源的可见光通信(visible light communication, VLC)中 LED 调制信号光中的噪声。当通信信号调制激光器发光时，信源噪声大体可分为两部分：一是激光器自身固有的热噪声，二是激光器发光相较于调制信号的失真。对激光器上述噪声/失真的研究，自 20 世纪 60 年代激光器发明后就开始了。1966 年，Pauwels[14]从量子力学 van del Pol 方程出发，推导了激光器的幅度和相位噪声的级数表达式，但是结果过于复杂。同年，Leeson[15]从更简单的频谱模型出发，得到频谱近似于 $1/f$ 噪声的结果。1970 年，van der Ziel[16]研究了 GaAs 激光器散粒噪声模型，其结果被广泛引用。1982 年，Harder 等[17]从半导体速率方程出发，求解得到了半导体激光器的光强和频谱起伏，以及激光器的一般简化电路。1988 年，Petermann[18]对激光器的各类噪声做了详尽的总结，其研究成果已经成为经典教材。由于速率方程解的形式较为复杂，往往用级数去近似描述，这种信号非线性失真也是影响通信系统的一种噪声。1992 年，Kuo[19]从光电二极管(photodiode, LD)的增益饱和、弛豫振荡、空间烧孔等方面出发，对上述因素影响 LD 的非线性噪声做了理论分析和实验研究。1994 年，Le Bihan 等[20]使用微扰法与贝塞尔函数法求解速率方程，推导出了 LD 非线性互调失真的表达式，结果表明调频(frequency modulation, FM)信号失真比调幅(amplitude modulation, AM)信号明显。1994 年，Fukuda 等[21]基于多量子阱分布式反馈激光器，从实验和理论上阐明了器件在退化过程中残余光谱线宽增加的原因，提出一个 $1/f$ 噪声与半导体激光器退化之间相关性的模型。1997 年，柴燕杰等[22]分析了半导体激光器的相位噪声对高速光纤通信系统特性的影响，结果表明，光纤的色散特性使得激光器的相位噪声在接收端将转化为强度噪声，从而使光接收机的灵敏度发生恶化，并在误码率曲线上表现出"饱和"现象。2002 年，Lawrence 等[23]则针对 FM 信号驱动的 LD 中的非线性失真进行了详细研究，结果表明调制度、调制频率、注入电流大小以及外腔长度等因素都会影响激光器的非线性动态失真。

2005 年，Mortazy 等[24]提出一种计算光通信中光学元件噪声的新电路模型，通过使用电气参数而非光学元件的模型，可以计算每个元件中的噪声，并最终获得光学链路中的噪声。2006 年，俞本立等[25]设计出一种采用复合腔结构的新型低噪声光纤激光器。这种激光器有效抑制了光源的强度噪声。2010 年，di Domenico 等[26]提出一种简单的方法来处理激光器频率噪声谱与激光线形之间的关系，并给出了一个可以应用于任意噪声谱密度的近似公式来评估激光线宽。2012 年，刘继红[27]研究了激光相位噪声对相干光纤通信系统调制格式选择、参数优化和载波相位估计性能等的影响，仿真结果表明，当载波相位估计方法用于相干光纤通信系统时，算法中符号序列平均的最佳长度与激光相位噪声成反比。2016 年，Mahmoud 等[28]针对光载无线(radio-over-fiber, RoF)通信系统中 LD 的噪声和失真对系统的影响做了详细的研究，指出在激光器调制过程中，互调失真较谐波失真更为严重。

2016 年，陈丹等[29]采用贝塞尔函数推导了激光器非线性互调失真表达式，研究了非线性互调失真对系统载波互调噪声比及误码率性能的影响，并给出了系统最佳调制指数的选取与非线性系数的对应关系。同年，陈锦妮[30]提出一种基于副载波调制的全新非光域外差检测方法，进行了加性噪声、乘性噪声和混合噪声下系统仿真实验，为这种非光域外差检测方法的应用提供了实验依据。2017 年，宋昭远等[31]利用功率谱、积分谱对不同泵浦功率、种子源功率和波长的光纤激光器的相位噪声进行了定性分析，结果表明，泵浦功率越大，低频相位噪声所占比重越大；而对于不同种子源功率，相位噪声在测试频段的比例基本处于同一水平；对于测试的不同种子的波长，相位噪声高频段所占比例不同，其中种子波长为 1560.48nm时比例最大。2019 年，白燕[32]推导了激光器线宽与频率噪声功率谱密度、相位噪声功率谱密度之间的关系，得出通过测量激光器相位噪声来计算激光线宽的方法，对激光器的输出激光谱线进行了数值仿真与特性分析。2022 年，杜以成等[33]提出并开展了一项理论研究，旨在探究基于三段分布式布拉格反射半导体激光器的噪声共驱混沌同步现象。

1.2.2　信道噪声

通过大气信道传播的激光光束会受到大气环境的影响。在无线光通信中，天气会对光信号的接收造成影响。大气信道对传播光束的影响包括光强闪烁、光束扩展、光斑漂移等现象。此外，在无线光通信系统中，还存在由其他环境因素引起的噪声干扰，如背景光噪声和瞄准误差噪声等。这些都是无线光通信系统的不利因素。早期对大气中光束传播做出物理解释的是 Kolmogorov，光束在弱湍流信道中传播，有 Born 和 Rytov 两种近似理论可以得到闭合结果，以光强对数方差作为参数的对数正态模型可以描述接收光强概率分布[34,35]。Rytov 近似使用对数光强和相位描述光场[36]，当传播距离较近时，理论与实验吻合较好。对于中强湍流中光束行为的描述则是研究的重点，1979 年，Parry 等[37]通过实验数据发现 K 分布可以描述某些恶劣条件下的光强分布。1982 年，Phillips 等[38]使用了强度服从瑞利分布、相位服从均匀分布的复高斯模型来描述中强湍流中光的传播。后来研究者进一步将其发展为修正 Rice-Nakagami 分布[39]。但此类模型的前提均为 Born 近似，这导致数值模型与实验结果不符。1985 年，Andrews 等[40]将其发展为 I-K 分布，其通用性较 K 分布好一些。随后人们对激光在各种环境下的传播做了大量的测试工作，积累了大量的数据。1988 年，Ooyama 等[41]测量了激光在烟雾中的传播。1993 年，Vostretsov 等[42]实测了雪中光传播的光强分布，结果表明，光强分布服从某种参数的 Gamma 分布。1997 年，Valadas 等[43]提出在室内无线光通信系统中使用角度分集来抑制环境噪声，结果表明，光学增益随着单元内定向噪声的影响程度、定向噪声源波束宽度的锐度而增加。2000 年，王艳华等[44]讨论了加性高斯白噪声信道的基带数字调制技术,对加性高斯白噪声信道的最佳接收机性能进行了研究,探讨了信号传输的误码率与信噪比的关系,找到了获得最佳接收机的有效途径。2001 年,Alhabash 等[45]建立了 Gamma-Gamma 模型。该模型在中强湍流条件下与实验数据吻合良好。2002 年,Rollins 等[46]提出探测器灵敏度受背景光的影响,在设计和测试光学收发器时必须考虑有害的环境影响,包括接收器瞬时视场中阳光的干扰。2005 年,Razavi 等[47]研究了大气湍流、背景光、接收器热噪声的影响,使用条件高斯近似方法得到了数值结果,测量了在各种工作条件下产生的功率损耗。2005 年,Kiasaleh[48]考虑了弱湍流(晴朗大气)场景和负指数分布的接收信号强度情况,给出了脉冲位置调制情况下的数值结果,以阐明湍流对通信性能的影响。2007 年,Farid 等[49]给出了瞄准误差的数学模型,并计算了在瞄准误差影响下的系统容量极限。2008 年,Jaruwatanadilok[50]利用矢量辐射传理论建立了水下无线光通信信道模型,通过蒙特卡罗方法将散射效应量化为距离和比特率的函数。2008 年,朱江[51]对多种调制方式下室内无线光通信的性能进行了探究,并研究了在高速传输过程中,多径信道产生的均方根时延以及由此引发的码间干扰。2008 年,马保科等[52]探讨了雾媒介中激光传播衰减的特性,并分析了视场角变化对信噪比的影响。2008 年,Cochenour 等[53]研究了水下散射对光通信信号、接收光功率和链路范围的影响。2009 年,Zweck 等[54]研究了加性高斯白噪声模型在准线性、长距离、归零、直接检测光纤通信系统中的有效性和局限性。2010 年,孟红超[55]运用经典的二次增广拉格朗日方法对等式约束条件下的无线光通信模型进行了分析,并建立了受大气传输窗口和大气湍流影响的无线光通信模型。2011 年,Jurado-Navas 等[56]进一步提出 Malaga 分布模型。2011 年,王红星等[57]构建了一种数学模型,用于评估弱湍流条件下无线光通信系统的差错性能。2012 年,屠艳菊等[58]提出一种基于混合噪声模型的二进制振幅键控调制方式下误码率计算方法,仿真结果表明,无线光通信性能受到大气湍流和噪声的显著影响。2012 年,Mohamed 等[59]介绍了雨、雾、雪等恶劣天气对无线光通信系统传输性能的影响。2013 年,姚文明等[60]分析了水下无线光通信的信道模型,推导了水下无线光通信模型下定长数字脉冲间隔调制的误包率表达式。2013 年,Ansari 等[61]利用 Meijer G 函数对光通信系统中瞄准误差问题进行了深入研究,并将所得结果整合到一个统一的表达式中。

　　2013 年,崔朝龙等[62]研究了在不同情况下接收机各噪声分量所占比重,为抑制系统噪声奠定了理论基础。2014 年,Nistazakis 等[63]研究了无线光通信系统在用 Gamma-Gamma 分布或负指数分布建模的大气湍流信道上的误码率性能。2014 年,Varotsos 等[64]分析了激光大气传播引起的群速度色散和大气湍流对通信系统的影响。2014 年,Zhu 等[65]提出一种基于延迟线方法的相位噪声测量方案。该方案采用了多功能微波光子处理器,可以同时实现电光转换,提供时间延迟,并控制输出微波信号的相位。2015 年，柯熙政等[66]建立了强湍流模型下的无线光通信空间接收分集系统模型，并通过仿真验证了其在大气环境中的适用性和抗干扰能力。2015 年，杨本圣[67]利用指数韦伯衰落模型推导了无线光通信系统在多脉冲位置调制条件下的误符号率表达式。2015 年，柯熙政等[68]针对强湍流的空间相关性特点，拟合了基于 1-范数的相关函数，利用修正的球不变随机过程法得到相关 K 分布随机场，建立了二维相关 K 分布湍流信道模型。2015 年，Xu 等[69]提出一个用于评估均衡增强型相位噪声影响下的相干光传输系统性能的模型。2016 年，卢芳等[70]基于广义惠更斯-菲涅耳原理，采用 Rytov 方法推导出阵列光束在非 Kolmogorov 湍流大气中传输时的光强闪烁指数表达式。2016 年，柯熙政等[71]利用对数正态分布和 Gamma-Gamma 分布分别对信道进行建模，分析表明前者不适用于中强湍流下的光强起伏行为，而后者具有更广的应用范围。2017 年，范新坤等[72]建立了天空背景光噪声模型并进行了理论分析和仿真研究，仿真结果表明，天空背景光会引起粗、精跟踪单元所使用探测器的信噪比下降，导致跟踪精度降低，增加了通信误码率。2017 年，张根发[73]阐述了自由空间光通信系统中噪声的具体分类和由湍流导致的时变衰落及固定衰落模型。2018 年，柯熙政等[74]针对无线光副载波多进制相移键控调制系统，研究了解调模块的相位噪声对无线光通信系统差错性能的影响，并仿真分析了光强起伏方差、相位噪声及调制阶数对系统差错性能的影响。2019 年，王晨昊[75]推导了 Tikhonov 分布相位噪声模型概率密度函数的傅里叶级数表达式。2020 年，Nafkha 等[76]推导了 MIMO Jacobi 和 MIMO Rayleigh 衰落信道的遍历容量表达式，并通过蒙特卡罗方法验证了其有效性。2020 年，邢方圆[77]分析了吸收、散射和太阳辐射噪声等因素对水下光通信系统性能和功率分配性能的影响。2020 年，刘文皎[78]分析了海水信道的吸收散射对光的衰减作用，并通过仿真对比了不同水质条件下光脉冲的时域扩展现象。2020 年，王璐甲[79]对水下光传播特性进行建模，分析了海洋中光的吸收与散射带来的衰减、背景噪声以及传输数据时的能耗模型。2020 年，傅玉青等[80]对 UOWC（underwater optical wireless communication）系统进行了模拟研究，探究了束宽、接收孔径、海洋湍流参数和瞄准误差对平均误码率和中断概率性能的影响。2020 年，Zhang 等[81]提出一种基于正交频分复用的渐近增长元学习自适应多速率方案，并在 UOWC 系统湍流信道上进行了分析。2021 年，Lee-Leon 等[82]设计了一种基于深度置信网络的接收机系统。仿真结果表明，该系统在 10^{-3} 比特误码率下性能提高了 13.2dB。2021 年，Majlesein 等[83]引入了散射噪声分析模型，并研究了其对 UOWC 系统在三种类型的水域和一系列传输链路跨度下的误码率性能的影响。2021 年，韩中达[84]对室内可见光通信系统的信道特性和噪声模型进行分析，重点探讨了散粒噪声和热噪声对系统性能的影响。2021 年，柯熙政等[85]提出一种基于双高斯函数叠加的车联网夜间可见光通信系统的背景光噪声模型。2021 年，柯熙政等[86]综述了大气湍流对无线光通信的影响，分析了大气湍流中的光束扩散、漂移和闪烁等现象。2021 年，杨瑞科等[87]利用双广义 Gamma 分布和大气湍流信道时间协方差函数，建立了可以反映接收光强动态特性的时间序列模型。2021 年，沈红等[88]基于经典弱起伏湍流理论推导了孔径接收时光强闪烁的解析表达式，仿真计算了不同湍流强度、不同菲涅耳数下平面波与球面波的光强闪烁，结果表明，当 Rytov 方差小于 4.8 时，平面波与球面波的光强闪烁曲线存在一个交点，该交点对应菲涅耳数下的平面波闪烁与球面波闪烁强度相等；当 Rytov 方差大于 4.8 时，平面波的光强闪烁强度总是小于球面波。2022 年，Miao 等[89]采用级数表示法，研究了具有广义指向误差的对数正态湍流信道上无线光通信系统的遍历容量和中断性能，推导了具有广义指向误差的对数正态 Rician 信道的解析近似表达式，研究结果表明，指向误差会显著降低无线光链路的性能，通过选择发射机侧的最佳波束宽度，可以有效减轻指向误差对遍历容量的影响。2022 年，张家梁等[90]对水下无线光通信系统的接收端噪声进行分析建模，搭建了环境光噪声干扰下 852nm 波长的水下无线光通信实验平台，证明了使用滤光器可以有效提升环境光噪声干扰下的水下无线光通信的通信性能和链路长度。2022 年，Chen 等[91]提出一种用于波分复用相干数据中心链路的架构，研究发现，在每个频率梳中，所有梳线中的相位噪声完全由种子激光器的光学相位噪声和微波振荡器的相位噪声决定。2023 年，李征等[92]对各种大气湍流谱模型的理论和构建进行了系统研究和比较，并详细介绍了在实际研究中所采用的大气湍流模型。2023 年，李征等[93]对可见光全双工通信中的光学设计、驱动电路和信道建模等方面进行了讨论。2023 年，Jin 等[94]讨论了宽带长距离非线性光纤通信系统在均衡增强型相位噪声下的性能，结果表明，符号速率和传输距离的增长加剧了 C 波段系统的失真。

1.2.3 信宿噪声

无线光通信系统中的信宿主要是指光电探测器，通信中常用的光电探测器主要有 PIN（positive intrinsic negative）类的光生伏特探测器，以及光敏电阻类的光电导探测器。在上述探测器中热噪声、暗电流噪声、散弹噪声、$1/f$ 噪声等是普遍存在的。1976 年，Boisrobert 等[95]研究了 PIN 探测器接收正弦波调制信号时的电路特性，给出 PIN 探测器的等效电路并分析了探测器的散弹噪声。1986 年，Schimpe 等[96]使用外差法测量了 PIN 探测器对调幅和调频信号的接收信噪比，指出调制深度是影响系统性能的重要参数。1995 年，Wieczorek[97]对 PIN 探测器的散弹噪声、暗电流噪声和 $1/f$ 噪声进行了详细分析和建模，研究表明暗电流噪声与探测信号无关，$1/f$ 噪声来源于注入电流的起伏。1997 年，Fang 等[98]证明了光接收放大器的等效噪声模型中输入阻抗的位置与典型噪声模型中的位置不同，因此该等效噪声模型不适合应用。2003 年，Haas 等[99]假设散粒噪声限制操作，其中检测器输出是双随机泊松过程，其速率与通过对数正态随机衰落缩放的发射功率之和成比例，证明了这种衰落信道的遍历容量等于或超过具有确定路径增益的信道的遍历能力。2004 年，郭从良等[100]对前人经验进行总结，对光电倍增管的噪声模型做了详细的分析研究，并给出了相应的等效电路。2005 年，包军林等[101]对电应力前后光电耦合器件的闪烁噪声(1/f 噪声)进行了实验和理论研究，并基于载流子数涨落和迁移率涨落机制，建立了一个光电耦合器件 1/f 噪声的定量分析模型，该模型与实验结果符合良好。2007 年，高新江等[102]对雪崩光电二极管特性的数学模型进行了数值模拟，得到了雪崩光电二极管内部电场分布、暗电流特性、过剩噪声和增益带宽特性等数值结果。2008 年，王晓颖[103]对无线光通信系统中的散粒噪声、热噪声和背景噪声等进行了分析建模，并对系统各部分的传输性能做了定性分析。2010 年，胡涛等[104]阐述了光电探测器的光电转换电路、放大电路噪声、放大电路稳定性等内容，并设计了一种能够有效降低噪声和温漂，具有大的动态输入范围的放大电路。2011 年，Wang 等[105]从理论上分析了背景光诱导的散粒噪声对通信系统的影响，提出一个允许接收机灵敏度和相应功率损耗的理论模型，并通过实验验证了该模型。实验结果表明，在该系统中当工作比特率较低时，背景光将导致数分贝的功率损耗，随着比特率的增加，前置放大器引起的噪声变得更大，并最终主导噪声过程。2012 年，闫振纲等[106]从统计学的角度分析了光电探测器的随机噪声，指出正态分布和对数正态分布可以描述光电探测器的随机噪声特性。2013 年，Kharraz 等[107]从带宽、增益、消光比、散粒噪声等方面对光通信系统中常用 PIN 型光电探测器和光电雪崩二极管(avalanche photo diode, APD)型光电探测器的性能进行了分析。2019 年，Yan 等[108]提出一种直接从单光子雪崩二极管输出的离散随机脉冲序列中恢复时钟和数据的方法，验证了选通信号数量、同步字符长度和波特率等系统设置参数对平均误码率的影响。2022 年，Mostafapour 等[109]讨论了可见光通信中的倍增噪声情况，对移动自适应网络进行了建模实现，并对其性能进行了分析。

1.3 大气湍流模型研究现状

1.3.1 大气湍流效应

当承载信号的光束经过大气湍流信道后，大气湍流效应会导致光束截面内的光功率出现随机的起伏以及光强闪烁、光束漂移和相位起伏等现象，从而对光通信系统的通信性能产生影响。图 1.1 为大气信道对光通信的影响，在大气湍流的影响下，光强闪烁、光束漂移、光束扩展以及相位起伏使得光信号随机起伏，光功率发生衰减，同时可以使通信系统的信噪比下降，降低通信质量。面对大气湍流对无线光通信系统造成的一系列影响，研究抑制大气湍流的方法对无线光通信的发展具有重要意义。

在无线光通信系统中，光束经过大气湍流信道后，会受到湍流引起的干扰，使得接收端处光束光功率大小发生改变，导致通信质量下降。不同尺度的大气湍流会对光信号波前和光束质量产生不同的影响。研究表明，大气湍流尺度的变化会对无线光通信系统产生重要影响，其中包括光信号和光束质量的变化，而这种影响又取决于激光光束的直径和湍流的几何尺寸。

1. 光强闪烁

当发射光束的截面直径远大于湍流的几何尺度时，光束的横截面包括许多小尺度的湍流，每个小尺度的湍流都会对光束产生不同的影响，可以使得光束发生散射和衍射。此时，光强和相位会产生不确定的起伏，影响光通信系统性能及通信质量，这种现象为光强起伏。

2. 光束漂移

光束经过湍流后，大气湍流对光束的主要影响是使得其发生多次不同的折射，经过多次折射后会使得光束发生漂移，最终导致光束不能垂直地照射在接收面上。这种改变光束折射的现象为大气湍流引起的光束漂移效应。光束漂移会使传输光信号的随机相位起伏，进而大大降低无线光通信系统的通信质量。

3. 光束扩展

大气湍流使得大气折射率发生的不确定性改变，这种不确定性的改变以及随机性使得光束在传输过程中发生尺寸扩展，导致传输光束横截面的能量大大降低。当光束的能量降低到一定程度时，这些光束就不可能顺利通过，接收透镜达到光电探测器上，这种现象会降低无线光通信的质量。

4. 相位起伏

在无线光通信的大气信道中，传输介质的不均匀性会使波前发生畸变。这种畸变会使光束的到达角不理想，也就是到达角起伏现象。然而，光信号在均匀介质中传输时波前不会发生畸变，大气湍流引起发射光束波前发生不确定性的畸变，此现象为相位起伏。

1.3.2　大气湍流模型研究进展

光波在大气湍流中传输特性的理论研究中，其模型依赖于大气湍流功率谱模型。Kolmogorov[110]在 1941 发表的著名 Kolmogorov 湍流理论中提出大气湍流功率谱模型的概念并建立了 Kolmogorov 谱模型。随后人们开始对大气湍流功率谱开展了大量的研究工作并陆续建立了不同的大气湍流谱模型，其中最常用的包括 Kolmogorov 谱、von Karman 谱、Hill 谱以及 non-Kolmogorov 谱。

1941 年，Kolmogorov[111]建立了局地均匀各向同性湍流理论，提出将湍流近似为局地各向同性的 Kolmogorov 谱，并且在惯性子区范围内，大气折射指数结构函数与湍流结构常数的关系服从著名的 2/3 定律，其功率谱幂率为–5/3。1948 年，von Karman[112]提出用于描述圆管内产生湍流规律的 von Karman 谱，该谱同时包含内尺度和外尺度的影响且避免小功率谱在原点处出现奇点，适用于全波数区。1961 年，Tatarskii[113]引入一个内尺度的影响因子作为功率谱模型的截断函数，建立了 Tatarskii 谱，并将 Tatarskii 谱的适用区域扩展到了耗散区（即能量的耗散超过了动能的区域）。1963 年，von Karman[114]在 Kolmogorov 谱的基础上考虑了大气湍流外尺度和内尺度的影响，提出修正 von Karman 谱，该功率谱有效弥补了 Kolmogorov 谱和 Tatarskii 谱存在不能积分奇点的不足。1974 年，Greenwood 等[115]在不光滑下垫面环境下开展了关于湍流谱的实验测量，依据实验数据提出 Greenwood-Tarazano 谱[115]。1978 年，Hill 等[116]考虑了功率谱在接近高波数区存在突变因素的影响，提出一个精确描述惯性区和耗散区的数值模型——Hill 谱。1992 年，Andrews[117]在 Hill 谱模型的基础上提出 Andrews 谱，该谱能描述功率谱在接近高波数处的突起情况，同时具有易于分析计算的数学形式。1995 年，Stribling 等[118]定义了广义 Tatarskii 谱，该谱可将结构函数扩展到较小的幂律值，且在波数 $\kappa = 0$ 时具有奇点，对所有波束都有效。2008 年，Zilberman 等[119]基于自由大气中折射率起伏谱的三层模型，研究了通信链路在对数振幅变化下的湍流特性，根据对流层和平流层低层湍流剖面的实验和理论数据，提出一个随高度变化的湍流谱模型。2008 年，Toselli 等[120]提出 non-Kolmogorov 湍流功率谱模型，该模型对大气湍流的非均匀性以及各向异性进行了解释。

对于湍流效应的研究，人们研究较多的是光束扩展和光强闪烁特性。1970 年，Whitman 等[121]利用波动标量方程推导出了光束扩展公式，并利用 Kolmogorov 谱进行了具体分析，结果表明，光束传输距离越远，光束扩展半径越大。1972 年，Poirier 等[122]利用 Born 近似方法研究了大气湍流中聚焦波束的展宽效应。1975 年，Fante[123]引入修正后的 von Karman 谱推导出了长期光束扩展公式，并利用互相关函数导出短期光束扩展公式。1999 年，范承玉[124]利用 Mellin 变换研究了高斯准直光束的光束扩展问题，结合昆明大气湍流强度数据计算了不同靶标高度下的光束扩展情况。2001 年，Andrews 等[125]讨论了光束半径受湍流内外尺度的影响，并借助数值模拟的方法进行了光束定标。2005 年，Pan 等[126]分析了星地链路中激光束传输的光强起伏特性，结果表明，在弱、中及强湍流区域，多光束传输均可有效抑制光强起伏。2007 年，张逸新等[127]在修正 von Karman 湍流谱下，研究得出了包含湍流尺度影响的湍流大气中传输高斯光束的平均光强关系、包含湍流外尺度影响的光束短期扩展因子，以及高斯光束等效半径与传输距离、初始光束半径和光波波长间的关系。2007 年，马保科等[128]运用修正 Rytov 方法将经典的 Rytov 方法扩展到中、强湍流区，并根据国际电信联盟无线通信部门（International Telecommunications Union-Radio Communications Sector，ITU-R）湍流大气结构常数模型将水平传播扩展到斜程传播中，得到了零内尺度、外尺度的平面波、球面波闪烁指数随修正 Rytov 方差的变化规律。2008 年，钱仙妹等[129]利用多层相位屏模拟方法，对地空激光在大气湍流中的斜程传输进行了数值模拟，分析了在不同天顶角、激光波波长和初始半径下光束的扩展半径、光斑质心漂移方差以及闪烁指数的变化规律。2008 年，韦宏艳等[130]推导了在斜程传输路径条件下，激光波束的扩展半径。同年，韦宏艳等[131]在斜程路径球面波和平面波的闪烁模型上进一步讨论了斜程高斯波束的闪烁指数特性。2010 年，Chu 等[132]推导出部分相干高斯-谢尔光束在大气湍流中斜程传输时光强分布表达式，对中继传输和直接传输这两种情况进行了研究，得出中继传输时的光强分布要优于直接传输的结论。2012 年，张晓欣等[133]推导出部分相干光在任意折射率起伏功率谱模型的大气湍流中传输时的束宽表达式，然后以部分相干平顶光束为例，分析了光束在斜程传输时光束阶数、空间相干度、天顶角等参数对光束束宽的影响。2013 年，Duan 等[134]对高斯-谢尔模型（Gauss Schell model，GSM）光束在大气湍流中以上行、下行以及水平三种不同路径传输时的平均强度以及均方束宽进行了研究，并发现在大气湍流中以下行链路传输时光束所受影响最小。2014 年，Zhang 等[135]对非傍轴多色部分相干拉盖尔-高斯光束在自由空间中传输时强度分布的变化情况进行了研究，研究发现光束的强度分布特性由光束的初始参数决定，同时还发现该光束在自由空间中传输时，其光谱位移与光束初始参数和传输距离有关。2016 年，Fayed 等[136]采用 Hufnagel-Valley 模型，推导出了球面波在大气湍流斜程传输中闪烁指数的闭合表达式，并研究了信噪比和误码率对系统性能的影响。2018 年，冷坤等[137]利用多层相位屏的方法，针对海上大气环境下的激光传输进行了仿真分析，研究结果表明，发射端的激光发射功率逐渐变大，热晕效应逐渐增强，同时光斑畸变也逐渐严重，导致光束质量变差。2020 年，Wang 等[138]基于广义惠更斯-菲涅耳定理，研究了部分相干椭圆涡旋光束在各向异性 non-Kolmogorov 湍流中的光束漂移特性，研究结果表明，扭曲相位调制和相干调制都存在一个饱和区，在饱和区之外，扭曲相位调制可以有效地抑制光束漂移。2022 年，杨瑞科等[139]对沙尘天气情况下大气湍流信道中的光强衰减进行了研究，研究结果表明，当天气能见度降低时，多重散射效应增强，导致光强衰减量和误码率相应减小。2022 年，Sayan 等[140]利用 Rytov 方法研究了在大气弱湍流区中多模激光束的闪烁指数与光源尺寸、传播距离及天顶角的关系。2023 年，Xu 等[141]推导了部分相干扭曲高斯光束在湍流大气中传输的闪烁指数和误码率的解析表达式，数值模拟结果表明，在短距离传输中，部分相干扭曲高斯光束相比于部分相干高斯光束在降低湍流引起的闪烁方面具有优势，并且随着扭曲因子的增加，这种优势进一步增强。

由于大气湍流的复杂性，理论研究结果有时存在一定的局限。所以人们在开展激光大气传输理论研究的同时，也进行了相应的实验研究。1996 年，美国菲利普斯实验室[142]开展了机载激光传输大气特性测量实验，激光收发端机安装在两架于平流层中飞行的飞机上，在实验中测量了激光波前斜坡结构函数，测量结果和理论结果基本相符。2000 年，饶瑞中等[143]开展了聚焦激光束光斑漂移的实验测量，研究结果表明，铅直方向的光斑漂移量略高于水平方向的光斑漂移量；在晴朗天气以及较大的湍流强度下，测量结果与理论结果吻合，其变化趋势与闪烁大致相同。2002 年，Biswas 等[144]搭建了 48.5km 的激光传输链路平台并开展了分集技术的实验研究，研究结果表明，当发射激光光束数目增多时，接收端的闪烁指数会相对减小。2004 年，王丽黎等[145]设计了一套激光光斑测量系统，并利用该系统在不同气象条件下测量了光强闪烁和光斑抖动。2005 年，石小燕等[146]开展了聚焦光束在大气湍流中水平传输的实验测量，获得了不同遮拦比条件下聚焦光束的光束扩展和湍流效应特征参量之间的定标关系。2006 年，Phillips 等[147]搭建了 1km、2km 及 5km 三条不同距离的激光传输链路实验平台，研究结果表明，当发射端的发射孔径不变时，多模激光器发射光束的漂移量与单模激光器发射光束的漂移量基本相同。2015 年，吴晓军等[148]进行了传输距离为 1.4km 和 0.9km 的激光传输实验，对比分析了在水面和公路下垫面下的激光传输特性，结果表明，在公路环境下的大气折射率结构常数数量级跨度大，光强起伏程度强烈，其湍流强度和闪烁指数均大于海面值。2016 年，王红星等[149]在近海面、沙滩和公路三种不同下垫面环境搭建了激光传输平台，并针对光束漂移与光斑扩展特性进行了实验测量研究，研究结果表明，近海环境下光斑扩展与光束漂移的起伏程度最强，起伏幅度分别为 0.15cm 和 0.6cm。2018 年，王惠琴等[150]在兰州地区开展了链路长度为 610m 的激光传输实验研究，利用闪烁法测量了晴、阴、沙尘、雨夹雪天气下的大气折射率结构常数，结果表明，各类天气下的大气湍流均属于中等强度湍流。2021 年，Zhai[151]建立了水平链路和卫星链路上具有各向异性倾斜角的非 Kolmogorov 湍流谱，并导出了各向异性 non-Kolmogorov 水平链路和卫星链路闪烁指数的解析表达式。

参 考 文 献

[1] Goodwin F E. A review of operational laser communication systems[J]. Proceedings of the IEEE, 1970, 58(10): 1746-1752.

[2] 张文涛, 朱保华. 大气湍流对激光信号传输影响的研究[J]. 电子科技大学学报, 2007, 36(4):

784-787.

[3] 焦燕. 激光通信技术的现状及未来发展趋势[J]. 信息通信, 2012, 10(5): 206-207.

[4] 柯熙政, 邓莉君. 无线光通信[M]. 北京: 科学出版社, 2016.

[5] Brookner E, Kolker M, Wilmotte R M. Deep-space optical communications[J]. IEEE Spectrum, 1967, 4(1): 75-82.

[6] Brookner E. Atmosphere propagation and communication channel model for laser wavelengths[J]. IEEE Transactions on Communication, 1970, 18(4): 396-416.

[7] Karp S, O'Neill E L, Gagliardi R M. Communication theory for the free-space optical channel[J]. Proceedings of the IEEE, 1970, 58(10): 1611-1626.

[8] Katz J. Free-Space Optical Communication Systems[M]. Berlin: Springer, 1989.

[9] Hinton H S. Progress in Free-Space Digital Optics[M]. New York: Springer, 1994.

[10] Wolf M, Li J, Grobe L, et al. Challenges in Gbps Wireless Optical Transmission[M]. Berlin: Springer, 2010.

[11] 柯熙政, 丁德强. 无线光通信[M]. 北京: 科学出版社, 2004.

[12] 姜会林, 佟首峰, 张立中, 等. 空间激光通信技术与系统[M]. 北京: 国防工业出版社, 2010.

[13] Yu S Y, Ma Z T, Wu F, et al. Overview and trend of steady tracking in free-spacc optical communication links[J]. Proceedings of SPIE the International Society for Optical Engineering, 2015, 9521(8): 2390-2398.

[14] Pauwels H. Phase and amplitude fluctuations of the laser oscillator[J]. IEEE Journal of Quantum Electronics, 1966, 2(3): 54-62.

[15] Leeson D B. A simple model of feedback oscillator noise spectrum[J]. Proceedings of the IEEE, 1966, 54(2): 329-330.

[16] van der Ziel A. Noise in solid-state devices and lasers[J]. Proceedings of the IEEE, 1970, 58(8): 1178-1206.

[17] Harder C, Katz J, Margalit S, et al. Noise equivalent circuit of a semiconductor laser diode[J]. IEEE Journal of Quantum Electronics, 1982, 18(3): 333-337.

[18] Petermann K. Laser Diode Modulation and Noise[M]. Dordrecht: Springer, 1988.

[19] Kuo C Y. Fundamental second-order nonlinear distortions in analog AM CATV transport systems based on single frequency semiconductor lasers[J]. Journal of Lightwave Technology, 1992, 10(2): 235-243.

[20] Le Bihan J, Yabre G. FM and IM intermodulation distortions in directly modulated single-mode semiconductor lasers[J]. IEEE Journal of Quantum Electronics, 1994, 30(4): 899-904.

[21] Fukuda M, Hirono T, Kurosaki T, et al. Correlation between $1/f$ noise and semiconductor laser degradation[J]. Quality and Reliability Engineering International, 1994, 10(4): 351-353.

[22] 柴燕杰, 杨知行, 阳辉, 等. 激光器相位噪声对高速 IM/DD 光纤通信系统特性影响的研究

[J]. 通信学报, 1997, 18(7): 1-5.

[23] Lawrence J S, Kane D M. Nonlinear dynamics of a laser diode with optical feedback systems subject to modulation[J]. IEEE Journal of Quantum Electronics, 2002, 38(2): 185-192.

[24] Mortazy E, Moravvej-Farshi M K. A new model for optical communication systems[J]. Optical Fiber Technology, 2005, 11(1): 69-80.

[25] 俞本立, 甄胜来, 朱军, 等. 低噪声光纤激光器的实验研究[J]. 光学学报, 2006, 26(2): 217.

[26] di Domenico G, Schilt S, Thomann P. Simple approach to the relation between laser frequency noise and laser line shape[J]. Applied Optics, 2010, 49(25): 4801-4807.

[27] 刘继红. 激光相位噪声对相干光纤通信系统性能的影响[J]. 西安邮电学院学报, 2012, 17(5): 25-28.

[28] Mahmoud S W Z, Mahmoud A, Ahmed M. Noise performance and nonlinear distortion of semiconductor laser under two-tone modulation for use in analog CATV systems[J]. International Journal of Numerical Modelling: Electronic Networks, Devices and Fields, 2016, 29(2): 280-290.

[29] 陈丹, 柯熙政, 张璐. 湍流信道下激光器互调失真特性[J]. 光子学报, 2016, (2): 206007.

[30] 陈锦妮. 副载波调制非光域外差检测无线光通信关键技术及其实验研究[D]. 西安: 西安理工大学, 2016.

[31] 宋昭远, 姚桂彬, 张磊磊, 等. 单频光纤激光器相位噪声的影响因素[J]. 红外与激光工程, 2017, (3): 305005.

[32] 白燕. 2μm 波段激光线宽表征方法及单纵模掺铥光纤激光器研制与应用[D]. 北京: 北京交通大学, 2019.

[33] 杜以成, 张蓉, 王龙生, 等. 共同噪声驱动分布式布拉格反射半导体激光器混沌同步研究[J]. 光学学报, 2022, 42(23): 2314003.

[34] Barabanenkov Y N, Kravtsov Y A, Rytov S M, et al. Status of the theory of wave propagation in randomly-inhomogeneous media[J]. Soviet Physics Uspekhi, 1970, 13(2): 296-297.

[35] Lin F C, Fiddy M A. The Born-Rytov controversy: I. Comparing analytical and approximate expressions for the one-dimensional deterministic case[J]. Journal of the Optical Society of America A, 1992, 9(7): 1102-1110.

[36] Ho T L. Log-amplitude fluctuations of laser beam in a turbulent atmosphere[J]. Journal of the Optical Society of America, 1969, 59(4): 385-390.

[37] Parry G, Puaey P N. K distributions in atmospheric propagation of laser light[J]. Journal of the Optical Society of America, 1979, 69(5): 796-798.

[38] Phillips R L, Andrews L C. Universal statistical model for irradiance fluctuations in a turbulent medium[J]. Journal of the Optical Society of America, 1982, 72(7): 864-870.

[39] Churnside J H, Clifford S F. Log-normal Rician probability-density function of optical

scintillations in the turbulent atmosphere[J]. Journal of the Optical Society of America A, 1987, 4(10): 1923-1930.

[40] Andrews L C, Phillips R L. I-K distribution as a universal propagation model of laser beams in atmospheric turbulence[J]. Journal of the Optical Society of America A, 1985, 2(2): 160-163.

[41] Ooyama N, Miyazaki Y. Light scattering measurements of Gaussian laser beam in random media of fog and smoke[J]. Japanese Journal of Applied Physics, 1988, 27(8): 1504-1507.

[42] Vostretsov N A, Zhukov A F, Kabanov M V, et al. Probability distribution of intensity fluctuations of laser radiation during a snowfall[J]. Optika Atmosfery I Okeana, 1993, 6(1): 37-41.

[43] Valadas R T, Tavares A R, de Oliveira D A M. Angle diversity to combat the ambient noise in indoor optical wireless communication systems[J]. International Journal of Wireless Information Networks, 1997, 4(4): 275-288.

[44] 王艳华, 袁秀湘. 加性高斯白噪声信道的最佳接收机性能研究[J]. 长沙交通学院学报, 2000, 16(4): 19-22.

[45] Alhabash A, Andrews L C. New mathematical model for the intensity PDF of a laser beam propagating through turbulent media[J]. The International Society for Optical Engineering, 2001, 40(8): 1554-1562.

[46] Rollins D, Baars J, Bajorins D P, et al. Background light environment for free-space optical terrestrial communication links[J]. The International Society for Optical Engineering, 2002, 48(73): 99-110.

[47] Razavi M, Shapiro J H. Wireless optical communications via diversity reception and optical preamplification[J]. IEEE Transactions on Wireless Communications, 2005, 4(3): 975-983.

[48] Kiasaleh K. Performance of APD-based, PPM free-space optical communication systems in atmospheric turbulence[J]. IEEE Transactions on Communications, 2005, 53(9): 1455-1461.

[49] Farid A A, Hranilovic S. Outage capacity optimization for free-space optical links with pointing errors[J]. Journal of Lightwave Technology, 2007, 25(7): 1702-1710.

[50] Jaruwatanadilok S. Underwater wireless optical communication channel modeling and performance evaluation using vector radiative transfer theory[J]. IEEE Journal on Selected Areas in Communications, 2008, 26(9): 1620-1627.

[51] 朱江. 基于白光 LED 的室内无线光通信上下行链路研究[D]. 镇江: 江苏大学, 2008.

[52] 马保科, 郭立新. 雾对无线光通信系统信噪比的影响[J]. 西安邮电学院学报, 2008, 67(1): 25-27.

[53] Cochenour B M, Mullen L J, Laux A E. Characterization of the beam-spread function for underwater wireless optical communications links[J]. IEEE Journal of Oceanic Engineering, 2008, 33(4): 513-521.

[54] Zweck J, Menyuk C R. Validity of the additive white Gaussian noise model for quasi-linear long-haul return-to-zero optical fiber communications systems[J]. Journal of Lightwave Technology, 2009, 27(16): 3324-3335.

[55] 孟红超. 增广Lagrange算法及其在无线光通信系统优化设计中的应用[D]. 武汉: 武汉理工大学, 2010.

[56] Jurado-Navas A, Maria J, Francisco J, et al. A Unifying Statistical Model for Atmospheric Optical Scintillation[M]//Awrejcewicz J. Numerical Simulations of Physical and Engineering Processes. Berkeley: InTech, 2011.

[57] 王红星, 胡昊, 张铁英, 等. 弱湍流中无线光通信系统差错性能建模与仿真[J]. 系统仿真学报, 2011, 23(4): 788-792.

[58] 屠艳菊, 周小林, 张惠俊, 等. 基于混合噪声模型的自由空间光通信性能[J]. 信息与电子工程, 2012, 10(6): 649-653.

[59] Mohamed A E N A, Rashed A N Z, El-Nabawy A E M. The effects of the bad weather on the transmission and performance efficiency of optical wireless communication systems[J]. International Journal of Computer Science and Applications, 2012, 1(3): 4-7.

[60] 姚文明, 饶炯辉, 张晓晖, 等. 水下无线光通信中的 FDPIM 性能研究[J]. 激光技术, 2013, 37(5): 605-609.

[61] Ansari I S, Yilmaz F, Alouini M S. Impact of pointing errors on the performance of mixed RF/FSO dual-hop transmission systems[J]. IEEE Wireless Communications Letters, 2013, 2(3): 351-354.

[62] 崔朝龙, 黄宏华, 陶宗明, 等. 光强闪烁激光雷达的背景噪声分析[J]. 量子电子学报, 2013, 30(5): 628-634.

[63] Nistazakis H E, Stassinakis A N, Sheikh Muhammad S, et al. BER estimation for multi-hop RoFSO QAM or PSK OFDM communication systems over Gamma Gamma or exponentially modeled turbulence channels[J]. Optics & Laser Technology, 2014, 64(1): 106-112.

[64] Varotsos G K, Stassinakis A N, Nistazakis H E, et al. Probability of fade estimation for FSO links with time dispersion and turbulence modeled with the Gamma-Gamma or the I-K distribution[J]. Optik, 2014, 125(24): 7191-7197.

[65] Zhu D J, Zhang F Z, Zhou P, et al. Wideband phase noise measurement using a multifunctional microwave photonic processor[J]. IEEE Photonics Technology Letters, 2014, 26(24): 2434-2437.

[66] 柯熙政, 刘妹. 湍流信道无线光通信中的分集接收技术[J]. 光学学报, 2015, 35(1): 88-95.

[67] 杨本圣. 基于 MPPM 无线光通信系统在湍流信道下的误符号率性能研究[D]. 西安: 西安电子科技大学, 2015.

[68] 柯熙政, 田晓超. 二维相关 K 分布湍流信道的建模与仿真[J]. 光学学报, 2015, 35(4): 41-49.

[69] Xu T H, Jacobsen G, Popov S, et al. Analytical BER performance in differential n-PSK coherent

transmission system influenced by equalization enhanced phase noise[J]. Optics Communications, 2015, 334(1): 222-227.

[70] 卢芳, 赵丹, 刘春波, 等. 非 Kolmogorov 大气湍流对高斯阵列光束光强闪烁的影响[J]. 红外与激光工程, 2016, 45(7): 105-110.

[71] 陈牧, 柯熙政. 大气湍流对激光通信系统性能的影响研究[J]. 红外与激光工程, 2016, 45(8): 108-114.

[72] 范新坤, 张磊, 佟首峰, 等. 天空背景光对空间激光通信系统的影响[J]. 激光与光电子学进展, 2017, 54(7): 102-110.

[73] 张根发. 自由空间光通信系统最佳中继布设算法[D]. 南京: 南京邮电大学, 2017.

[74] 柯熙政, 王晨昊, 陈丹. Malaga 大气湍流信道下副载波调制系统相位噪声分析[J]. 通信学报, 2018, 39(11): 80-86.

[75] 王晨昊. 无线光副载波调制相位噪声特性及补偿技术研究[D]. 西安: 西安理工大学, 2019.

[76] Nafkha A, Demni N. Closed-form expressions of ergodic capacity and MMSE achievable sum rate for MIMO Jacobi and Rayleigh fading channels[J]. IEEE Access, 2020, 8: 149476-149486.

[77] 邢方圆. 水下无线光网络协作通信若干关键技术研究[D]. 大连: 大连理工大学, 2020.

[78] 刘文皎. 水下 LED 无线光通信系统非理想传输特性研究[D]. 西安: 西安邮电大学, 2020.

[79] 王璐甲. 基于 UWOC 的静态节点自组网分簇算法研究[D]. 成都: 电子科技大学, 2020.

[80] 傅玉青, 段琦, 周林. Gamma Gamma 强海洋湍流和瞄准误差下水下无线光通信系统的性能研究[J]. 红外与激光工程, 2020, 49(2): 110-117.

[81] Zhang L, Zhou X L, Du J H, et al. Fast self-learning modulation recognition method for smart underwater optical communication systems[J]. Optics Express, 2020, 28(25): 38223-38240.

[82] Lee-Leon A, Yuen C, Herremans D. Underwater acoustic communication receiver using deep belief network[J]. IEEE Transactions on Communications, 2021, 69(6): 3698-3708.

[83] Majlesein B, Gholami A, Ghassemlooy Z. Investigation of the scattering noise in underwater optical wireless communications[J]. Optical Wireless Communications, 2021, 3(2): 27-29.

[84] 韩中达. 基于神经网络的可见光室内定位系统研究[D]. 西安: 西安工业大学, 2021.

[85] 柯熙政, 秦欢欢, 杨尚君, 等. 车联网可见光通信系统夜间背景光噪声模型[J]. 电波科学学报, 2021, 36(6): 986-990.

[86] 柯熙政, 吴加丽, 杨尚君. 面向无线光通信的大气湍流研究进展与展望[J]. 电波科学学报, 2021, 36(3): 323-339.

[87] 杨瑞科, 韩锦绣, 武福平, 等. 大气湍流双广义 Gamma 分布光强闪烁序列模拟方法研究[J]. 光子学报, 2021, 50(10): 332-337.

[88] 沈红, 于龙昆, 周玉修, 等. 孔径平滑下平面波与球面波的光强闪烁[J]. 激光与光电子学进展, 2021, 58(23): 31-35.

[89] Miao M K, Li X F. Performance analysis of FSO systems over a lognormal-Rician turbulence

channel with generalized pointing errors[J]. Journal of Lightwave Technology, 2022, 40(13): 4206-4216.

[90] 张家梁, 高冠军, 王君健. 噪声光下的水下无线光通信理论与实验验证[J]. 北京邮电大学学报, 2022, 45(3): 102-106.

[91] Chen E, Buscaino B, Kahn J M. Phase noise analysis of resonator-enhanced electro-optic comb-based analog coherent receivers[J]. Journal of Lightwave Technology, 2022, 40(21): 7117-7128.

[92] 李征, 廖志文, 梁静远, 等. 大气湍流模型与大气信道模型的研究与展望[J]. 光通信技术, 2023, 47(3): 9-17.

[93] 李征, 王沸钢, 梁静远, 等. LED 可见光通信的研究进展[J]. 照明工程学报, 2023, 34(1): 29-40, 44.

[94] Jin C Q, Shevchenko N A, Wang J Q, et al. Wideband multichannel Nyquist-spaced long-haul optical transmission influenced by enhanced equalization phase noise[J]. Sensors, 2023, 23(3): 1493.

[95] Boisrobert C Y, Debeau J, Hartog A H. Sinusoidal modulation of a CW GaAs laser from 9MHz to 1.1GHz[J]. Optics Communications, 1976, 19(2): 305-307.

[96] Schimpe R, Bowers J E, Koch T L. Characterisation of frequency response of 1.5μm InGaAsP DFB laser diode and InGaAs PIN photodiode by heterodyne measurement technique[J]. Electronics Letters, 1986, 22(9): 453-454.

[97] Wieczorek H. 1/f noise in amorphous silicon nip and pin diodes[J]. Journal of Applied Physics, 1995, 77(7): 3300-3307.

[98] Fang Z H, Yi X B, Fang R, et al. Equivalent noise models in fiber optical communication systems[J]. Wuhan University Journal of Natural Sciences, 1997, 2(2): 180-184.

[99] Haas S M, Shapiro J H. Capacity of wireless optical communications[J]. IEEE Journal on Selected Areas in Communications, 2003, 21(8): 1346-1357.

[100] 郭从良, 曾丹, 李杰, 等. 光电倍增管的噪声模型[J]. 核电子学与探测技术, 2004, 24(2): 117-120, 131.

[101] 包军林, 庄奕琪, 杜磊, 等. 光电耦合器件闪烁噪声模型[J]. 光子学报, 2005, 34(9): 1359-1362.

[102] 高新江, 张秀川, 陈扬. InGaAs/InP SAGCM-APD 的器件模型及其数值模拟[J]. 半导体光电, 2007, 28(5): 617-622.

[103] 王晓颖. 图像无线光通信系统光接收机设计[D]. 长春: 长春理工大学, 2008.

[104] 胡涛, 司汉英. 光电探测器前置放大电路设计与研究[J]. 光电技术应用, 2010, 25(1): 52-55.

[105] Wang K, Nirmalathas A, Lim C, et al. Impact of background light induced shot noise in

high-speed full-duplex indoor optical wireless communication systems[J]. Optics Express, 2011, 19(22): 21321-21332.

[106] 闫振纲, 林颖璐, 杨娟, 等. 光电探测器随机噪声特征量统计分布函数[J]. 物理学报, 2012, 61(20): 88-96.

[107] Kharraz O, Forsyth D. Performance comparisons between PIN and APD photodetectors for use in optical communication systems[J]. Optik, 2013, 124(13): 1493-1498.

[108] Yan Q R, Li Z H, Hong Z, et al. Photon-counting underwater wireless optical communication by recovering clock and data from discrete single photon pulses[J]. IEEE Photonics Journal, 2019, 11(5): 1-15.

[109] Mostafapour E, Ghobadi C, Nourinia J, et al. Performance analysis of mobile adaptive networks in VLC multiplicative SPAD channel noise conditions[J]. Optics Communications, 2022, 524: 128760-128763.

[110] Kolmogorov A N. The local structure of turbulence in an incompressible viscous fluid for very large Reynolds numbers[J]. Soviet Physics Uspekhi, 1941, 30(42): 301-305.

[111] Kolmogorov A N. Dissipation of energy in locally isotropic turbulence[J]. Akademiia Nauk SSSR Doklady, 1941, 32(4): 299-303.

[112] von Karman T. Progress in the statistical theory of turbulence[J]. Proceedings of the National Academy of Sciences of the United States of America, 1948, 34(11): 530-539.

[113] Tatarskii V I. Wave propagation in a turbulent medium[J]. Physics Today, 1961, 14(12): 69-78.

[114] von Karman T. From Low-speed Aerodynamics to Astronautics[M]. New York: Pergamon Press, 1963.

[115] Greenwood D, Tarazano D O. A proposed form for the atmospheric microtemperature spatial spectrum in the input range[R]. Rome: USAF Rome Air Development Center, 1974.

[116] Hill R J, Clifford S F. Modified spectrum of atmospheric temperature fluctuations and its application to optical propagation[J]. Journal of the Optical Society of America, 1978, 68(7): 892-899.

[117] Andrews L C. An analytical model for the refractive index power spectrum and its application to optical scintillations in the atmosphere[J]. Journal of Modern Optics, 1992, 39(9): 1849-1853.

[118] Stribling B E, Welsh B M, Roggemann M C. Optical propagation in non-Kolmogorov atmospheric turbulence[C]//Atmospheric Propagation and Remote Sensing IV, Orlando, 1995: 1-13.

[119] Zilberman A, Golbraikh E, Kopeika N S. Propagation of electromagnetic waves in Kolmogorov and non-Kolmogorov atmospheric turbulence: Three-layer altitude model[J].

Applied Optics, 2008, 47 (34) : 6385-6391.

[120] Toselli I, Andrews L C, Phillips R L, et al. Free space optical system performance for laser beam propagation through non Kolmogorov turbulence for uplink and downlink paths[J]. Optical Engineering, 2008, 47 (2) : 115-122.

[121] Whitman A M, Beran M J. Beam spread of laser light propagating in a random medium[J]. Journal of the Optical Society of America, 1970, 60 (12) : 1595-1602.

[122] Poirier J L, Korff D. Beam spreading in a turbulent medium[J]. Journal of the Optical Society of America, 1972, 62 (7) : 893-898.

[123] Fante R L. Electromagnetic beam propagation in turbulent media[J]. Proceedings of the IEEE, 1975, 63 (12) : 1669-1692.

[124] 范承玉. 高斯束状波斜程传输的大气湍流效应[J]. 量子电子学报, 1999, 16 (6) : 519-525.

[125] Andrews L C, Al-Habash M A, Hopen C Y, et al. Theory of optical scintillation: Gaussian-beam wave model[J]. Waves in Random Media, 2001, 11 (3) : 271-291.

[126] Pan F, Ma J, Tan L, et al. Scintillation characterization of multiple transmitters for ground-to-satellite laser communication[J]. Inferaed Components and Their Applications, 2005, 56 (40) : 448-454.

[127] 张逸新, 王高刚. 斜程大气传输激光束的平均光强与短期光束扩展[J]. 红外与激光工程, 2007, 36 (2) : 167-170.

[128] 马保科, 郭立新, 崔佳庆. 基于修正 Rytov 方法的光波斜程闪烁问题研究[J]. 纺织高校基础科学学报, 2007, 20 (2) : 176-180.

[129] 钱仙妹, 朱文越, 饶瑞中. 地空激光大气斜程传输湍流效应的数值模拟分析[J]. 红外与激光工程, 2008, 37 (5) : 787-792.

[130] 韦宏艳, 吴振森. 大气湍流中激光波束斜程传输的展宽、漂移特性[J]. 电波科学学报, 2008, 23 (4) : 611-615.

[131] 韦宏艳, 吴振森, 彭辉. 斜程大气湍流中漫射目标的散射特性[J]. 物理学报, 2008, 57 (10) : 6666-6672.

[132] Chu X X, Liu Z J, Wu Y. Comparison between relay propagation and direct propagation of Gaussian-Schell-model beam in turbulent atmosphere along a slant path[J]. Chinese Physics B, 2010, 19 (9) : 73-86.

[133] 张晓欣, 但有全, 张彬. 湍流大气中斜程传输部分相干光的光束扩展[J]. 光学学报, 2012, 32 (12) : 8-14.

[134] Duan M L, Li J H, Wei J L. Influence of different propagation paths on the propagation of laser in atmospheric turbulence[J]. Optoelectronics Letters, 2013, 9 (6) : 477-480.

[135] Zhang Y T, Liu L, Wang F, et al. Average intensity and spectral shifts of a partially coherent standard or elegant Laguerre-Gaussian beam beyond paraxial approximation[J]. Optical and

Quantum Electronics, 2014, 46(2): 365-379.

[136] Fayed H A, El Aziz A A, Aly A M, et al. Irradiance scintillation index on slant atmospheric turbulence: Simple approach[J]. Optical Engineering, 2016, 55(5): 56113.

[137] 冷坤, 武文远, 龚艳春, 等. 海上大气激光传输特性仿真研究[J]. 激光与红外, 2018, 48(12): 1480-1485.

[138] Wang L, Wang J, Yuan C J, et al. Beam wander of partially coherent twisted elliptical vortex beam in turbulence[J]. Optik, 2020, 218(15): 128-134.

[139] 杨瑞科, 李福军, 武福平, 等. 沙尘湍流大气对自由空间量子通信性能影响研究[J]. 物理学报, 2022, 71(22): 22-32.

[140] Sayan Ö F, Gerçekcioğlu H, Baykal Y. Multimode laser beam scintillations in weak atmospheric turbulence for vertical link laser communications[J]. Waves in Random and Complex Media, 2022, 32(4): 1890-1902.

[141] Xu Y, Xu Y. Scintillation index and bit error rate of partially coherent twisted Gaussian beams in turbulent atmosphere[J]. Optical and Quantum Electronics, 2023, 55(6): 519.

[142] Silbaugh E E, Welsh B M, Roggemann M C. Characterization of atmospheric turbulence phase statistics using wave-front slope measurements[J]. Journal of the Optical Society of America A, 1996, 13(12): 2453-2460.

[143] 饶瑞中, 王世鹏, 刘晓春, 等. 湍流大气中激光束漂移的实验研究[J]. 中国激光, 2000, 10(11): 1011-1015.

[144] Biswas A, Wright M W. Mountain-top-to-mountain-top optical link demonstration[J]. IPN Progress Report, 2002, 42(149): 1-27.

[145] 王丽黎, 柯熙政. 湍流效应对光通信链路的影响研究与仿真[J]. 光散射学报, 2004, 28(3): 250-255.

[146] 石小燕, 王英俭. 不同发射系统遮拦比光束扩展实验数值分析[J]. 杭州电子科技大学学报, 2005, 25(6): 94-96.

[147] Phillips R L, Andrews L C, Stryjewski J, et al. Beam wander experiments: Terrestrial path[J]. Atmospheric Optical Modeling, Measurement, and Simulation II, 2006, 63(3): 151-162.

[148] 吴晓军, 王红星, 宋博, 等. 不同环境下光强起伏测量与传输特性研究[J]. 光电子·激光, 2015, 26(6): 1138-1145.

[149] 王红星, 宋博, 吴晓军, 等. 不同下垫面下光束漂移和光斑扩展的实验研究[J]. 激光与光电子学进展, 2016, 53(8): 70-76.

[150] 王惠琴, 李源, 胡秋, 等. 兰州地区夜间光强起伏特性实验[J]. 光子学报, 2018, 47(4): 194-201.

[151] Zhai C. Anisotropic non-Kolmogorov turbulence spectrum with anisotropic tilt angle[J]. Photonics, 2021, 8(11): 521-530.

第 2 章　光电探测器及其噪声模型

无线光通信系统中，接收端由光电探测器实现光电转换，而探测器中存在的噪声会直接影响光电转换效率。本章以无线光通信为背景，根据光电探测器噪声的产生机理，对探测器的散粒噪声、产生-复合噪声、$1/f$ 噪声和热噪声分别进行描述，并且给出相对应的数学模型。结合具体的雪崩光电探测器、PIN 光电探测器、光电倍增管、四象限探测器、量子点红外探测器及平衡探测器分别分析各自的噪声模型。光电探测器作为将光信号转化为电信号的关键器件，输出信号的有效性和稳定性是衡量其工作性能的重要指标。本章针对无线光通信系统中常用的探测器进行总结，包括探测器的工作原理、性能指标、应用场景及噪声模型，最后指出该领域值得深入研究的方向。

2.1　光电探测器

无线光通信系统如图 1.2 所示，包括信道编码/解码、信号调制/解调、光放大和光耦合、光学收发天线，以及捕获、对准和跟踪系统。采用激光器或者发光二极管作为信号光源，经信道编码后进行调制，调制分为主动调制和被动调制，其中主动调制又可分为直接调制和间接调制。采用激光器直接输出或者经光放大器进行放大输出，光放大器包括半导体光放大器和光纤放大器。采用单天线或者多天线进行发射后在自由空间进行传输。其中传输的信道可以为大气信道、室内散射信道、紫外散射信道以及水下信道。接收端采用单天线或者多天线进行光信号接收后，经光学耦合模块将空间光耦合进入单模光纤，经前置放大器放大输出后，采用直接检测或者相干检测的方式完成光信号到电信号的转换，再经解调和解码处理，最终实现信源到信宿的传输。光电探测器是接收端的核心，本章主要对光电探测器进行详细分析。

2.1.1　光电探测器及其分类

光电探测器是一类可以将光辐射信号转变为电信号的器件。根据光电探测器的物理机制特征，可以将无线光通信领域常用的探测器分为两大类：一类是基于光电效应(外光电效应)的光子探测器；另一类则是基于温度变化效应(内光电效应)的热探测器[1]。根据外光电效应和内光电效应，对无线光通信领域常用的一些光电探测器进行分类，具体分类如图 2.1 所示。

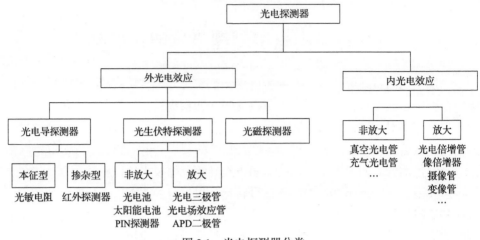

图 2.1　光电探测器分类

当入射光照射探测器表面时，如果探测器基于光电效应工作，入射光的光子和材料中的电子碰撞产生新的光电子从探测器的表面溢出，那么发生的是外光电效应；探测器材料内部产生的少数载流子如果没有从表面溢出，而是被束缚在探测器材料的内部，那么发生的就是内光电效应。对于外光电效应，一般包括光电导效应、光生伏特效应和磁光效应；对于内光电效应，则包括光子发射效应。量子阱红外探测器和量子点红外探测器属于利用光电导效应的探测器；对于光电池、PIN 光电探测器以及雪崩光电探测器，这些探测器是属于利用光生伏特效应的探测器；光敏电阻属于利用光电导效应的探测器；真空光电管、充气光电管和光电倍增管属于利用光子发射效应的探测器。

基于光热效应的热探测器，探测器的材料吸收入射光会产生热电效应，随之电阻率就会发生变化，常用的热探测器包括热敏电阻和热电堆。

1. 光电导效应

入射光照射半导体材料表面时，半导体的材料会吸收能量，此时载流子的浓度就会逐渐上升，电导率增加，电阻降低，这就是光电导效应。

光电导探测器可以用如图 2.2 所示的模型表示，一个具有光电导效应的均匀本征半导体，电压 U 加在半导体两端形成电极，电路产生的电流可用检流计 A 检测。当改变光度量时电路的电流发生变化，即探测器的电阻在发生着相反的变化。

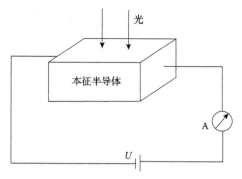

图 2.2　光电导探测器简单模型

2. 光生伏特效应

图 2.3 是光生伏特效应示意图，P-N 结中存在载流子。载流子有两种，一种是多数载流子，另一种是少数载流子。多数载流子会在 P-N 结的内部不断地漂移，形成 P-N 结内部的自建电场 E。当 P-N 结以及 P-N 结周围的区域被光照射时，会出现少数载流子，少数载流子存在于 P-N 结以及 P-N 结的附近，在自建电场 E 的作用下发生漂移，电子会漂移到 N 区，空穴会相应地漂移到 P 区，电子漂移到的 N 区会整体带着负电荷，空穴漂移到的 P 区整体带着正电荷，由少数载流子控制产生的电场属于额外的电场，即光生电场。

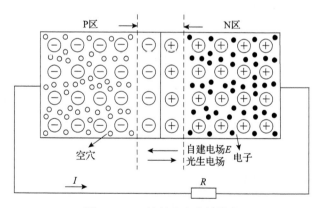

图 2.3　P-N 结的光生伏特效应

对 P-N 结施加反向电压，随着反向电压不断增大，产生的反向电流也会逐渐增大，此时利用光电流 I 就可以观察到产生的光电信号。

3. 光电子发射效应

根据光量子理论，当入射光照射器件材料表面时，如果入射光的频率为 ν，电子吸收的能量就为 $h\nu$，其中有一部分能量被用于碰撞损耗，如果剩下的能量足以克服材料表面的势垒 w，那么克服势垒的电子就会从材料的表面溢出，溢出的电子会进入空间环境中，光电子能级跃迁如图 2.4 所示，对于溢出材料表面的光电子的最大的动能，由爱因斯坦方程描述为

$$E_k = h\nu - w \tag{2.1}$$

其中，w 为以 J 为单位的材料的功函数；h 为普朗克常量；$E_k = 1/2mv^2$ 为溢出于材料表面的光电子动能，光电子的质量用 m 表示，光电子离开材料表面的速度用 v 表示。

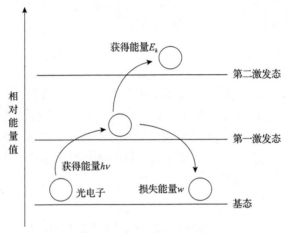

图 2.4　光电子能级跃迁图

当入射光照射材料表面时，光电子的动能不会随着光强的变化而变化，其只与入射光的频率有关，当入射光的频率增大时，动能增大；当入射光的频率减小时，动能减小。对于光电子从材料表面溢出的情况，存在一个临界值，那就是动能为零时光电子正好到达材料的表面，这种情况下入射光的频率为极限频率。

2.1.2　光电探测器的性能指标

1. 量子效率

量子效率 η 定义为入射一个光子，释放电子的平均数，其表达式为

$$\eta = \frac{Ihf}{Pe} \tag{2.2}$$

其中，I 为光电流的平均大小；电子电荷用 e 表示；P 为光功率；f 为入射光的频率。量子效率越高的探测器，其性能越好。

2. 噪声等效功率

噪声等效功率反映的是单位信噪比下探测器的探测能力，表达式为

$$\text{NEP} = \frac{PV_s}{V_n} \tag{2.3}$$

其中，NEP 为噪声等效功率；V_s 为信号的电压强度；V_n 为噪声的电压强度。NEP 越大，探测能力越弱；NEP 越小，探测能力越强。

3. 响应度

探测器的输出光功率与输入光功率的比值为响应度 R，同时可将响应度细分为电压响应度 R_u 和电流响应度 R_i。电压响应度 R_u 定义为光电探测器输出电压和入射光功率的比值，即

$$R_u = \frac{U_s}{P} \tag{2.4}$$

其中，U_s 为光电探测器输出电压；P 为入射光功率。

电流响应度 R_i 定义为光电探测器输出电流和入射光功率的比值，即

$$R_i = \frac{I_s}{P} \tag{2.5}$$

其中，I_s 为光电探测器输出电流；P 为入射光功率。

4. 光谱响应度

光谱响应度 $R(\lambda)$ 定义为探测器在波长为 λ 的单色光照射时，输出电压或电流与入射光功率的比值：

$$R_V(\lambda) = \frac{V_S(\lambda)}{P(\lambda)} \tag{2.6}$$

$$R_I(\lambda) = \frac{I_S(\lambda)}{P(\lambda)} \tag{2.7}$$

其中，$R_V(\lambda)$ 和 $R_I(\lambda)$ 分别为电压光谱响应度和电流光谱响应度；$V_S(\lambda)$ 为输出电压；$I_S(\lambda)$ 为输出电流；$P(\lambda)$ 为入射光功率。

5. 频率响应度

频率响应度 $R(f_\tau)$ 受入射光频率的影响，定义为

$$R(f_\tau) = \frac{R_0}{[1 + (2\pi f_\tau)^2]^{1/2}} \tag{2.8}$$

其中，f_τ 为频率；$R(f_\tau)$ 为频率 f_τ 时的响应度；R_0 为频率为零时的响应度；探测器的时间常数 τ 是一个定值，通常由探测器的材料和外部电路决定。

6. 探测度和归一化探测度

探测度 D 反映了探测器的灵敏度，为 NEP 的倒数，即

$$D = \frac{1}{\text{NEP}} \tag{2.9}$$

归一化探测度 D^* 可表示为

$$D^* = D \cdot (A_d \Delta f)^{1/2} \tag{2.10}$$

其中，A_d 为探测器的面积；Δf 为放大器带宽。

2.2　光电探测器噪声模型

2.2.1　信源噪声

根据系统发光、调制机理的不同，信源噪声可以分为激光器光源噪声和以发光二极管(LED)为光源的可见光通信(VLC)中 LED 调制信号光中的噪声。当通信信号调制激光器发光时，信源噪声大体可分为两部分：一是激光器自身固有的热噪声，二是激光器发光相较于调制信号的失真。对激光器上述噪声/失真的研究，自 20 世纪 60 年代激光器发明后就开始了。1966 年，Pauwels[2]从量子力学 van del Pol 方程出发，推导了激光器的幅度和相位噪声的级数表达式，但其表达过于复杂。同年，Leeson[3]从更简单的频谱模型出发，得到频谱近似于 $1/f$ 噪声的结果。1970 年，van del Ziel[4]研究了 GaAs 激光器散粒噪声模型，其结果被广泛引用。1982 年，Harder 等[5]从半导体速率方程出发，求解得到了半导体激光器的光强和频谱起伏，并得到了激光器的一般等效电路。1991 年，Petermann[6]对激光器的各类噪声做了详尽的总结，由于速率方程的解的形式复杂，往往需要用级数法近似描述，这种信号非线性失真也是影响通信系统的一种噪声。1992 年，Kuo[7]从 LD 的增益饱和、弛豫振荡、空间烧孔等方面出发，对上述因素影响 LD 的非线性噪声进行了理论分析和实验研究。1993 年，Fukuda 等[8]基于多量子阱分布式反馈激光器，从实验和理论阐明了器件在退化过程中残余光谱线宽增加的原因，提出一个 $1/f$ 噪声与半导体激光器退化之间相关性的模型。1994 年，Le Bihan 等[9]使用微扰法与贝

塞尔函数法求解速率方程,推导出了 LD 非线性互调失真的表达式,结果表明 FM 信号失真比 AM 信号失真明显。1997 年,柴燕杰等[10]分析了半导体激光器的相位噪声对高速光纤通信系统特性的影响,结果表明,光纤的色散特性使得激光器的相位噪声在接收端将转化为强度噪声,从而使光接收机的灵敏度发生恶化,并在误码率曲线上表现出“饱和”现象。2002 年,Lawrence 等[11]则针对 FM 信号驱动的 LD 中的非线性失真进行了详细研究,结果表明调制度、调制频率、注入电流大小以及外腔长度等因素都会影响激光器的非线性动态失真。

2006 年,俞本立等[12]设计出一种采用复合腔结构的新型低噪声光纤激光器,这种激光器有效地抑制了光源的强度噪声。2010 年,di Domenico 等[13]提出一个近似公式处理激光器频率噪声谱与激光线型之间的关系,该公式可以应用于任意噪声谱密度。2012 年,刘继红[14]研究了激光相位噪声对相干光通信系统调制格式选择、参数优化和载波相位估计性能等的影响,仿真结果表明,当载波相位估计方法用于相干光通信系统时,算法中符号序列平均的最佳长度与激光相位噪声成反比。2015 年,Mahmoud 等[15]针对光载无线中 LD 的噪声和失真对系统的影响做了详细的研究,指出在激光器调制过程中,互调失真较谐波失真更为严重。2016 年,陈丹等[16]采用贝塞尔函数推导了激光器非线性互调失真表达式,研究了非线性互调失真对系统载波互调噪声比及误码率性能的影响,并给出了系统最佳调制指数的选取与非线性系数的对应关系。2016 年,陈锦妮[17]提出一种基于副载波调制的全新非光域外差检测方法,进行了加性噪声、乘性噪声和混合噪声下系统仿真实验,为这种非光域外差检测方法的应用提供了实验依据。2017 年,宋昭远等[18]利用功率谱、积分谱对不同泵浦功率、种子源功率和光纤激光器的相位噪声进行了定性分析,结果表明,泵浦功率越大,低频相位噪声所占比重越大;而对于不同种子源功率,相位噪声在测试频段的比例基本处于同一水平;对于测试的不同种子的波长,相位噪声高频段所占比例不同,其中种子波长为 1560.48nm 时比例最大。2019 年,白燕[19]推导了激光器线宽与频率噪声功率谱密度、相位噪声功率谱密度之间的关系,得出通过测量激光器相位噪声来计算激光线宽的方法,对激光器的输出激光谱线进行了数值仿真与特性分析。2022 年,杜以成等[20]提出并开展了一项理论研究,旨在探究基于三段分布式布拉格反射半导体激光器的噪声共驱混沌同步现象。

2.2.2　光电倍增管

1. 工作原理

光电倍增管的工作原理如图 2.5 所示,电子聚焦系统包括聚焦极 D、阴极 K 和阳极 A,入射光从阴极进入光电倍增管的内部。在阴极的作用下,入射光会汇聚形成一束光打在第一个倍增极上，同时在第一个倍增极的激发下，反射的光束产生了大量的二次电子。这些二次电子在电场的作用下到达第二个倍增极，如此反复，便产生了更多的二次电子，从 D_1 一直持续到 D_{10}。最后入射的光束经过 10 级的倍增到达了阳极，输出的光电流在负载 R_L 上形成电压 V_0。

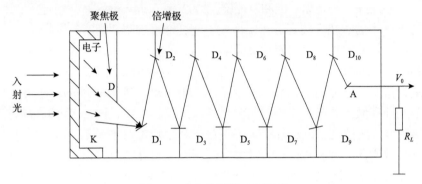

图 2.5　光电倍增管工作原理

2. 研究现状及进展

1972 年，顺迎[21]研制出了几种新型的光电阴极材料以及分析了相应的加工技术，并且在光电倍增管中使用了一种新型的二次发射技术，该技术改善了光电倍增管的增益特性。

1989 年，李国华等[22]发现了光栅和光电倍增管的偏振效应随波长的变化。实验结果表明，在 420～740nm 的波长范围内，光栅的偏振效应受波长变化的影响较大。因此，对于偏振的测量，必须考虑光栅的偏振效应。

2000 年，周荣榀[23]分析了光电倍增管制作的基础工艺及其改进，通过对基础器件的不断完善，光电倍增管可以作为弱光的检测器件。

2004 年，郭从良等[24]讨论了光电倍增管的噪声来源，包括散粒噪声、热噪声、产生-复合噪声、$1/f$ 噪声，并且建立了相应的噪声模型。

2014 年，Chowdhuri 等[25]分析了基于光电倍增管阵列的光谱检测，该检测方法具有 10μs 的快速时间响应以及 3cm 的空间分辨率。

2015 年，Maltseva 等[26]使用光电倍增管来检测 Cherenkov 光，对于 20m 长的光纤，探测器空间分辨率达到 3m。同时可以通过优化光纤和光电倍增管参数提高分辨率，探测器理论空间分辨率达到 0.5m。

2016 年，陈孝强等[27]分析了硅光电倍增管的性能，设计了核辐射探测器，研制了辐射测量探头并且对辐射性能进行了测试，该探测器对核辐射探测器的设计具有一定的参考价值。

2017 年，Zhao 等[28]研制了一种一维单光子位置敏感的硅光电倍增管，单光子位置分辨率为 393.4μm，当光电子数从 1 增加到 7 时，位置分辨率从 393.4μm 提高到 56.2μm。

2018 年，Takahashi 等[29]分析低强度光的检测原理，利用光电子符合泊松分布的事实估计了单个光电子产生的平均信号。

2019 年，Unland Elorrieta 等[30]介绍了一种 3in(1in=2.54cm)光电倍增管的详细特性，包括暗计数率、相关脉冲的概率、时序特性、增益和峰谷的温度依赖性，同时还表明了光电阴极附近的导电物体对光电倍增管噪声会产生影响。

2020 年，Sun 等[31]设计了由紫外光和高灵敏度光电倍增管组成的系统，模拟了高度浑浊的港口水，使用开关键控调制数据传输速率为 85Mbit/s，建立了传输距离为 30cm 的非直视链路。

2021 年，Ning 等[32]对在各种光强度和光电倍增管增益下器件的性能进行了研究，提出一种小体积接收机控制系统及相关自适应控制策略以提高系统稳定性和可靠性。

以上文献讨论了噪声模型，光电倍增管在紫外光通信领域以及微弱光信号检测方面的应用，如表 2.1 所示。

表 2.1　光电倍增管研究进展

人物	年份	研究进展
顺迎	1972	改善了光电倍增管的增益特性
李国华等	1989	偏振测量中，必须考虑光栅的偏振效应
周荣楣	2000	光电倍增管可以作为弱光的检测器件
郭从良等	2004	讨论噪声源，并建立噪声模型
Maltseva 等	2015	探测器空间分辨率达到 3m
陈孝强等	2016	对核辐射探测器的设计具有一定的参考价值
Zhao 等	2017	单光子位置分辨率为 393.4μm
Takahashi 等	2018	低强度光的检测依赖于光子到光电子的转换
Unland Elorrieta 等	2019	光电阴极的导电物体对光电倍增管噪声会产生影响
Sun 等	2020	建立了速率为 85Mbit/s、传输距离为 30cm 的非直视链路
Ning 等	2021	提出小体积接收机控制系统及相关自适应控制策略

3. 典型应用场景

图 2.6 为紫外光通信系统结构[33]，其由发射机、接收机以及大气信道组成，发射部分的功能是将原始的电信号进行调制，变换成适合在信道中传输的信号，

信号通过大气信道混入了噪声，接收部分需要从带有噪声的接收信号中恢复出原始信号。接收机部分由紫外光电倍增管、信号预处理电路、解调器和基带数字信号组成，其中接收部分的紫外探测器通过收集紫外光信号，并将相应的光信号转换为电信号，信号预处理电路对该电信号进行放大、滤波等，解调器对其进行相应的解调，将其转化为基带数字信号。紫外光电倍增管是目前最理想的紫外探测器，对于非直视紫外光通信，其探测面积大、增益高及暗电流低，得到了广泛应用。

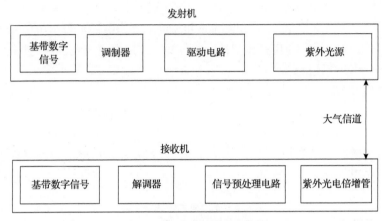

图 2.6　紫外光通信系统结构

2.2.3　雪崩光电探测器

1. 工作原理

雪崩光电探测器以雪崩光电二极管为基础，图 2.7 是雪崩击穿示意图，当有入射光照射二极管表面时，光会被 P-N 结吸收形成光电流。光电流受反向偏压的

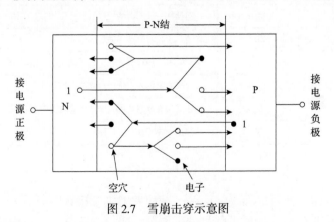

图 2.7　雪崩击穿示意图

影响，随着反向偏压的增大而增大，当不断增大反向偏压时，光电流就会随之成倍地增大，此时就会发生"雪崩"现象。

2. 研究现状及进展

1980 年，杨文宗[34]分析了雪崩光电二极管的工艺技术水平，提出一种新的雪崩光电二极管，其增益高、噪声低，可以用于长波长光信号的探测。

1990 年，Watkins 等[35]观察了偏压硅雪崩光电二极管中激光诱导电故障的特征。通过监测电流-电压的特性变化，观察到了两种类型的变化：第一种类型是泄漏电流大幅增加，它可以通过深熔炼瞬态将缺陷引入耗尽区来建模；第二类是灾难性故障，其中设备在辐照后发生电气短路，它可以通过光电二极管结中过大的电流密度来建模。

1996 年，李国正等[36]对超晶格雪崩光电探测器进行了优化设计，得出其最佳结构参数为：i-Si 雪崩区厚度为 1.8～2μm；p-Si 区载流子浓度为 $10^{18}cm^{-3}$，厚度为 17nm；超晶格的总厚度为 340nm。探测器可在 1.3～1.6μm 范围内工作。

2005 年，Ng 等[37]研究得出 InGaAs 吸收层中的碰撞电离会增加 InP 雪崩光电二极管中的过量噪声，并且如果要使雪崩噪声最小化，需要对电荷控制层的掺杂施加严格的限制。

2009 年，郭健平等[38]研究了雪崩光电二极管的电流和电压特性，通过无源抑制技术发现暗电流不反映贯穿特性，这是光电流和暗电流的一个明显的区别，通过以上研究得出结论：为了提高单光子探测器的信噪比，可以利用贯穿特性适当选择盖革模式下雪崩光电二极管的反偏压。

2010 年，Chitnis 等[39]研究了一种可以集成在单个单光子雪崩探测器之间的紧凑型读出电路，该电路可以通过使用最小尺寸的晶体管来抑制光电探测器中的雪崩过程。

2011 年，张瑜等[40]分析了雪崩光电二极管的散粒噪声以及 $1/f$ 噪声，建立了散粒噪声以及 $1/f$ 噪声的信噪比模型。

2012 年，郭赛等[41]研究了探测器的暗噪声与温度的关系，结果表明温度从 60℃降低至–40℃时，噪声等效功率会减小一个数量级；若将降温、空间滤波以及光谱滤波方法结合在一起，则探测器的灵敏度提高 7.7 倍。

2013 年，Adamo 等[42]分析了在硅 p 型衬底上制造的新型硅光电倍增管，这种新型硅光电倍增管可用来作为低光子通量的灵敏功率计。

2014 年，Youn 等[43]研究了 850nm 光电集成电路接收器，得到雪崩光电二极管的信噪比特性依赖于反向偏置电压。

2015 年，Chen 等[44]研制了增益带宽积大于 100GHz 的低电压锗波导雪崩光电探测器。基于这种锗雪崩光电探测器，实现了一种光子接收器，包括 0.13μm

SiGe-BiCMOS 低噪声跨阻放大器和限幅放大器。通过误码率测量，在雪崩增益为 6 的情况、在 $-5.9V$ 偏压下，灵敏度提高了 5.8dB。对于 1×10^{-12} 和 1×10^{-9} 的误码率，接收机灵敏度分别为 -23.4dBm 和 -24.4dBm。

2016 年，Goykhman 等[45]研究了一种硅等离子体肖特基光电探测器，在 3V 的反向偏置下，达到了 0.37A/W 的响应度。

2017 年，Yin 等[46]使用苯并环丁烯作为键合层的材料模拟了雪崩光电探测器，探测效率为 96.7%。

2018 年，Jukić 等[47]研究了雪崩光电二极管的过剩噪声与雪崩增益有关，通过分析雪崩光电二极管的结构，可通过调制掺杂抑制这种相关性。

2019 年，Farrell 等[48]提出一种新的雪崩光电二极管，该二极管由垂直 InGaAs 阵列组成，可用于单光子检测，大大减少了雪崩体积和填充陷阱的数量。

2020 年，Zhou 等[49]研究了用于紫外线检测的高均匀性 1×64 个 4H-SiC 雪崩光电二极管线性阵列，实现了高均匀性击穿电压，并且波动小于 0.5V。

2021 年，Eid 等[50]针对温度变化研究了掺硅锗光纤链路脉冲的展宽和信号光纤的带宽，得出接收点硅雪崩光电探测器的误码率与温度有关。

2022 年，李再波等[51]研究了雪崩光电二极管的过剩噪声，分析了测试该噪声的方法，包括直接功率测量法和相敏探测法，并对两种方法的优缺点进行了分析讨论，在此基础上，得出三种降低过剩噪声的方法，分别为选择低碰撞电离系数比的材料，降低倍增层厚度和采用 APD 碰撞电离工程。

以上文献讨论了探测器的增益及灵敏度，通过分析噪声的来源建立了雪崩光电探测器的噪声模型，并对噪声的抑制技术进行了研究，同时对作为成熟材料的 InGaAs/InAlAs 探测器进行了进一步分析。表 2.2 为雪崩光电二极管的研究进展。

表 2.2　雪崩光电二极管研究进展

人物	年份	研究进展
杨文宗	1980	提出一种新的雪崩光电二极管，可以用于长波长光信号探测
Watkins 等	1990	研究了偏压硅雪崩光电二极管中激光诱导电故障的特征
李国正等	1996	对超晶格雪崩光电探测器进行了研究和优化设计
Ng 等	2005	需要对电荷控制层的掺杂施加严格的限制以减小雪崩过程
郭健平等	2009	适当选择盖革模式下雪崩光电二极管的反偏压可以减小噪声
Chitnis 等	2010	光电探测器中的雪崩过程得到抑制
张瑜等	2011	建立了散粒噪声以及 $1/f$ 噪声的信噪比模型
郭赛等	2012	探测器的灵敏度提高 7.7 倍
Adamo 等	2013	用来作为低光子通量的灵敏功率计
Youn 等	2014	雪崩光电二极管的信噪比特性依赖于反向偏置电压

续表

人物	年份	研究进展
Chen 等	2015	灵敏度提高了 5.8dB
Goykhman 等	2016	达到了 0.37A/W 的响应度
Yin 等	2017	探测效率达到 96.7%
Jukić 等	2018	可通过调制掺杂抑制过剩噪声
Farrell 等	2019	垂直 InGaAs 阵列可用于单光子检测
Zhou 等	2020	实现了高均匀性击穿电压, 并且波动小于 0.5V
Eid 等	2021	接收点硅雪崩光电探测器的误码率与温度有关
李再波等	2022	研究了雪崩光电二极管的过剩噪声

3. 典型应用场景

图 2.8 是探测接收系统原理框图, 经过漫反射回来的微弱的光信号, 通过雪崩光电探测器转化为电信号, 同时通过放大器放大, 再进入比较器进行比较。偏压控制电路给雪崩光电探测器提供相应的偏置电压, 最佳偏置电压下探测器会有最佳倍增因子。电压幅度控制调节输出信号的幅度, 调节到最佳幅度可以减小测距系统的盲区范围。判别阈值电路比较电压, 为了输出有用的信号电平, 比较电压要低于信号电压, 同时要高于噪声电压, 最后通过示波器进一步处理。

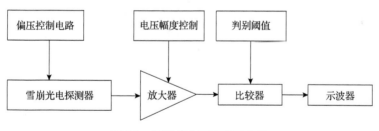

图 2.8　探测接收系统原理框图

2.2.4　PIN 光电探测器

1. 工作原理

PIN 探测器是通过在 P-N 结中间加一轻掺杂薄层, 将 P 区和 N 区分隔开, PIN 二极管的结构如图 2.9 所示。PIN 探测器的结电容非常小, 同时 P-N 结耗尽层的宽度与反向偏压有关, 当反向偏压增大时, 耗尽层的宽度会增大; 当反向偏压减小时, 耗尽层的宽度也会随之减小。同时 PIN 探测器结构较简单。

图 2.9　PIN 二极管的结构示意图

2. 研究现状及进展

1986 年，林言方等[52]对光信号垂直入射时的双层增透膜进行了设计计算，得出氮化硅、二氧化硅厚度分别为 600Å 和 500Å。如果在制造过程中膜厚度偏离设计值，但只要保持两层膜几何厚度之和不变，则也能获得良好的增透性能。

1992 年，Zhang 等[53]建立了 PIN 光电探测器的状态空间模型，这种模型给出了探测器对任何形式的光激励(包括末端照明、均匀照明和指数照明)的时域和频域响应。模型中包括传输时间限制和电路 RC 时间常数。

1995 年，张永刚等[54]对 InGaAs PIN 光电探测器芯片采用同轴封装，测量了器件的 C-V 特性和瞬态响应。结果表明，同轴封装器件的瞬态响应大大改善，上升时间从 85ps 减少到 25ps 以下，半高宽从 210ps 减少到 85ps，电容减少约 0.4pF，带宽增加–3dB，超过 6GHz。

2004 年，Jutzi 等[55]研究了 SiGe PIN 光电探测器，在 1300nm 处实现 160mA/W 的光响应性。

2010 年，Giannopolous 等[56]设计了垂直腔表面发射激光器与 PIN 光电探测器单片集成被用于光学位置传感，这种设计又被集成到硅平台上形成微系统，使用金属光栅作为位置计，传感器微系统可以测量光栅在平行于传感器行进时反射功率的差异。

2011 年，Shao 等[57]研究了背照式 AlGaN/GaN PIN 日盲紫外光电探测器的生长、制备。用紫外光谱测试系统测试到在 2.5V 反向偏置电压下，光电探测器的峰值响应度在 270nm 处约为 0.055A/W，在 0.3V 偏置电压下，1500μm 直径器件的暗电流测量值约为 25pA。

2012 年，管敏杰等[58]分析了 PIN 探测器所在光电转换电路的各种噪声，提出减小光电转换电路的噪声的方法，提高了信噪比以及测量精度。

2014 年，吴菲等[59]研究了无线光通信中 PIN 探测器的阈值特性，实验表明该探测器在 1064nm 的波长下达到了深度饱和，导致了严重的码间串扰，从而无法满足通信指标。

2015 年，Chaudhari 等[60]提出具有精确厚度薄膜的低成本、低温工艺，该技术适用于低成本工业制造基于 PIN 的单元素探测器。

2016 年，Rouse 等[61]利用高通量、大面积互补金属氧化物半导体技术在

300mm 硅晶圆上制造了基于 Ge 的 PIN 检测器件。

2018 年，徐正平等[62]对脉宽为 10ns 的激光光源，采用 PIN 探测器进行光电转换，当施加的偏置电压为 89.449V 时，输出电流信号须经跨阻放大器放大，放大后的电压幅值达到–3.7V。

2019 年，舒斌等[63]研究了 10Gbit/s PIN 光电探测器电路主要噪声源对输出电流信号的影响，采用"自适应滤波"算法以及"去除尖峰脉冲中值"算法。结果表明上述去噪处理方法可以有效降低输出电流的测量误差，同时提高了测量的精度以及提高了稳定性。

2021 年，王宁等[64]设计了一种探测器，表面积为 4.1mm×13.8mm，厚度为 420μm，该探测器是一种大面积、高响应度的硅基 PIN 探测器。通过环形铝电极将光电流信号引出，在波长为 860nm 的恒定激光光源下探测器的响应度为 0.6A/W。

2022 年，Xiao 等[65]设计了一种与多量子阱半导体光放大器集成的基于 InP 的高速单片 PIN 光电探测器，该芯片允许对多量子阱半导体光放大器和 PIN 光电探测器进行单独设计，制造的 PIN 光电探测器在 3V 电压时暗电流为 300pA。

以上文献主要讨论了 PIN 探测器相关的工业结构和制备以及对应的噪声模型，以及 PIN 探测器在无线光通信方面相关的应用。表 2.3 给出了 PIN 探测器的研究进展。

表 2.3　PIN 探测器研究进展

人物	年份	研究进展
林言方等	1986	计算光信号垂直入射时氮化硅和二氧化硅增透膜厚度
Zhang 等	1992	建立了 PIN 光电探测器的状态空间模型
张永刚等	1995	采用同轴封装的 PIN 光电探测器瞬态响应大大改善
Jutzi 等	2004	在 1300nm 处实现了 160mA/W 的光响应性
Giannopolous 等	2010	垂直腔表面发射激光器与 PIN 光电探测器单片集
Shao 等	2011	峰值响应度在 270nm 处约为 0.055A/W
管敏杰等	2012	减小了光电转换电路的噪声
吴菲等	2014	研究了无线光通信中 PIN 探测器的阈值特性
Chaudhari 等	2015	低成本工业制造基于 PIN 的单元素探测器
Rouse 等	2016	在 300mm 硅晶圆上制造了基于 Ge 的 PIN 检测器件
徐正平等	2018	电压幅值达到–3.7V
舒斌等	2019	降低输出电流的测量误差
王宁等	2021	在波长为 860nm 的恒定激光光源下探测器的响应度为 0.6A/W
Xiao 等	2022	在 3V 电压时暗电流为 300pA

3. 典型应用场景

由于传统的光功率检测动态范围较小，并且存在放大切换的误差，根据 PIN 光电二极管的响应特性对微弱光信号进行放大处理，同时利用单片机进行数据的修正处理，最后结合液晶显示器技术，就可以设计光功率计。

光功率计的基本工作原理如图 2.10 所示。光信号首先经过 PIN 光电探测器，探测器将光信号转化为电信号，接下来电信号会经过电流-电压(I/V)变换及前置放大处理，处理后得到模拟信号，该信号再经过数字-模拟(A/D)转换，转换后得到的数字可以表示功率的大小，再利用 CPU 对数据进行处理和分析，最后通过液晶显示器显示该功率的大小。

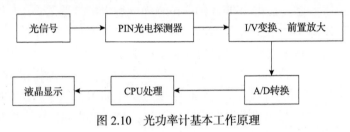

图 2.10　光功率计基本工作原理

2.2.5　四象限探测器

1. 工作原理

按照直角坐标的要求，在四个象限分别放置性能相同或相近的二极管，经过这样组合形成的探测器就是四象限探测器。四象限探测器的表面结构如图 2.11 所示，四个象限之间存在非常窄的间隔，把这个窄的间隔称为死区，探测器的识别能力受死区的影响，所以制作探测器时要尽量减小死区的面积。

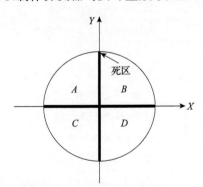

图 2.11　四象限探测器表面结构图

图 2.11 是四象限光电探测器的表面结构图，入射的光会照射在图中圆形区域的表面，这个部分称为感光面，感光面被分成了四个部分，分别为 A、B、C、D，这四个部分对应的面积分别为 S_A、S_B、S_C、S_D，这四个部分内部对应的电极会产生阻抗电流，分别为 I_A、I_B、I_C、I_D。当入射光束移动时，探测器表面的光斑会跟着移动，所以每个象限真正的感光面积在发生变化，同时接收到的光的强度也在发生变化。通过产生电流的大小可以确定光的横向、纵向偏移量。通过受光面积确定光斑位置的计算公式如下：

$$\sigma_x = \frac{(S_A + S_D) - (S_B + S_C)}{S_A + S_B + S_C + S_D} = \frac{(I_A + I_D) - (I_B + I_C)}{I_A + I_B + I_C + I_D} \tag{2.11}$$

$$\sigma_y = \frac{(S_A + S_B) - (S_C + S_D)}{S_A + S_B + S_C + S_D} = \frac{(I_A + I_B) - (I_C + I_D)}{I_A + I_B + I_C + I_D} \tag{2.12}$$

其中，S_A、S_B、S_C、S_D 分别为四个象限对应的光斑面积；I_A、I_B、I_C、I_D 分别为对应的四个象限电极产生的阻抗电流；σ_x 与 σ_y 分别为 X 轴和 Y 轴的解算值，它可以对光斑在靶面的位置信息进行分析。

2. 现状及研究进展

1979 年，顺迎[66]设计了一种具有新型结构的象限探测器，在同一个硅片上采用 P-N 结进行隔离，同时利用四象限图案化的氧化层掩膜扩散工艺，成功研制出了象限探测器。

1996 年，冯龙龄等[67]讨论了使用四象限光电探测器进行光学漫游时涉及的一些关键因素，如误差数据提取和光电探测器有源象限上的目标光斑大小，以寻求更灵活的软件和硬件设计方法。

2004 年，匡萃方等[68]通过测量来自激光束的光斑质心的位置变化，确定了光斑的两个方向的偏移量。

2005 年，吴奇彬等[69]分析了四象限红外探测器的噪声，包括散粒噪声、热噪声、产生-复合噪声、1/f 噪声以及噪声形成原因。

2010 年，赵馨等[70]对影响四象限探测器跟踪精度的因素，包括光斑大小、光斑位置以及探测器噪声等进行了分析,分析结果表明,采用常用的四象限质心算法,需要采用合适的光学系统以及信号检测电路，才能实现高精度的跟踪误差检测。

2013 年，杨桂栓等[71]详细分析了四象限探测器的死区，表明死区对探测灵敏度造成了影响，死区面积越大，造成的影响越大。

2014 年，van Schalkwyk 等[72]制作了基于 AlGaN 的前照式本征日盲紫外四象限探测器，该探测器的肖特基势垒高度为 (1.22±0.07) eV。

2016 年，田永明等[73]提出一种信标光系统的设计方法，根据星间激光通信的特点，通过调整无焦系统的入出瞳比，控制四象限探测器上的光斑尺寸设计。对光学畸变、光斑图和环绕能量进行分析评估，证明无焦系统可以应用于信标系统的跟踪检测。

2018 年，Grajower 等[74]利用新型硅基等离子体四象限光电探测器在短波红外波段工作，其能够准确跟踪短波红外波段下任意束腰的光束。

2020 年，Wang 等[75]提出一种提高点位置检测精度的方法，以高斯光斑为入射光模型，分析光斑实际位置与四象限探测器输出信号的关系。然后通过模拟电路对检测器的输出电流信号进行跨阻放大，并对带有噪声的输出电压信号进行数字滤波，结果表明，当四象限探测器处于高背景噪声环境时，该方法的最大光斑位置检测误差仅为 0.0277mm，均方根误差为 0.0065mm。

2020 年，Wang 等[76]提出一种新的多项式拟合算法，将具有高斯能量的圆形光斑用作入射光模型，当入射光斑半径为 0.5mm 时，在[–0.5mm, 0.5mm]检测范围内，采用新的五阶多项式拟合算法，最大误差为 0.001353mm，均方根误差为 0.0004596mm，提高了四象限探测器的检测精度。

2020 年，刘鹏飞等[77]设计了一种具有 5 挡放大电路的四象限探测器，可用于微光的探测，其放大倍数可以根据入射光的功率进行相应的调节，可以直观地判断光斑质心位置。结果表明，该四象限探测器分辨率高、静态噪声低以及装置简单。

2021 年，Safi 等[78]研究了悬停无人机的地对空自由空间光链路，在光接收器处使用了四象限光电探测器阵列，通过扩大接收器的视场来减轻悬停波动的不利影响。

以上文献介绍了四象限探测器在位置检测以及激光准直方面的应用，并且进一步分析了影响检测精度的原因以及相关噪声形成的原因，并对提高四象限探测器的灵敏度进行了阐述。表 2.4 是四象限探测器的研究进展。

表 2.4　四象限探测器研究进展

人物	年份	研究进展
顺迎	1979	设计了象限探测器
冯龙龄等	1996	讨论四象限光电探测器作为光学漫游时涉及的一些关键因素
匡萃方等	2004	通过光斑质心的位置确定了光斑的两个方向的偏移量
吴奇彬等	2005	分析了四象限红外探测器的噪声
赵馨等	2010	需要采用合适的光学系统实现高精度的跟踪误差检测
杨桂栓等	2013	研究了死区对探测灵敏度造成的影响

续表

人物	年份	研究进展
van Schalkwyk 等	2014	制作了基于 AlGaN 的前照式本征日盲紫外四象限探测器
田永明等	2016	证明了无焦系统可以应用于信标系统进行跟踪检测
Grajower 等	2018	等离子体四象限探测器能够准确跟踪红外波长下各种束腰光束
Wang 等	2020	分析了光斑实际位置与四象限探测器输出信号的关系
Wang 等	2020	利用多项式拟合算法提高四象限探测器的检测精度
刘鹏飞等	2020	设计了一种具有 5 挡放大电路的四象限探测器
Safi 等	2021	使用四象限光电探测器阵列扩大接收器的视场

3．典型应用场景

图 2.12 是基于四象限探测器和快速偏转镜的光斑跟踪系统框图，光信号首先经过平行光管，快速偏转镜将平行光管的信标光反射到透镜上，入瞳口径为 H 的透镜将光斑投影在离焦使用的四象限探测器上，四象限探测器上接收到光信号的探测单元输出电信号，数据采集系统对该电信号进行处理，并且将其发送到多点控制单元，多点控制单元控制快速偏转镜的偏转角度调节光路的入射方向，构成闭环跟踪系统。其中透镜下的电移动平台可以控制光斑大小，进而检测不同光斑情况下无穷积分算法的均方根误差。

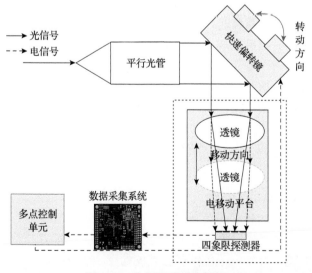

图 2.12　光斑跟踪系统框图

2.2.6　量子点红外探测器

1. 工作原理

　　量子点红外探测器由量子点复合层组成，并且这些复合层是周期性的，图 2.13 是量子点红外探测器的结构示意图，复合层内的每个量子点都拥有大量的边界态，这些边界态能接收更多的电子。当红外光入射到探测器的光敏区时，电子从基态跃迁到激发态或连续态，使探测器的电导率发生变化，最终实现对红外光的探测。

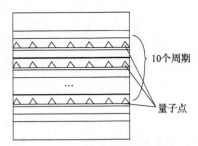

图 2.13　量子点红外探测器的结构示意图

2. 现状及研究进展

　　1999 年，盛怀茂等[79]分析了量子阱红外探测器的噪声，包括散粒噪声、热噪声、产生-复合噪声和 $1/f$ 噪声，并探究了各噪声对探测器造成的负面影响。

　　2006 年，赵永林等[80]通过实验验证了 AlGaAs/GaAs 多量子阱红外探测器，在温度低于 40K 时，随着温度的改变暗电流没有明显的变化；当温度高于 40K 时，暗电流随着温度的升高迅速变大。

　　2010 年，Hill 等[81]提出将自组装 InSb 量子点结合到探测器的有源区域来扩展探测器截止波长的方法，可以将截止波长从 4.2m 扩展到 6m，从而在高达 225K 的温度下表现出红外响应。

　　2011 年，Chien[82]为了优化基于象限探测器结构的光电探测器，开发了利用室温的象限探测器的模型，并且使用蒙特卡罗方法模拟，研究了光电子的俘获和渡越过程。

　　2012 年，Gustafsson 等[83]研究了基于 InSb 的量子点，并把这些量子点用于光子探测器的活性材料，减小了探测器的噪声。

　　2013 年，刘红梅等[84]提出一个量子点红外探测器的噪声模型，该模型从微米尺度电子传输和纳米尺度电子传输对激发能的影响角度研究了探测器的暗电流，进而推导出其噪声模型。

　　2014 年，Kim 等[85]提出并分析了一种用于像素级多光谱红外成像的新型探测器结构,研究了光栅集成量子点阱光电探测器在背面照明下的器件性能,通过调整光栅参数,获得了较宽范围的光谱响应。

2015 年,Srinivasan 等[86]研究了在量子点红外光电探测器器件结构中通过分子束外延、硅掺杂 20 层 InAs 点的制造。

2016 年,Karow 等[87]实现了激光器和探测器的单片集成,将微尺度传感器技术的研究推向了少光子量子极限,并为片上光电反馈实验铺平了道路。

2017 年,金英姬[88]通过计算仿真研究了外加电子及微米尺度和纳米尺度电子传输对量子点红外探测器噪声的影响。结果表明,在 2545kV/cm 外加电场下,随着外加电场和温度的增加,噪声也在增加,当控制温度低于 80K 时,噪声的增加非常迅速;当控制温度高于 80K 时,噪声的增加比较缓慢,所以得出结论,温度越低,噪声受外加电场的影响越明显。

2018 年,王政[89]建立了一个能表示量子点红外探测器的暗电流的模型和算法,同时结合探测器的实际情况简化了该模型。可以发现温度、量子点的密度以及侧面的尺寸都会影响探测器的暗电流。

2019 年,Baira 等[90]评估了自组织 GeSn/Ge 量子点的大小和形状,发现具有较高纵横比的较大量子点可能具有更高的振荡器强度和更长的辐射寿命。

2020 年,Gansen 等[91]研究了量子点场效应晶体管中的 $1/f$ 噪声源,建立了 $1/f$ 噪声模型。

以上文献通过分析量子点红外探测器的量子点结,研究了暗电流和温度对噪声产生的影响,以及噪声对探测器性能产生的影响。表 2.5 给出了量子点红外探测器的研究进展。

表 2.5 量子点红外探测器研究进展

人物	年份	研究进展
盛怀茂等	1999	分析了量子阱红外探测器的散粒噪声、热噪声、产生-复合噪声和 1/f 噪声
赵永林等	2006	当温度高于 40K 时,暗电流随着温度的升高迅速变大
Hill 等	2010	自组装 InSb 量子点结合到探测器的有源区域来扩展探测器截止波长
Chien	2011	研究了光电子的俘获和渡越过程
Gustafsson 等	2012	利用 InSb 量子点减小了探测器噪声
刘红梅等	2013	提出一个量子点红外探测器的噪声模型
Kim 等	2014	通过调整光栅参数,获得了较宽范围的光谱响应
Srinivasan 等	2015	将分子束外延、硅掺杂 20 层 InAs 点加入量子点红外光电探测器中
Karow 等	2016	实现了激光器和探测器的单片集成
金英姬	2017	温度越低,噪声受外加电场的影响越明显

人物	年份	研究进展
王政	2018	温度、量子点的密度以及侧面的尺寸都会影响探测器的暗电流
Baira 等	2019	具有较高纵横比的较大量子点可能具有更高的振荡器强度
Gansen 等	2020	得出了关于 $1/f$ 噪声的噪声模型

3. 典型应用场景

为了使空间资源得到更好的利用，各国不断地向空间发射卫星、空间站等建立探测站点，都是为了竞相占据最优位置，空间光电系统在该领域有很重要的应用。新型量子点红外探测器具有较高的探测灵敏度、较高的工作温度以及抗辐射能力，将其应用到空间光电系统很有必要。

在卫星与地面或者卫星与卫星之间进行激光通信时，由于传输距离远，所以空间环境复杂，面临的问题主要包括两个：第一是随着通信距离的逐渐增大，强度衰减也越来越强烈；第二是空间环境极其恶劣，对光电器件有较高的要求，需要光电器件有较好的温度特性及抗辐射性能。

2.2.7　平衡探测器

1. 工作原理

图 2.14 给出了平衡探测器接收相干光的原理图[92]，当本振光与信号光完全满足相干条件时，光场发生干涉，由光电探测器实现光电转换。信号光用 E_S 表示，本振光用 E_L 表示，设功率分配器为理想的器件，即线性、对称、无损耗，则有

$$\begin{bmatrix} E_1 \\ E_2 \end{bmatrix} = \exp(\mathrm{j}\psi_r) \begin{bmatrix} 1 & \exp\left(\mathrm{j}\dfrac{\pi}{2}\right) \\ \exp\left(\mathrm{j}\dfrac{\pi}{2}\right) & 1 \end{bmatrix} \begin{bmatrix} E_S \\ E_L \end{bmatrix} \tag{2.13}$$

其中，ψ_r 为功率分配器的反射相移。平衡探测器输出的电流信号为

$$I_1(t) - I_2(t) = 2\frac{\eta e}{h\nu}\sqrt{P_S P_L}\cos(w_{\mathrm{IF}}t + \phi_S - \phi_L) \tag{2.14}$$

其中，w_{IF} 为中频信号的频率；ϕ_S、ϕ_L 分别为信号光和本振光的相位；P_S、P_L 分别为信号光和本振光的光功率；η 为光电探测器的量子效率；e 为电荷量；h 为普朗克常量；ν 为光频率，经过放大器放大产生电流 I_0。平衡探测器对共模信号起到了抑制作用，噪声得到减小，进而探测器的灵敏度得到提高。

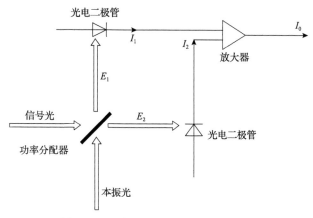

图 2.14　平衡探测器接收相干光原理图

2. 研究现状及进展

2015 年，代永红等[93]设计了一套高速平衡探测系统，该探测系统可以实现不同速率的相干探测。对于 2.5Gbit/s 的通信速率，直接探测的灵敏度达到 –26dBm，动态范围为 –26～3dBm；当本振光是 3dBm 时，灵敏度可以达到 –46.5dBm，动态范围为 –46.5～3dBm。

2015 年，郭力仁等[94]分析了平衡外差探测的输出噪声，并且建立了相关的噪声模型，通过仿真得到，相比于一般相干探测的信噪比，可以通过合理设置探测器的结构参数，提高平衡外差探测方法的信噪比。

2016 年，石倩芸等[95]在平衡探测器组成的基础上，设计了相干探测的测试方案，当通信速率为 5Gbit/s 时，共模抑制比提高了 27dB，采用平衡探测实现相干解调，相比于单管探测，最小信号光功率改善了 8dB。

2017 年，Sami 等[96]设计并构建了基于光子晶体光纤的外差检测器，得到波长偏移和温度变化之间的关系是线性的。

2018 年，Li 等[97]对基于外差检测的相干光通信系统的色散进行了估计，仿真研究了 10Gbit/s 不归零电子预失真系统的非线性限制。

2019 年，张宏飞等[98]设计了高速太赫兹时域光谱系统中的平衡探测器，利用两个低噪声光电二极管串联，直接探测出两束激光的差值光电流，降低了探测器噪声。

2021 年，Hu 等[99]研究的新型外差检测方案，相比于单端光电检测器的外差检测，不仅允许使用简单的发射机结构，将接收机带宽降低到远低于符号速率的值，同时保留了数字色散补偿的能力。

以上文献重点研究了平衡探测器在基于外差检测的相干光通信系统中的应

用，该结构对噪声存在一定的抑制作用，同时得到了探测器的噪声模型。表 2.6 为平衡探测器的研究进展。

表 2.6　平衡探测器研究进展

人物	年份	研究进展
代永红等	2015	灵敏度可以达到–46.5dBm，动态范围为–46.5～3dBm
郭力仁等	2015	提高了平衡外差探测方法的信噪比
石倩芸等	2016	共模抑制比提高了 27dB
Sami 等	2017	波长偏移和温度变化之间的关系是线性的
Li 等	2018	研究了 10Gbit/s 不归零电子预失真系统的非线性限制
张宏飞等	2019	降低了探测器噪声
Hu 等	2021	使用简单的发射机结构，将接收机带宽降低到远低于符号速率的值

3. 典型应用场景

相干探测原理如图 2.15 所示。从激光器发射出来的光作为载波且被信号用直接调制或外调制方式进行调制。在接收端，空间光信号 E_S 通过光纤耦合器耦合进光纤，本地振荡器产生的光波 E_L 在混频器中与接收信号相叠加，在平衡探测器的输出端产生中频信号。零差探测时可直接得到基带信号，平衡探测器输出的电信号经过中频放大、滤波、解调后，还原为发送端的数字信号。

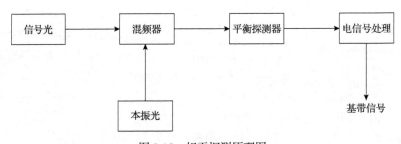

图 2.15　相干探测原理图

2.2.8　双平衡探测器

1. 工作原理

双平衡探测以平衡外差探测系统的结构组成为基础，双路平衡接收技术如图 2.16 所示，使用四个光电探测器，并且这四个光电探测器几乎完全一致，在接收端两个探测器为一组，总共组成了两组平衡外差探测器。基于 90°光混频器的输入端使信号光和本振光进入端口，经过 1/4 波片后本振光即可转化为圆偏振光，此时两者会呈现出 45° 的夹角。经分束棱镜的信号光、本振光通过混频分束之后即可射入 1/2 波片上，此时两者会呈现出 22.5° 的夹角。最后基于分束棱镜获得四束光。通过结合两束相位相反的光，输入平衡探测器，即可获得两路正交的中频电流信号[100]：

$$\begin{cases} I: I_0 - I_{180} = 2k_1k_4 \cos\left(\omega_{IF} - \left(\varphi + \dfrac{\pi}{4}\right)\right) \\ Q: I_{90} - I_{270} = 2k_2k_3 \sin\left(\omega_{IF} - \left(\varphi + \dfrac{\pi}{4}\right)\right) \end{cases} \tag{2.15}$$

其中，I 和 Q 分别为两路相位相差 90° 信号，即解调信息所需的同相分量和正交分量；I_0、I_{180}、I_{90} 和 I_{270} 分别为通过分束棱镜后得到光混频器的四路输出；k_1、k_2、k_3、k_4 为本振光与信号光在各自方向上的分量；φ 为相位差；ω_{IF} 为中频，当这两路光电流相减之后其直流分量被彻底抵消，与直流分量有关的强度噪声也随之消除，但其交流项与本振光功率的平方根成正比，因而强度噪声影响程度要小得多。

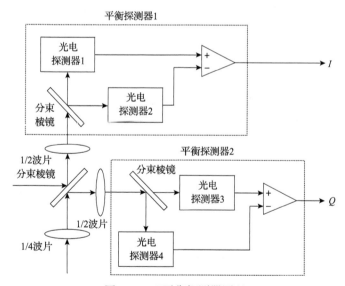

图 2.16　双平衡探测器原理

2. 研究进展

2010 年，高龙等[101]将双平衡式探测技术用到了微弱信号检测领域，如激光雷达等，入射光的偏振因子会引起偏振混合误差，讨论了双平衡探测系统的误差。结果表明，分束棱镜上由于偏振光形成的椭圆，当偏振度在 (0,0.02) 范围内时，产生的垂直正交因子为 0.523。

2013 年，朱剑锋[102]为了解决传统声电传声器易受腐蚀和电磁干扰的问题，利用 3×3 耦合器建立双光路平衡检测系统，可以实现两个等幅信号的差分处理。实验表明该系统稳定并且波形失真小，可以在 300～3400Hz 范围内实现语音信号的提取和恢复。

2013 年，槐宇超[100]对双平衡外差检测系统的弱激光信号检测进行研究，从系统结构和数学模型两方面入手，通过仿真分析，推导出符合数学模型的结论，为弱激光检测技术的研究打下了基础。

2015 年，Zheng 等[103]提出一种新的双平衡差分配置方法，在线宽 10MHz 的波长 1550nm 激光下，光子检测效率为 10%。结果表明，这种结构可以有效分辨超微弱雪崩信号。

2015 年，彭程等[104]以双平衡式相干探测为基础，介绍了新型光电外差接收技术，说明了双平衡探测的工作原理，进一步分析了双平衡式相干探测系统和平衡式相干探测系统。

2016 年，李玉等[105]为了增大激光多普勒测速仪的测量距离，以马赫-曾德尔环形结构为基础，设计了双平衡式探测接收系统，对双平衡探测系统的信噪比表达式进行了推导。仿真验证了双平衡探测系统的信噪比高于普通相干探测。

2017 年，黄晶等[106]考虑到常用接地故障检测方法存在的不足，提出一种新的双桥探测方法。该方法可用于故障检测，不仅解决了死区造成的问题，同时分布电容对其不造成影响，通过实验验证了该方法的可行性。

以上文献研究了双平衡探测技术的工作原理，分析了双平衡探测技术可以应用到微弱信号的检测等领域，通过和普通相干探测技术进行对比，表明了双平衡探测技术可以提高系统的信噪比。表 2.7 给出了双平衡探测器的研究进展。

表 2.7　双平衡探测器研究进展

人物	年份	研究进展
高龙等	2010	将双平衡式探测技术应用到微弱信号检测领域
朱剑锋	2013	利用 3×3 耦合器建立双光路平衡检测系统
槐宇超	2013	对双平衡外差检测系统的弱激光信号检测进行了研究
Zheng 等	2015	提出的双平衡差分配置方法使得光子检测效率为10%
彭程等	2015	研究了基于双平衡式相干探测的新型光电外差接收方法
李玉等	2016	设计了基于马赫-曾德尔环形结构的双平衡式探测接收系统
黄晶等	2017	提出一种新的双桥探测法用于直流系统的故障检测

3. 典型应用场景

图 2.17 是相干光通信系统的仿真原理框图。运用正交移相键控(quadrature phase shift keying, QPSK)方式对信号光进行调制，本振光和信号光进入混频器进行混频，由混频器输出的信号经过双平衡探测系统，双平衡探测系统输出的信号数模转换以后再对其进行数字信号处理，系统性能的好坏以接收机判决电路信噪比来衡量，接收机判决电路信噪比较高时误码率较低。

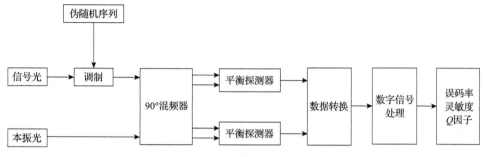

图 2.17　相干光通信系统仿真原理框图

2.3　光电探测器噪声

2.3.1　光电探测器的噪声来源

1. 散粒噪声

入射光照射探测器表面时，光电子会发生随机性的振荡起伏，产生的噪声就是散粒噪声，电子管在任何短时间 τ 内发射的电子会在平均值附近有一个波动，从波动均方差来看，散粒噪声功率为

$$i_n^2 = 2eI\Delta f \tag{2.16}$$

其中，i_n^2 为散粒噪声的功率；e 为电子的电荷量；Δf 为噪声带宽；I 为探测器产生的平均光电流。

对于有入射光和没有入射光两种情况，暗电流噪声功率以及光辐射散粒噪声功率分别为

$$i_{nd}^2 = 2eI_d\Delta f \tag{2.17}$$

$$i_{np}^2 = 2eI_p\Delta f \tag{2.18}$$

其中，i_{nd}^2 为暗电流噪声功率；i_{np}^2 为光辐射散粒噪声功率；无入射光时的平均光电流由 I_d 表示；有入射光时的平均光电流用 I_p 表示。

2. 产生-复合噪声

半导体中载流子的不断运动会导致电子和空穴不断地随机产生和复合，所以平均载流子的浓度会一直波动，此时产生的噪声称为产生-复合噪声，表达式为

$$i_{\text{ng-r}}^2 = 4eIM\Delta f \tag{2.19}$$

其中，$i_{\text{ng-r}}^2$ 为产生-复合噪声的功率；M 为增益。

3. 热噪声

耗散元件中载流子的随机运动会产生热噪声，对于电阻，即使不施加电压，只要电阻处于热平衡状态，这些电子就会产生热噪声。

AB 电极等效图如图 2.18 所示，AB 两极间的电阻用 R 表示，在热力学温度 T 时，AB 两极间的电子处于不断的热运动中，这种热运动是随机的。

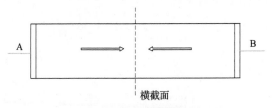

横截面

图 2.18　AB 电极等效图

由于 AB 两端会出现电压波动，得到热噪声的平均功率为

$$U_{\text{nJ}}^2 = 4k_B T\Delta f R \tag{2.20}$$

其中，U_{nJ}^2 为热噪声的平均功率；k_B 为玻尔兹曼常量。若用噪声电流表示则为

$$i_{\text{nJ}}^2 = \frac{4k_B T\Delta f}{R} \tag{2.21}$$

其中，i_{nJ}^2 为热噪声的平均功率。一般也可以用热噪声电流均方根值或者热噪声电压均方根值来进行计算：

$$\sqrt{i_{\text{nJ}}^2} = \left(\frac{4k_B T\Delta f}{R}\right)^{1/2} \tag{2.22}$$

$$\sqrt{U_{\mathrm{nJ}}^2} = (4k_{\mathrm{B}}T\Delta fR)^{1/2} \tag{2.23}$$

其中，$\sqrt{i_{\mathrm{nJ}}^2}$ 为热噪声电流均方根值；$\sqrt{U_{\mathrm{nJ}}^2}$ 为热噪声电压均方根值。

4. $1/f$ 噪声

在探测器的制造工艺流程中，存在一些不必要的微量杂质或者不均匀的感光层小颗粒，在电流的作用下，这些颗粒之间就会产生微电爆脉冲，产生 $1/f$ 噪声。

$1/f$ 噪声的电流均方值可表示为

$$i_{\mathrm{nf}}^2 = k_1 \frac{I^b \Delta f}{f^a} \tag{2.24}$$

其中，i_{nf}^2 为 $1/f$ 噪声的电流均方值；k_1 为比例系数，受多种因素的影响，包括探测器的制造工艺、电极的接触情况以及探测器的尺寸；a 为一个常数，与探测器的材料有关，通常处于 0.8～1.3；器件中存在电流 I；b 则与 I 有关，b 通常取值 2；f 为光辐射的调制频率。

2.3.2　典型光电探测器噪声模型

1. 雪崩光电探测器

1) 热噪声

对于雪崩光电二极管，如果忽略其内部电阻，只是考虑二极管所在电流的负载的影响，则热噪声电流仍满足式(2.18)。

2) 暗电流所产生的散粒噪声

P-N 结中载流子不断地随机运动产生了散粒噪声，i 为流经 P-N 结的总电流，则[107]

$$i = i_p + i_s \tag{2.25}$$

其中，i_s 为散粒噪声电流；i_p 为电流的平均值。如果接收系统的带宽是 B，那么散粒噪声的有效值可表示为

$$i_s' = \sqrt{2ei_p B} \tag{2.26}$$

其中，i_s' 为散粒噪声电流的有效值。在无光环境下，对于倍增因子为 M 的雪崩光电二极管，其暗电流为

$$i_d = i_b + Mi_t \tag{2.27}$$

其中，i_d 为暗电流；i_b 为表面漏电流；i_t 为体漏电流。探测器的暗电流会引起散粒噪声，噪声电流有效值 i'_s 表示为

$$i'_s = \sqrt{2ei_t BM^2 + 2ei_b B} \tag{2.28}$$

3）过剩噪声

雪崩光电二极管的增益表示输出的光电流与入射的光电流的比值，即[108]

$$M = \frac{I_p - I_d}{I_{p0} - I_{d0}} \tag{2.29}$$

其中，I_p 为雪崩光电二极管的光电流；I_d 为雪崩光电二极管的暗电流；I_{p0} 为单位增益时的光电流；I_{d0} 为单位增益时的暗电流。

假设雪崩倍增区是均匀的，那么过剩噪声因子与增益 M 和电离系数 k 有关，即

$$F(M) = kM + (1-k)\left(1 - \frac{1}{M}\right) \tag{2.30}$$

其中，$F(M)$ 为过剩噪声因子，在设计器件时应尽可能选择 k 值较小的材料作为倍增区材料。

2. PIN 光电探测器

1）热噪声

材料中的载流子在一定温度下随机运动，其引起的电流波动或电压波动就是热噪声，类似地，PIN 检测器的热噪声满足式（2.20）。

2）散粒噪声

散粒噪声电流的表达式仍然满足式（2.16）。

3）产生-复合噪声

PIN 探测器的产生-复合噪声的电流均方值为

$$i_{nf}^2 = \frac{cI^\alpha}{f^\beta}\Delta f \tag{2.31}$$

其中，i_{nf}^2 为产生-复合噪声的电流均方值；I 为输出的电流的平均值；f 为工作频率；α 约为 2；Δf 为工作带宽；c 为比例常数。α、β、c 的值可以由实验测得，与器件表面起伏状态有关。

4）1/f 噪声

PIN 型探测器的 1/f 噪声的电流均方值 i_{nf}^2 表示为

$$i_{nf}^2 = \frac{cI^\alpha}{f^\beta}\Delta f \tag{2.32}$$

3. 光电倍增管

1) 光电倍增管的信噪比

假设光电倍增管具有 k 级，其阳极收集的平均电子数为 n_a，如果每一级倍增相同且符合泊松分布，则[24]

$$SNR_a \approx \left| \frac{\eta n_p(\delta - 1)}{\delta} \right|^{1/2} \tag{2.33}$$

其中，SNR_a 为光电倍增管的信噪比；ηn_p 为平均光电子数；δ 为增益，若 $\delta \gg 1$，则有

$$SNR_a \approx \sqrt{\eta n_p} \tag{2.34}$$

2) 散粒噪声电流

散粒噪声的电流均方值为[24]

$$I_{Npe}^2 = 2q^2 \eta I_p \Delta f \tag{2.35}$$

其中，I_{Npe}^2 为散粒噪声的电流均方值；q 为电荷数，电荷会形成一系列电流脉冲，电流脉冲的频谱由很多个谐波组成；Δf 为谐波的间隔；I_p 为雪崩光电二极管的光电流；η 为量子效率。

光电倍增管的散粒噪声电流的均方根为

$$I_{N_a} = 2qI_{pe}\Delta f \left(1 + \frac{1}{\delta_1} + \frac{1}{\delta_2} + \cdots + \frac{1}{\delta_1\delta_2\cdots\delta_k}\right)m_k \tag{2.36}$$

其中，$m_k = \prod_{i=1}^{k}\delta_i$ 为光电倍增管的总增益；I_{pe} 为光阴极电流；Δf 为谐波的间隔。

3) 光电倍增管噪声简化模型

光电倍增管的简化噪声模型由光阴极、几个次级发射倍增极和阳极组成，光电倍增管的等效电路如图 2.19 所示。

图 2.19 中，D_1，D_2，$\cdots$，D_k 表示第 1 个到第 k 个倍增极，K_e 为光阴极，A 为内放大器的输出阳极，R_a 为阳极负载电阻。光电倍增管又可以看成一个电流源，其

阳极电流为光阴极电流的 m_k 倍，即

$$I_a = m_k I_{pe} = \left(\prod_{i=1}^{k} \delta_i \right) I_{pe} \tag{2.37}$$

其中，I_{pe} 为阴极电流；$\prod\limits_{i=1}^{k} \delta_i$ 为光电倍增管的总增益。

图 2.20 为简化的光电倍增管的噪声模型[24]，其中，R_a 为阳极电阻，I_{pe} 为阴极电流，$m_k = \prod\limits_{i=1}^{k} \delta_i$ 为光电倍增管的总增益，I_p 为雪崩光电二极管的光电流，C_a 为阳极电容，R_p 为阴极电阻，C_p 为阴极电容，U_a 为阳极电压源。

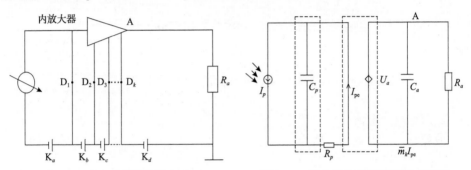

图 2.19　光电倍增管等效电路图　　　　图 2.20　简化的光电倍增管噪声模型

4. 四象限探测器

1）热噪声

四象限探测器的热噪声同样满足式(2.20)。

2）1/f 噪声

四象限探测器中 1/f 噪声电压功率频谱密度表达式如下[108]：

$$S_V(f) = AV^{\beta} / f^{\gamma} \tag{2.38}$$

其中，$S_V(f)$ 为 1/f 噪声电压功率频谱密度；A 与探测器的材料有关，是一个常数；β 为指数因子；V 为噪声的电压；f 为频率；γ 为频率指数。

1969 年，胡格提出著名的经验公式以及迁移率涨落模型，即

$$\frac{S_I(f)}{I^2} = \frac{S_R(f)}{R^2} = \frac{S_v(f)}{V^2} = \frac{\alpha_H}{fN} \tag{2.39}$$

其中，$S_I(f)$ 为噪声电流的功率谱密度；$S_R(f)$ 为电阻的功率谱密度；$S_v(f)$ 为电压的功率谱密度；α_H 为胡格系数，可以用于衡量器件 1/f 噪声水平，f 为频率；N

为载流子总数。

3) 产生-复合噪声

四象限探测器的产生-复合噪声的功率谱密度满足[108]:

$$S_I(f) = \sum_{i=1}^{m} \frac{C_i \tau_i}{1 + (2\pi f_{\tau_i})^2} \tag{2.40}$$

其中,$S_I(f)$ 为产生-复合噪声的功率谱密度;τ_i 为产生-复合噪声的特征时间常数;m 为深能级的个数;C_i 为时间常数为 τ_i 时产生-复合噪声分量的幅值;f_{τ_i} 为特征时间常数为 τ_i 时的频率。特征时间常数 τ_i 可表示为

$$\frac{1}{\tau_i} = CT^2 \exp(-E_a / (k_B T)) \tag{2.41}$$

其中,C 为常数;E_a 为深能级杂质的激活能;T 为温度。

5. 量子点探测器

1) 暗电流

势垒中存在移动载流子,通过载流子的密度可以计算得到暗电流,即[84]

$$I_d = 2ev\mu EA \left[1 + \left(\frac{\mu E}{v_s} \right)^2 \right]^{-1/2} \left(\frac{m_b k_B T}{2\pi h^2} \right)^{3/2}$$
$$\cdot \exp\left(-\frac{E_{0,\text{micro}} \exp(-E / E_0) + E_{0,\text{nano}} \beta E}{k_B T} \right) \tag{2.42}$$

其中,v 为电子的漂移速度;A 为探测器面积;E 为偏置电场强度,可以通过将施加的电压除以探测器的本征区域的厚度来近似获得;μ 为电子迁移率;v_s 为电子的最大移动速度;m_b 为电子有效质量;k_B 为玻尔兹曼常量;T 为温度;$E_{0,\text{micro}}$ 为零压偏置下微米量级电子传输的激发能;$E_{0,\text{nano}}$ 为零压偏置下纳米量级电子传输的激发能;E_0 用于描述微米尺度电子传输的激发能随电场变化的快慢程度;β 描述的是纳米尺度电子传输的激发能随电场变化快慢的程度。

2) 噪声增益

噪声增益可通过电子的复合时间 τ_r 与电子的渡越时间 τ_d 的比值来计算,即[84]

$$g_n = \frac{\tau_r}{\tau_d} \tag{2.43}$$

其中,g_n 为噪声增益;τ_r 为电子的复合时间;τ_d 为电子的渡越时间。

一般情况下，认为量子点对电子的俘获满足球对称条件，具体计算形式如下：

$$\frac{1}{\tau_T} = N_t(4\pi D R_t)\left[1 - \left(\frac{D}{V_t R_t^2}\tanh\left(\frac{V_t R_t^2}{D}\right)\right)^{1/2}\right] \tag{2.44}$$

其中，R_t 为量子点的有效半径；V_t 为量子点俘获电子的速度；τ_T 为量子点俘获电子的时间；N_t 为量子点数；D 为带扩散系数，它的取值与电子迁移率 μ 相关，即

$$\mu = \frac{eD}{k_B T} \tag{2.45}$$

将式(2.43)和式(2.44)代入式(2.42)，整理得到噪声增益为

$$g_n = \frac{\mu E\left[1 + \left(\frac{\mu E}{v_s}\right)^2\right]^{-1/2}}{N_t(4\pi R_t \mu k_B T / e)\left[1 - \left(\frac{\mu k_B T}{e V_t R_t^2}\tanh\left(\frac{e V_t R_t^2}{\mu k_B T}\right)\right)^{1/2}\right]} \tag{2.46}$$

其中，g_n 为噪声增益；E 为量子点红外探测器的偏置电场强度；k_B 为玻尔兹曼常量；T 为温度；R_t 为量子点的有效半径；V_t 为量子点俘获电子的速度；v_s 为电子的饱和移动速度；N_t 为量子点数。

3) 噪声

量子点探测器的噪声主要来源于电子的产生-复合过程，并可写为

$$i_n = \sqrt{4eg_n I_d} \tag{2.47}$$

其中，g_n 为噪声增益，近似等于光电导增益；I_d 为暗电流。

根据暗电流和增益的计算方法，将式(2.42)和式(2.46)代入式(2.47)，得到量子点红外探测器噪声的计算公式，即[84]

$$i_n = \sqrt{\frac{8e^2\mu^2 E^2\left[1 + \left(\frac{\mu E}{v_s}\right)^2\right]^{-1}\left(\frac{m_b k_B T}{2\pi h^2}\right)^{3/2}\exp\left(-\frac{E_{0,\text{micro}}\exp(-E/E_0) + E_{0,\text{nano}} - \beta E}{k_B T}\right)}{N_t(4\pi R_t \mu k_B T / e)\left[1 - \left(\frac{\mu k_B T}{e V_t R_t^2}\tanh\left(\frac{e V_t R_t^2}{\mu k_B T}\right)\right)^{1/2}\right]}} \tag{2.48}$$

6. 平衡探测器

1) 热噪声

平衡探测器的热噪声仍然满足式(2.20)。

2) 散粒噪声

散粒噪声电流均方值表示为

$$i_{sn}^2 = 2eP_L B \tag{2.49}$$

其中，i_{sn}^2 为散粒噪声电流均方值；B 为噪声带宽；P_L 为入射光功率。

7. 双平衡探测器

1) 散粒噪声

散粒噪声的单边带噪声功率谱密度表示为[109]

$$G_{shot}^2 = 2q(\eta P + I_d)\Delta f \tag{2.50}$$

其中，G_{shot}^2 为单边带噪声功率谱密度；q 为电子电荷；η 为设备响应系数；I_d 为暗电流；Δf 为单边带有效噪声带宽；P 为接收到的总功率。

2) 热噪声

热噪声主要来源为跨阻放大，热噪声 $\sigma_{thermal}^2$ 可以表示如下[109]：

$$\sigma_{thermal}^2 = i_{TIA}^2 \Delta f \tag{2.51}$$

其中，i_{TIA} 为单边差分输入噪声电流密度；Δf 为单边带有效噪声带宽。

3) 相对强度噪声

因本振光导致的相对强度噪声 σ_{RIN} 可表示为[109]

$$\sigma_{RIN} = 2(\eta P_L)^2 \cdot RIN \cdot \Delta f \tag{2.52}$$

其中，P_L 为本振功率；RIN 为相对强度噪声系数；η 为设备响应系数；Δf 为单边带有效噪声带宽。

参 考 文 献

[1] 柯熙政, 邓莉君. 无线激光通信[M]. 2 版. 北京: 科学出版社, 2022.

[2] Pauwels H. Phase and amplitude fluctuations of the laser oscillator[J]. IEEE Journal of Quantum Electronics, 1966, 2(3): 54-62.

[3] Leeson D B. A simple model of feedback oscillator noise spectrum[J]. Proceedings of the IEEE,

1966, 54(2): 329-330.

[4] van del Ziel A. Noise in solid-state devices and lasers[J]. Proceedings of the IEEE, 1970, 58(8): 1178-1206.

[5] Harder C, Katz J, Margalit S, et al. Noise equivalent circuit of a semiconductor laser diode[J]. IEEE Journal of Quantum Electronics, 1982, 18(3): 333-337.

[6] Petermann K. Laser Diode Modulation and Noise[M]. Dordrecht: Kluwer Academic Publishers, 1991.

[7] Kuo C Y. Fundamental second-order nonlinear distortions in analog AM CATV transport systems based on single frequency semiconductor lasers[J]. Journal of Lightwave Technology, 1992, 10(2): 235-243.

[8] Fukuda M, Hirono T, Kurosaki T, et al. 1/f noise behavior in semiconductor laser degradation[J]. IEEE Photonics Technology Letters, 1993, 5(10): 1165-1167.

[9] Le Bihan J, Yabre G. FM and IM intermodulation distortions in directly modulated single-mode semiconductor lasers[J]. IEEE Journal of Quantum Electronics, 1994, 30(4): 899-904.

[10] 柴燕杰, 杨知行, 阳辉, 等. 激光器相位噪声对高速 IM/DD 光纤通信系统特性影响的研究 [J]. 通信学报, 1997, 18(7): 1-5.

[11] Lawrence J S, Kane D M. Nonlinear dynamics of a laser diode with optical feedback systems subject to modulation[J]. IEEE Journal of Quantum Electronics, 2002, 38(2): 185-192.

[12] 俞本立, 甄胜来, 朱军, 等. 低噪声光纤激光器的实验研究[J]. 光学学报, 2006, 26(2): 217-220.

[13] di Domenico G, Schilt S, Thomann P. Simple approach to the relation between laser frequency noise and laser line shape[J]. Applied Optics, 2010, 49(25): 4801-4807.

[14] 刘继红. 激光相位噪声对相干光纤通信系统性能的影响[J]. 西安邮电学院学报, 2012, 17(5): 25-28.

[15] Mahmoud S W Z, Mahmoud A, Ahmed M. Noise performance and nonlinear distortion of semiconductor laser under two-tone modulation for use in analog CATV systems[J]. International Journal of Numerical Modelling Electronic Networks Devices & Fields, 2015, 29(2): 280-290.

[16] 陈丹, 柯熙政, 张璐. 湍流信道下激光器互调失真特性[J]. 光子学报, 2016, 45(2): 99-103.

[17] 陈锦妮. 副载波调制非光域外差检测无线光通信关键技术及其实验研究[D]. 西安: 西安理工大学, 2016.

[18] 宋昭远, 姚桂彬, 张磊磊, 等. 单频光纤激光器相位噪声的影响因素[J]. 红外与激光工程, 2017, 46(3): 90-93.

[19] 白燕. 2μm 波段激光线宽表征方法及单纵模掺铥光纤激光器研制与应用[D]. 北京: 北京交通大学, 2019.

[20] 杜以成, 张蓉, 王龙生, 等. 共同噪声驱动分布式布拉格反射半导体激光器混沌同步研究 [J]. 光学学报, 2022, 42(23): 154-161.

[21] 顺迎. 激光测距用的光电倍增管[J]. 激光与红外, 1972, 2(8): 35-37.

[22] 李国华, 于德洪, 吴福全, 等. 光栅单色仪和光电倍增管的偏振效应[J]. 曲阜师范大学学报(自然科学版), 1989, 15(4): 46-49.

[23] 周荣楣. 光电倍增管展望[J]. 光电子技术, 2000, 4(2): 84-89.

[24] 郭从良, 曾丹, 李杰, 等. 光电倍增管的噪声模型[J]. 核电子学与探测技术, 2004, 2(1): 117-120.

[25] Chowdhuri M B, Ghosh J, Manchanda R, et al. Measurement of spatial and temporal behavior of $H(\alpha)$ emission from Aditya Tokamak using a diagnostic based on a photomultiplier tube array[J]. The Review of Scientific Instruments, 2014, 85(11): 101-108.

[26] Maltseva Y, Emanov F A, Petrenko A V, et al. Distributed beam loss monitor based on the Cherenkov effect in an optical fiber[J]. Physics-Uspekhi, 2015, 58(5): 516-519.

[27] 陈孝强, 唐群玉, 王小胡. 基于硅光电倍增管的小型辐射测量探头的研制[J]. 机械工程与自动化, 2016, (5): 179-180, 182.

[28] Zhao T Q, Peng Y, Miao Q L, et al. One-dimensional single-photon position-sensitive silicon photomultiplier and its application in Raman spectroscopy[J]. Optics Express, 2017, 25(19): 22820-22828.

[29] Takahashi M, Inome Y, Yoshii S, et al. A technique for estimating the absolute gain of a photomultiplier tube[J]. Nuclear Instruments and Methods in Physics Research Section A: Accelerators, Spectrometers, Detectors and Associated Equipment, 2018, 894(10): 1-7.

[30] Unland Elorrieta M A, Classen L, Reubelt J, et al. Characterisation of the Hamamatsu R12199-01 HA MOD photomultiplier tube for low temperature applications[J]. Journal of Instrumentation, 2019, 14(3): 3015-3021.

[31] Sun X B, Kong M W, Alkhazragi O, et al. Non-line-of-sight methodology for high-speed wireless optical communication in highly turbid water[J]. Optics Communications, 2020, 461(1): 125264-125271.

[32] Ning J, Gao G, Liang Z J, et al. Adaptive receiver control for reliable high-speed underwater wireless optical communication with photomultiplier tube receiver[J]. IEEE Photonics Journal, 2021, 13(4): 1-7.

[33] 王浩东. 真空紫外光电倍增管现状及发展趋势分析[J]. 真空电子技术, 2022, (2): 23-28.

[34] 杨文宗. 光通信用的长波长探测器的现状与未来[J]. 半导体光电, 1980, 2(3): 45-61.

[35] Watkins S E, Zhang C Z, Walser R M, et al. Laser-induced failure in biased silicon avalanche photodiodes[J]. Nist Special Publication, 1990, 12(1): 95-104.

[36] 李国正, 张浩. Ge_xSi_{1-x}/Si 应变超晶格雪崩光电探测器的分析与优化设计[J]. 光学学报,

1996, 16(6): 839-843.

[37] Ng J S, Tan C H, David J P R, et al. Effect of impact ionization in the InGaAs absorber on excess noise of avalanche photodiodes[J]. IEEE Journal of Quantum Electronics, 2005, 41(8): 1092-1096.

[38] 郭健平, 廖常俊, 魏正军. 盖革模式下反偏压对雪崩光电二极管贯穿特性的影响[J]. 光学与光电技术, 2009, 7(5): 9-11.

[39] Chitnis D, Collins S. A flexible compact readout circuit for SPAD arrays[C]//Detectors and Imaging Devices: Infrared, Focal Plane, Single Photon, San Diego, 2010: 101-108.

[40] 张瑜, 刘秉琦, 周斌, 等. 基于 APD 的 "猫眼" 目标主动探测系统信噪比分析[J]. 激光与红外, 2011, 41(11): 1240-1243.

[41] 郭赛, 丁全心, 羊毅. 雪崩光电探测器的噪声抑制技术研究[J]. 电光与控制, 2012, 19(3): 69-73.

[42] Adamo G, Agro D, Stivala S, et al. Measurements of silicon photomultipliers responsivity in continuous wave regime[J]. IEEE Transactions on Electron Devices, 2013, 60(11): 3718-3725.

[43] Youn J S, Lee M J, Park K Y, et al. SNR characteristics of 850-nm OEIC receiver with a silicon avalanche photodetector[J]. Optics Express, 2014, 22(1): 900-907.

[44] Chen H T, Verbist J, Verheyen P, et al. High sensitivity 10Gb/s Si photonic receiver based on a low-voltage waveguide-coupled Ge avalanche photodetector[J]. Optics Express, 2015, 23(2): 815-822.

[45] Goykhman I, Sassi U, Desiatov B, et al. On-chip integrated, silicon-graphene plasmonic schottky photodetector with high responsivity and avalanche photogain[J]. Nano Letters, 2016, 16(5): 3005-3013.

[46] Yin D D, Yang X H, He T, et al. InGaAs/InAlAs avalanche photodetectors integrated on silicon-on-insulator waveguide circuits[J]. Journal of Optical Technology, 2017, 84(5): 350-354.

[47] Jukić T, Brandl P, Zimmermann H. Determination of the excess noise of avalanche photodiodes integrated in 0. 35-μm CMOS technologies[J]. Optical Engineering, 2018, 57(4): 44101-44112.

[48] Farrell A C, Meng X, Ren D K, et al. InGaAs-GaAs nanowire avalanche photodiodes toward single-photon detection in free-running mode[J]. Nano Letters, 2019, 19(1): 582-590.

[49] Zhou X Y, Tan X, Lv Y J, et al. High-uniformity 1×64 linear arrays of silicon carbide avalanche photodiode[J]. Electronics Letters, 2020, 56(17): 895-897.

[50] Eid M M A, Urooj S, Alwadai N M, et al. AlGaInP optical source integrated with fiber links and silicon avalanche photo detectors in fiber optic systems[J]. Indonesian Journal of Electrical Engineering and Computer Science, 2021, 23(2): 847-854.

[51] 李再波, 李云雪, 马旭, 等. 雪崩光电二极管过剩噪声的测量和抑制方法[J]. 红外技术,

2022, 44 (4): 343-350.

[52] 林言方, 孙衍人, 卢兆伦. 硅 PIN 光电探测器双层抗反射膜设计[J]. 杭州大学学报(自然科学版), 1986, (4): 435-443.

[53] Zhang J M, Conn D R. State-space modeling of the PIN photodetector[J]. Journal of Lightwave Technology, 1992, 10 (5): 603-609.

[54] 张永刚, 程宗权, 蒋惠英. SMA 同轴封装高速光电探测器[J]. 半导体光电, 1995, 2 (1): 23-30.

[55] Jutzi M, Berroth M, Wöhl G, et al. SiGe PIN photodetector for infrared optical fiber links operating at 1.25Gbit/s[J]. Applied Surface Science, 2004, 224 (1-4): 170-174.

[56] Giannopolous A V, Kasten A M, Hardy N, et al. Position sensing using an integrated VCSEL and PIN photodetector microsystem[C]//Vertical-Cavity Surface-Emitting Lasers XIV, San Francisco, 2010: 15-25.

[57] Shao H M, Zhang S L, Xie S, et al. Research of AlGaN/GaN PIN solar-blind ultraviolet photodetector with back-illumination[J]. Journal of Optoelectronics Laser, 2011, 22 (7): 984-986.

[58] 管敏杰, 赵冬娥. 基于 PIN 型光电转换电路的噪声研究[J]. 电子测试, 2012, (2): 35-38.

[59] 吴菲, 李洪祚, 杜春梅, 等. 自由光通信中 PIN 探测器光阈值特性研究[J]. 现代电子技术, 2014, 37 (5): 12-15.

[60] Chaudhari P, Singh A, Topkar A, et al. Fabrication and characterization of silicon based thermal neutron detector with hot wire chemical vapor deposited boron carbide converter[J]. Nuclear Instruments and Methods in Physics Research Section A: Accelerators, Spectrometers, Detectors and Associated Equipment, 2015, 779 (11): 33-38.

[61] Rouse C, Zeller J W, Efstathiadis H, et al. Development of low dark current SiGe near-infrared PIN photodetectors on 300mm silicon wafers[J]. Optics and Photonics Journal, 2016, 6 (5): 61-68.

[62] 徐正平, 金灿强, 俞乾, 等. 用 PIN 探测器进行激光雷达参考光检测[J]. 红外与激光工程, 2018, 47 (10): 267-273.

[63] 舒斌, 颜科, 仲顺顺. PIN-TIA 光电探测器光电流检测电路的 RLS 去噪[J]. 现代电子技术, 2019, 42 (24): 1-4.

[64] 王宁, 赵柏秦, 王帅, 等. PIN 探测器和跨阻放大器的光电单片集成[J]. 红外与激光工程, 2021, 50 (9): 307-312.

[65] Xiao F, Han Q, Ye H, et al. InP-based high-speed monolithic PIN photodetector integrated with an MQW semiconductor optical amplifier[J]. Japanese Journal of Applied Physics, 2022, 61 (1): 12005-12013.

[66] 顺迎. 采用四象限探测器的精密主动跟踪技术[J]. 激光与红外, 1979, (S1): 25-38.

[67] 冯龙龄, 邓仁亮. 四象限光电跟踪技术中若干问题的探讨[J]. 红外与激光工程, 1996, 25(1): 12005-12013.

[68] 匡萃方, 冯其波, 冯俊艳, 等. 四象限探测器用作激光准直的特性分析[J]. 光学技术, 2004, 12(4): 387-389.

[69] 吴奇彬, 陈海清, 刘源. 四象限红外光电探测器噪声检测技术研究[J]. 光学与光电技术, 2005, 28(5): 28-31.

[70] 赵馨, 佟首峰, 姜会林. 四象限探测器的特性测试[J]. 光学精密工程, 2010, 18(10): 2164-2170.

[71] 杨桂栓, 张志峰, 翟玉生, 等. 死区对四象限探测器探测范围和灵敏度影响的研究[J]. 激光与光电子学进展, 2013, 50(6): 156-161.

[72] van Schalkwyk S, Meyer W E, Nel J M, et al. Implementation of an AlGaN-based solar-blind UV four-quadrant detector[J]. Physica B: Condensed Matter, 2014, 439(1): 93-96.

[73] 田永明, 王永志, 姜义君, 等. 星间激光通信信标跟踪无焦光学系统设计[J]. 制导与引信, 2016, 37(4): 54-57.

[74] Grajower M, Desiatov B, Mazurski N, et al. Integrated on-chip silicon plasmonic four quadrant detector for near infrared light[J]. Applied Physics Letters, 2018, 113(14): 143103-143110.

[75] Wang X, Su X Q, Liu G Z, et al. A method for improving the detection accuracy of the spot position of the four-quadrant detector in a free space optical communication system[J]. Sensors, 2020, 20(24): 7164-7173.

[76] Wang X Q, Su X, Liu G Z, et al. Investigation of high-precision algorithm for the spot position detection for four-quadrant detector[J]. Optik, 2020, 203(6): 163941-163950.

[77] 刘鹏飞, 宋翠莲, 马昱超. 一种用于微光探测的四象限探测器设计[J]. 国外电子测量技术, 2020, 39(5): 99-104.

[78] Safi H, Dargahi A, Cheng J L. Beam tracking for UAV-assisted FSO links with a four-quadrant detector[J]. IEEE Communications Letters, 2021, 25(12): 3908-3912.

[79] 盛怀茂, 王嘉宽, 高启安, 等. GaAs/AlGaAs 量子阱红外探测器噪声特性分析[J]. 半导体技术, 1999, 5(1): 26-29.

[80] 赵永林, 李献杰, 蔡道民, 等. AlGaAs/GaAs 多量子阱红外探测器暗电流特性[J]. 红外与激光工程, 2006, (S5): 68-71.

[81] Hill C J, Soibel A, Keo S A, et al. Mid-infrared quantum dot barrier photodetectors with extended cutoff wavelengths[J]. Electronics Letters, 2010, 46(18): 1286-1271.

[82] Chien L H. Quantum dot infrared photodetectors based on structures with potential barriers: Modeling and optimization[J]. Physica E: Low Dimensional Systems & Nanostructures, 2011, 14(5): 11-16.

[83] Gustafsson O, Karim A, Berggren J, et al. Photoluminescence and photoresponse from

InSb/InAs-based quantum dot structures[J]. Optics Express, 2012, 20(19): 21264-21271.

[84] 刘红梅, 杨春花, 刘鑫, 等. 量子点红外探测器的噪声表征[J]. 物理学报, 2013, 62(21): 454-459.

[85] Kim J O, Ku Z, Krishna S, et al. Simulation and analysis of grating-integrated quantum dot infrared detectors for spectral response control and performance enhancement[J]. Journal of Applied Physics, 2014, 115(16): 101-112.

[86] Srinivasan T, Mishra P, Jangir S K, et al. Molecular beam epitaxy growth and characterization of silicon-doped InAs dot in a well quantum dot infrared photo detector (DWELL-QDIP)[J]. Infrared Physics & Technology, 2015, 70(1): 6-11.

[87] Karow M M, Munnelly P, Heindel T, et al. On-chip light detection using monolithically integrated quantum dot micropillars[J]. Applied Physics Letters, 2016, 108(8): 110-121.

[88] 金英姬. 外加条件及两种电子传输对量子点红外探测器噪声的影响[J]. 光子学报, 2017, 46(4): 81-86.

[89] 王政. 基于量子点红外探测器暗电流模型研究[J]. 电子设计工程, 2018, 26(23): 89-93.

[90] Baira M, Aljaghwani M, Salem B, et al. Investigation of GeSn/Ge quantum dots' optical transitions for integrated optics on Si substrate[J]. Results in Physics, 2019, 12: 1732-1736.

[91] Gansen E J, Nickel T B, Venner J M, et al. Sources of $1/f$ noise in QDOGFET single-photon detectors[J]. Physica E: Low-dimensional Systems and Nanostructures, 2020, 118(1): 61-70.

[92] 高晓梅, 邢甜, 高婉倩, 等. 无线光相干通信及其实验研究[J]. 光通信技术, 2022, (4): 37-45.

[93] 代永红, 艾勇, 肖伟, 等. 高速相干光通信平衡探测器研究[J]. 光子学报, 2015, 44(1): 179-185.

[94] 郭力仁, 胡以华, 李政, 等. 微多普勒效应激光平衡外差探测特性研究[J]. 激光与红外, 2015, 45(3): 247-251.

[95] 石倩芸, 艾勇, 梁赫西, 等. 相干光通信中平衡探测器的研究与测试[J]. 科学技术与工程, 2016, 16(16): 207-211.

[96] Sami M, Munshid M A, Adnan S. Design and implementation of heterodyne detection based on photonic crystal fiber sensor[J]. Advances in Natural and Applied Sciences, 2017, 11(8): 639-644.

[97] Li Y, Yang A Y, Guo P, et al. Chromatic dispersion estimation based on heterodyne detection for coherent optical communication systems[J]. Optical Engineering, 2018, 57(1): 11-16.

[98] 张宏飞, 苏波, Jones D R, 等. 高速太赫兹时域光谱系统中平衡探测器的设计[J]. 太赫兹科学与电子信息学报, 2019, 17(5): 755-759.

[99] Hu Q, Borkowski R, Schuh K, et al. Optical field reconstruction of real-valued modulation using a single-ended photoreceiver with half-symbol-rate bandwidth[J]. Journal of Lightwave

Technology, 2021, 39(4): 1194-1203.

[100] 槐宇超. 双平衡外差激光探测系统的仿真研究[J]. 软件, 2013, 34(4): 132-134.

[101] 高龙, 王春晖, 李彦超, 等. 双平衡式外差探测中的偏振混合误差理论分析[J]. 红外与激光工程, 2010, 39(3): 422-426.

[102] 朱剑锋. 基于 Sagnac 型的双光路平衡探测光纤声传感器[J]. 电子科技, 2013, 26(9): 22-31.

[103] Zheng F, Zhu G, Liu X, et al. Double balanced differential configuration for high speed InGaAs/InP single photon detector at telecommunication wavelengths[J]. Optoelectronics Letters, 2015, 11(2): 121-124.

[104] 彭程, 赵长明, 张海洋, 等. 激光测风雷达的双平衡式相干探测技术仿真研究[J]. 航天返回与遥感, 2015, 36(6): 55-63.

[105] 李玉, 张澍, 周健, 等. 双平衡式探测在激光测速仪中的应用研究[J]. 强激光与粒子束, 2016, 28(10): 22-26.

[106] 黄晶, 朱武. 基于双平衡桥探测直流系统接地故障检测的新方法[J]. 电测与仪表, 2017, 54(8): 75-79.

[107] 刘贺雄, 周冰, 高宇辰. APD 探测系统的噪声特性及其影响因素研究[J]. 激光技术, 2018, 42(6): 862-867.

[108] 周洪伟. 四象限探测器噪声测试系统设计及其应用研究[D]. 西安: 西安电子科技大学, 2013.

[109] 陈牧. 无线光相干通信中的信道噪声及其对相干检测性能影响研究[D]. 西安: 西安理工大学, 2018.

第3章 大气湍流

光信号在大气信道中传输时，会受到大气衰减和大气湍流的影响，致使无线光通信的通信性能受到影响。本章首先介绍大气湍流的产生；然后介绍大气衰减对光传输的影响，包括大气吸收与大气散射；最后从光强起伏、光束漂移、光束扩展及到达角起伏四方面重点研究大气湍流对激光传输的影响。

3.1 湍流的形成

如图 3.1 所示，湍流最初定义为流体中的不规则运动[1]。大气中云层的形成和河流中水的运动体现了这一点。在日常生活中还有许多体现湍流状态的流动，如动物自身静脉和动脉中的血液流动以及天然气、石油和水从勘探端流向城市内部的流动过程等。

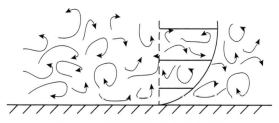

图 3.1 不规则湍流运动示意图[2]

湍流虽是不规则的，但存在以下特征[2]：

（1）不规则性和不可预测性，即湍流在空间和时间上都是不规则的，显示出不可预测的随机模式。

（2）统计特性，即从湍流运动的不规则性中出现了某种统计顺序，平均量和相关性是规则的和可预测的。

（3）混合和增强的扩散性，即流体经历复杂和迂回的路径，导致流体不同部分的大量混合，这种混合显著增强了扩散，并增加了动量、能量、热量和其他平流量的传输。

图 3.2 表示流体运动过程中不同的运动状态。流体在其上游边缘显示层流运动，在下游进一步显示湍流边界层，并形成湍流尾迹。

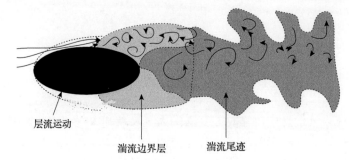

图 3.2　流体的运动状态示意图[3]

如图 3.3 所示，19 世纪末，雷诺在一系列实验中仔细观察到了层流向湍流的转变[1]。他先将水箱中静止的水缓慢滴入不同直径的玻璃管，并改变不同管内流体的流速，随后对不同管内的流动进行观察。雷诺认为[1]，某个无量纲数的临界值可能存在，一旦超过该临界值，层流将产生"弯曲"运动，上述实验证实了雷诺数临界值的存在。雷诺使用相似性理论来定义无量纲数，称为雷诺数[1]：

$$Re = \frac{\rho \upsilon L}{\mu} = \frac{\upsilon L}{v} \tag{3.1}$$

其中，L 为特征长度(m)；υ 为特征速度(m/s)；ρ 为流体的密度；μ 为流体的黏性系数，其量纲是 M/(T·L)；$v = \mu / \rho$ 为运动黏性系数，其量纲是 M^2/ T。

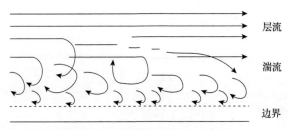

图 3.3　层流和湍流转化示意图[1]

对于较小的雷诺值，黏性占主导地位，流动为层流；而对于较大的雷诺值，惯性项占主导地位，流动变得更加复杂且形成湍流。雷诺数越大，流动越复杂。

由式(3.1)可知，当大气流动的速度 υ 大于某一数值时，就有可能产生湍流。首先出现的湍流是与流体整体特征尺度相当的巨大涡旋，它的尺度记作 L_0，定义为湍流的外尺度，相当于气流离开地面的高度，通常在数米到数百米的范围。当湍流的运动速度越来越大时，大的湍流涡旋呈现不稳定性而分裂成较小的涡旋，并将能量传递给它们，相应的内雷诺数变小，这个过程不断持续，保持 Richardson 湍流级串理论不变[4]。Richardson 湍流级串理论认为，湍流是不同尺度的湍流涡旋组成的，由大尺度湍流涡旋逐级向小尺度湍流涡旋输送能量。最初的大湍流涡旋的能量来自于太阳辐射和各种气象因素，大湍流涡旋无法保持稳定状态后分裂成次级小湍流涡旋，小湍流涡旋因同样原因再分裂成更低一级的小湍流涡旋。虽然存在这样的级串关系，但同时由于流体黏性等因素的存在，湍流涡旋的分裂不会永不停止地进行，当湍流涡旋具有的能量与它的动能相等时，就不再分裂了，最小的湍流涡旋的尺度是内尺度 l_0，内尺度一般为数毫米量级。

从湍流运动的整体过程来看，由于内摩擦力将流动能量转换成热能损耗，那么为了维持这一湍流运动必须用能量来补偿耗散损耗。假如用 T^* 表示单位时间内从平均运动动能转化为湍流动能的能量，ε 表示平均耗散率，则湍流所持有的能量 E' 随时间的变化可表示为[4]

$$\frac{\mathrm{d}E'}{\mathrm{d}t} = T^* - \varepsilon \tag{3.2}$$

式(3.2)就是湍流能量平衡方程。若 $T^* = \varepsilon$，则 E' 为常数，湍流处于稳定状态；若 $T^* > \varepsilon$，则起伏能量随时间增加，湍流会继续发展；反之，湍流将逐渐趋于消亡。

3.2　大气折射率起伏

大气折射率随机起伏是一个随时间缓慢变化的随机场[5]。大气折射率的随机场可用 $n(R,t)$ 表示，其中 t 代表时间位置，$R=(x,y,z)$ 代表空间位置。大气折射率随时间 t 的变化相对较慢，通常用空间位置 R 的函数 $n(R)$ 来代表随机场的样本函数。

$\langle n(R) \rangle$ 是 $n(R,t)$ 的样本函数均值，当 $\langle n(R) \rangle$ 与空间位置 R 无关时，表示此时统计是均匀的。$B_n(R)$ 为随机过程的协方差函数，它与具体的空间位置无关，只与位置间隔 $R=R_1-R_2$ 有关。$B_n(R)$ 的表达式如下：

$$B_n(R) = \left\langle \left[n(R_1) - \langle n(R_1) \rangle \right] \left[n^*(R_2) - \langle n^*(R_2) \rangle \right] \right\rangle \tag{3.3}$$

其中，$\langle \cdot \rangle$ 表示统计平均；R_1、R_2 为空间任意两点位置；$n(R)$ 为空间位置 R 的函数；$n^*(R)$ 为 $n(R)$ 的共轭复函数。

$n(R)$ 通常是局部统计均匀的，一般使用结构函数 $D_n(R)$ 来描述局部统计均匀随机场的统计特性，表达式为[6]

$$D_n(R) = \left\langle n(R_1 + R) - n^2(R_1) \right\rangle \tag{3.4}$$

其中，$D_n(R)$ 为结构函数，它与协方差函数 $B_n(R)$ 的关系如下：

$$D_n(R) = 2\big(B_n(0) - B_n(R)\big) \tag{3.5}$$

由于 $R = R_1 - R_2$，当 $R_1 = R_2$ 时，$B_n(R)$ 变为 $B_n(0)$。

功率谱密度 $\Phi_n(K)$ 与协方差函数 $B_n(R)$ 呈傅里叶变换对，因此两者包含相同的信息，不过表现为不同的形式。两者关系的表达式如下[3]：

$$B_n(R) = \int e^{-jKR} \Phi_n(K) dK \tag{3.6}$$

$$\Phi_n(K) = \left(\frac{1}{2\pi}\right)^3 \iiint_{-\infty}^{\infty} e^{-jKR} B_n(R) d^3 R \tag{3.7}$$

其中，$K = (\kappa_x, \kappa_y, \kappa_z)$ 为矢量波数；$\kappa = |K|$ 为矢量波数的模（rad/m）。κ 又称空间波数，与空间尺度 l 互易，即 $\kappa \sim 1/l$，e^{-jKR} 为复变函数；由于 $B_n(R)$ 和 $D_n(R)$ 的矢量距离可简化成标量距离 $R = |R_1 - R_2|$，得到的 $\Phi_n(\kappa)$ 可以表示为

$$\Phi_n(\kappa) = \frac{1}{2\pi^2 \kappa} \int_0^\infty B_n(R) \sin(\kappa R) R dR \tag{3.8}$$

由此推出 $\Phi_n(\kappa)$ 与 $D_n(R)$ 的关系：

$$D_n(R) = 2\big(B_0(R) - B_n(R)\big) = 8\pi \int_0^\infty \kappa^2 \Phi_n(\kappa) \left(1 - \frac{\sin(\kappa R)}{\kappa R}\right) d\kappa \tag{3.9}$$

3.3　大气折射率结构常数

大气中的湍流运动，使得所有与流动气体有关的各种性质，如温度、折射率、气溶胶质粒分布等，都发生湍流掺混作用。由于大气折射率是温度的函数，所以折射率场的特性与温度场的特性密切地联系在一起。而由温度起伏所引起的湍流称为光学湍流，用来量度这种折射率起伏强度的量，称为大气折射率结构常数 C_n^2，它在均匀各向同性湍流的情况下定义为[7]

$$C_n^2 = \left\langle \big[n(\vec{x}) - n(\vec{x} + \vec{r})\big]^2 \right\rangle r^{-2/3}, \quad l_0 \ll r \ll L_0 \tag{3.10}$$

其中，n 为大气折射率；$\vec{x}$ 和 $\vec{r}$ 为位置矢量；r 为矢量 $\vec{r}$ 的大小；l_0 和 L_0 分别为湍流的内尺度和外尺度。C_n^2 并不是真正意义上的常数，而是与大气状况及所处的海拔高度相关。边界层湍流主要受地表的影响，如温度、湿度、压力、水汽等，天气的变化会引起边界层湍流的变化，某处离地面 2m 处的 C_n^2 数据画出一昼夜的变

化图如图 3.4 所示。由图可知，夜间和清晨的湍流很弱，随着太阳的升起，C_n^2 迅速增长，直到太阳下山，C_n^2 又显著下降。典型的测量值是 $10^{-17}\,\mathrm{m}^{-2/3} < C_n^2 < 10^{-12}\,\mathrm{m}^{-2/3}$。Hufnagel[8]根据实测的数据总结出了一个适用于距地面高度 3～24km 范围的 $C_n^2(h)$ 经验公式：

$$C_n^2(h) = 0.0059\left(\frac{v}{27}\right)^2 (10^{-5}h)^{10}\mathrm{e}^{-h/100} + 2.7\times10^{-16}\mathrm{e}^{-h/1500} + A\mathrm{e}^{-h/100} \quad (3.11)$$

其中，h 为高度(m)；v 为高度 h 上的风速(m/s)；A 为 $C_n^2(h)$ 在地表面上时的标准值，即 $C_n^2(0)$（$\mathrm{m}^{-2/3}$）。式(3.11)中 v 常表示为

$$v = \left(\frac{1}{15}\int_5^{20} v^2(h)\mathrm{d}h\right)^{1/2} \quad (3.12)$$

其中，v 为在高度 5～20km 的均方根风速，Hufnagel 认为 v 可以是正态分布，他提出的 v 典型数据是均值为 27m/s，标准离差为 9m/s。其中 $v(h)$ 常用 Burton 风速模型来表示[8]：

$$v(h) = \omega_s h + v_g + 30\exp\left(-\left(\frac{h-9400}{4800}\right)^2\right) \quad (3.13)$$

其中，v_g 为近地表面的风速；ω_s 为卫星相对于地表面上的观察者的回转速度。在实际应用中，ITU-R 模型中的 A 和 v 的值常取较为典型的三种值[9]：

$$A = \begin{cases} 1.7\times10^{-15}\,\mathrm{m}^{-2/3}, & v = 10\mathrm{m/s} \\ 1.7\times10^{-14}\,\mathrm{m}^{-2/3}, & v = 20\mathrm{m/s} \\ 1.7\times10^{-13}\,\mathrm{m}^{-2/3}, & v = 30\mathrm{m/s} \end{cases} \quad (3.14)$$

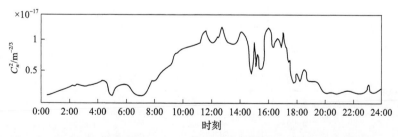

图 3.4　大气结构常数一天 24h 的特性[8]（1971 年 7 月 15 日）

根据上述典型值和 ITU-R 模型可以总结出如图 3.5 所示的大气结构常数随高

度的变化分析图。

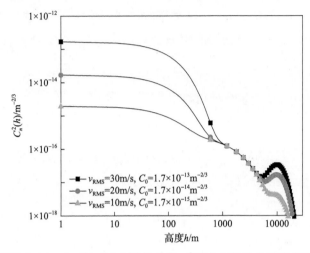

图 3.5　不同风速 v_{RMS} 和近地面大气结构常数 C_n^2 下大气结构常数随高度 h 的分布[9]

由图 3.5 可以看出，大气结构常数 $C_n^2(h)$ 在地表面时最大，主要受到地表面上 $C_n^2(0)$ 的影响；随着高度的增加，大气折射率结构常数逐渐减小，只是在 10km 高度时有一个回升然后又迅速下降，这是大气的吸收、地表面处的大气结构常数、高处的风速共同影响的结果。在 1～4km 高度，大气结构常数基本不受风速和地表处 $C_n^2(0)$ 的影响；高于 10km 的高度主要受风速的影响。

3.4　大气湍流功率谱模型

在不同的湍流环境下，大气折射率起伏功率谱模型有所不同。为更加深入地研究大气湍流中的光传输特性，人们已陆续提出多种适用于不同条件的大气折射率功率谱模型，如表 3.1 所示，大气折射率功率谱模型从最初的假定外尺度 $L_0 \to \infty$、内尺度 $l_0 = 0$ 的 Kolmogorov 谱，发展到能体现内外尺度特征的 von Karman 谱与较为精确的普适谱模型 Hill 谱，以及当前最符合实际大气特性的 non-Kolmogorov 谱等，大气湍流模型的发展也标志着当前湍流理论研究的不断完善。

表 3.1　大气湍流折射率功率谱模型分类图

湍流类型	功率谱类型	功率谱	内尺度的影响	外尺度的影响
Kolmogorov 湍流 （幂律值为 11/3）	基础谱	Kolmogorov 谱	不考虑	不考虑
	数学推导谱	Tatarskii 谱	考虑	不考虑
		von Karman 谱	考虑	考虑

续表

湍流类型	功率谱类型	功率谱	内尺度的影响	外尺度的影响
Kolmogorov 湍流 (幂律值为 11/3)	物理分析谱	Greenwood-Tarazano 谱	考虑	考虑
		Hill 谱	考虑	考虑
		Andrews 谱	考虑	考虑
non-Kolmogorov 湍流 (幂律值为 3~5)	基础谱	non-Kolmogorov 谱	不考虑	不考虑
	数学推导谱	广义修正 non-Kolmogorov 谱	考虑	考虑

3.4.1 Kolmogorov 谱

湍流功率谱是描述湍流系统中各个波数尺度上能量密度分布的函数，它可以用来表征湍流能量在不同长度尺度上的贡献以及能量级联的过程[6]。从物理意义上来看，湍流功率谱可以用来表示不同波数尺度上的能量贡献和分布情况。它可以帮助研究人员了解能量级联过程中的信息传递，即在大尺度涡旋运动转化成小尺度涡旋过程中有多少能量被转移，因此在湍流现象的研究中起到了核心作用[10]。

1941 年，Kolmogorov[6]通过在足够高的雷诺数和足够小的尺度下对均匀湍流中的平衡状态提出三个假设，并由此建立了经典湍流理论的基础。第一个假设：小尺度湍流运动在统计上是各向同性的。第二种假设：小尺度湍流运动的统计具有由能量耗散率 ε 和运动黏度 ν 唯一确定的普遍形式，这个刻度范围也称为通用平衡范围。第三个假设：大尺度湍流运动统计具有唯一由 ε 确定的通用形式，且与 ν 无关。同时满足这三个假设的湍流称为 Kolmogorov 湍流。局部各向同性湍流的 Kolmogorov 理论允许大尺度中的不均匀性和各向异性，假设随着能量向小尺度的级联传递，大尺度中产生的定向效应变得越来越弱，使得对于足够小的涡流运动在统计上变得均匀、各向同性，并且独立于特定的能量产生机制。

如图 3.6 所示，根据 Kolmogorov 理论，可根据空间波数 κ 的大小不同将湍流分为输入区、惯性区和耗散区，图中 l_0 和 L_0 分别为湍流的内尺度与外尺度。$\kappa < 2\pi/L_0$ 的区域为输入区，在此区域内 $\Phi_n(\kappa)$ 通常是各向异性的；$2\pi/L_0 < \kappa < 2\pi/l_0$ 的区域为惯性区，此时 $\Phi_n(\kappa)$ 的形状由制约着大湍流涡旋破碎为小涡旋的物理定律来决定。当 κ 继续增大到 $\kappa > 2\pi/l_0$ 时，湍流区间便进入了耗散区，在耗散区内湍流能量的耗散远超过了所产生的动能，因此进入耗散区时，$\Phi_n(\kappa)$ 下降的速度明显变快。

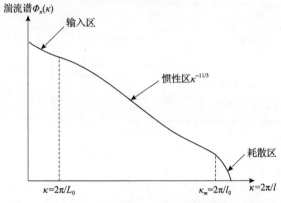

图 3.6　Kolmogorov 湍流谱模型[6]

　　Kolmogorov 指出,当 r 小于 L_0 时,湍流是局部统计均匀且各向同性的。在惯性区内,折射率结构函数 $D_n(R)$ 与标量距离 R 的 2/3 次方成正比[6]:

$$D_n(R) = C_n^2 R^{2/3} \qquad (3.15)$$

其中,C_n^2 为大气折射率结构常数($\mathrm{m}^{-2/3}$),将式(3.7)代入式(3.15)便可得到著名的 Kolmogorov 谱:

$$\begin{aligned}
\Phi_n(\kappa) &= \frac{\Gamma(a+1)}{4\pi^2}\sin\big((a-1)\pi/2\big)C_n^2\kappa^{-a-2} \\
&= 0.033 C_n^2 \kappa^{-11/3}, \quad 1/L_0 \leqslant \kappa \leqslant 1/l_0
\end{aligned} \qquad (3.16)$$

其中,$a = 5/3$;$\Gamma(a)$ 为 Gamma 函数。其中关于参数 0.033 的计算,Kolmogorov 认为,惯性尺度范围(通常是介于能量注入尺度和涡旋消散尺度之间)内的能量传递速率是与尺度相对独立的,并且有一个特定的数值。同时,他还通过分析湍流能量密度和能量传递速率之间的实验数据,发现这个数值约为 0.033[6]。需要注意的是,Kolmogorov 谱中的 0.033 参数值并不是精确的常数,而是一个估计值。实际应用中,它可能会因为其他因素的干扰而略微偏离。但是,这个参数值仍然被广泛地应用于湍流研究中,以便对湍流能量传递过程进行定量描述。

3.4.2　Tatarskii 谱

　　在大气边界层中,湍流运动的特征长度尺度为湍流尺度,定义如下[10]:

$$L = \frac{1}{\sigma^2}\int_0^\infty R(r)\mathrm{d}r \qquad (3.17)$$

其中,σ^2 为速度分量或温度的方差;r 为空间位移;$R(r)$ 为速度分量或温度的自相关函数；L 为湍流尺度。

图 3.7(a)表示湍流动能(turbulent kinetic energy，TKE)谱，其中 $E(\kappa)$ 是每单位质量的湍流动能。图 3.7(b)表示 TKE 光谱转换，$T(\kappa)$ 是从波数 κ 到所有其他波数时的能量转移量。

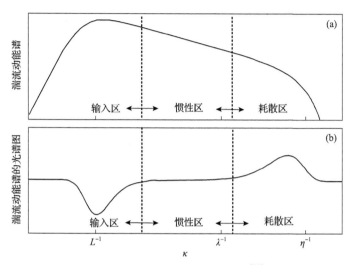

图 3.7　相应湍流尺度的光谱图[10]

式(3.16)中 Kolmogorov 谱的惯性子范围尺度仅适用较小的湍流尺度。Kolmogorov 谱模型理论上只在 $1/L_0 < \kappa < 1/l_0$ 的惯性区域成立。该谱忽略了内尺度和外尺度的影响，这往往造成理论模拟和实际观察并不符合。因为实际大气湍流运动中，由于湍流尺度受大气条件、离地面高度及地形结构等的影响，湍流尺度并没有通用值。为了更精确地描述大气湍流的功率谱，Tatarskii 通过引入湍流内尺度参数($\kappa_m = 5.92/l_0$)得到了频谱函数 $\exp(\kappa^2/\kappa_m^2)$，将空间波数的范围增大到了耗散区(即 $\kappa > 1/L_0$)，该频谱函数具有高斯函数的形式。为了数学描述的方便，Tatarskii 对 Novikov 在进行湍流风速起伏研究时使用的功率谱进行了改进并应用于大气折射率起伏研究，建立了 Tatarskii 谱[11]：

$$\Phi_n(\kappa) = 0.033C_n^2\kappa^{-11/3}\exp\left(\frac{\kappa^2}{\kappa_m^2}\right), \quad \kappa > 1/L_0, \quad \kappa_m = 5.92/l_0 \tag{3.18}$$

其中，C_n^2 为大气折射率结构常数；κ 为空间波数；L_0 为湍流外尺度；l_0 为湍流内尺度；exp 表示指数函数。

式(3.16)中的 Kolmogorov 谱因其表述简洁而被广泛用于理论计算。但该功率谱模型理论上只在 $1/L_0 < \kappa < 1/l_0$ 的惯性区成立。式(3.18)中的 Tatarskii 谱在

Kolmogorov 谱的基础上将空间波数的范围增大到了耗散区（即 $\kappa>1/L_0$），但未包含输入区（即 $\kappa<1/L_0$）。因此，Kolmogorov 谱和 Tatarskii 谱在输入区（即 $\kappa<1/L_0$）的描述还不够准确，同时 Kolmogorov 谱和 Tatarskii 谱的定义域都存在 $\kappa=0$ 的奇点问题，当空间波数 κ 趋于 0 时，$\kappa \to 0$，$\kappa^{-11/3} \to \infty$，式(3.16)变成 $\lim\limits_{k \to 0} \Phi_n(\kappa) =$

$0.033C_n^2\kappa^{-11/3} \to \infty$，式(3.18)变为 $\lim\limits_{k \to 0} \Phi_n(\kappa) = 0.033C_n^2\kappa^{-11/3}\exp\left(\dfrac{\kappa^2}{\kappa_m^2}\right) \to \infty$，这导

致 $\Phi_n(\kappa)$ 出现趋于 ∞ 的不合理结果。因为在任意比例的空间尺度内，任何物质系统内所包含的总能量都应该是有限的。对于湍流运动，湍流运动被认为是由各种不同尺度上的涡旋结构组成的。虽然涡旋的尺度可以越来越小，但在达到一定的微观尺度时，涡旋的大小趋近于无穷小，相应的能量也只能趋于有限。

　　需要指出的是，目前针对湍流能量谱的研究已经发展出多种不同的模型和理论，不同的模型和理论可以适用于不同的流动状态和湍流结构尺度范围。一般来说，利用单一的模型难以涵盖所有流动情况下的湍流特征，因此需要根据实际情况选择合适的模型进行处理。

3.4.3　von Karman 谱

　　当 $k<1/L_0$ 时，湍流谱处于输入区，由于风切变和温度梯度，能量输入给湍流。该区域中谱的形状取决于特定的湍流是如何发生的，而且随机介质的特征物理量一般是非均匀、各向异性的[6]；当 $k>1/L_0$，即湍流谱处于惯性区或耗散区时，能量会从湍流场转化为热等其他形式，此时速度场变得非常复杂，大量的小尺度涡结构产生并相互作用，这些小尺度结构的统计特性表现为均匀、各向同性[10]。Kolmogorov 谱定义范围在 $1/L_0<\kappa<1/l_0$，Tatarskii 谱定义范围在 $\kappa>1/L_0$。因此，Kolmogorov 谱和 Tatarskii 谱只在惯性区域或耗散区域（即 $\kappa>1/L_0$）才是均匀、各向同性的；von Karman 谱将 Kolmogorov 谱模型和 Tatarskii 谱模型加以改进，将 κ 的范围扩展为 $0\sim\infty$，当空间波数 κ 趋于 0 时，von Karman 谱变为 $\lim\limits_{k \to 0} \Phi_n(\kappa) =$

$0.33C_n^2\dfrac{\exp(0)}{(0+\kappa_0^2)^{11/6}} = 0.33C_n^2\kappa_0^{-11/3}$，此时 $\Phi_n(\kappa)$ 为有限值，$B_n(R) = \displaystyle\int e^{-jKR}\Phi_n(K)dK$

与 $D_n(R) = 2(B_n(0)-B_n(R))$ 同时存在，因此当空间波数 $\kappa=0$ 时，von Karman 谱的 $D_n(R)$ 与 $B_n(R)$ 也同时存在，便可以解决 Kolmogorov 谱和 Tatarskii 谱无法积分奇点的问题。von Karman 谱表达式为[10]

$$\Phi_n(\kappa) = 0.033C_n^2(\kappa^2+\kappa_0^2)^{-11/6}, \quad \kappa \geqslant 0, \quad \kappa_0 = 2\pi/L_0 \tag{3.19}$$

为充分考虑湍流内、外尺度的影响，人们将湍流的内尺度参数 κ_m 也引入 von

Karman 模型中，进一步提出修正 von Karman 谱，该谱表达式为[12]

$$\Phi_n(\kappa) = 0.033 C_n^2 \frac{\exp(-\kappa^2/\kappa_m^2)}{(\kappa^2 + \kappa_0^2)^{11/6}}, \quad \kappa \geq 0, \quad \kappa_m = 5.92/l_0, \quad \kappa_0 = 2\pi/L_0 \quad (3.20)$$

其中，$0 \leq \kappa \leq \infty$，$\kappa_0 = 2\pi/L_0$，$\kappa_m = 5.92/l_0$。由于 Kolmogorov 谱中的 κ 范围在 $2\pi/L_0 < \kappa < 2\pi/l_0$，所以在惯性区内 $\kappa_0 < \kappa < \kappa_m$ 时，式 (3.20) 可蜕变为 Kolmogorov 谱。其中，$0 \leq \kappa \leq \infty$，$\kappa_0 = 2\pi/L_0$，当 κ 趋于 0 时有 $\lim\limits_{k \to 0} \Phi_n(\kappa) = 0.33 C_n^2 \frac{\exp(0)}{(0+\kappa_0^2)^{11/6}} =$ $0.33 C_n^2 \kappa_0^{-11/3}$，说明当 κ 等于 0 时，von Karman 谱不会趋于无穷，而是有限值，仍能进行合理计算。由此可以看出，von Karman 谱人为地修正了 Kolmogorov 谱和 Tatarskii 谱在空间波数 κ 趋于 0 时的奇点问题。

人们在实验中发现，传统的 von Karman 谱的理论预测结果与观测值存在较大差异，因而需要对其进行修正，使之更加符合实际情况[12]。式 (3.20) 在 von Karman 谱的基础上进行了修正，提出修正系数 5.92，将其形式修改为更接近实际情况的形式。研究者基于气象测量数据对能量谱进行反演，通过收集大量现场实测数据，包括风速时间序列、功率谱密度以及流体运动的相关统计信息，在经过一定的数据处理和分析后，可以反演出修正后的能量谱形式，其中修正系数 5.92 就是通过大量的现场测量数据和数值模拟结果进行验证得到的[13]。这个系数的存在使得修正后的能量谱形式更加符合实际情况，并为湍流研究提供了更好的基础[12]。

3.4.4 Greenwood-Tarazano 谱

von Karman 谱仅描述了管道内的流体，这种流体只有唯一的特征尺度，即管道直径。而实际大气湍流却具有许多特征尺度，因为在大气边界层中有高度、边界层厚度以及地面非均匀尺度等，因此 von Karman 谱无法充分描述实际大气湍流[13]。

由于温度的空间结构函数与空间功率谱有相关性，并且不依赖于泰勒冻结假设，因此 Greenwood 等通过使用实验所测得的空间结构函数来重建折射率谱，并将其与 von Karman 谱进行了比较，结果发现 von Karman 谱不是符合数据的最佳模型，于是 Greenwood 等依据实验数据提出 Greenwood-Tarazano 谱[13]：

$$\Phi_n(\kappa) = 0.033 C_n^2 (\kappa^2 + \kappa\kappa_0)^{-11/6}, \quad \kappa \geq 0, \quad \kappa_0 = 2\pi/L_0 \quad (3.21)$$

式 (3.21) 在式 (3.19) 的基础上结合了实验测量数据，将式 (3.19) 中的一个内尺度参数 κ 替换成了外尺度参数 κ_0。图 3.8 是湍流能量转换示意图，结合图 3.6 与图 3.8 可以看出，当 $\kappa > 2\pi/l_0$ 时，湍流区便进入了耗散区，在耗散区内湍流能量的耗散会远超过所产生的动能，因此进入耗散区时，$\Phi_n(\kappa)$ 下降的速度明显变快。因此，相对于 von Karman 谱，在惯性子范围内 Greenwood-Tarazano 谱下降得更快[13]。

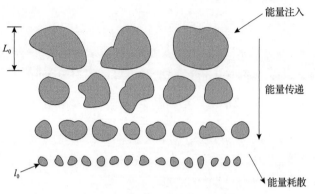

图 3.8　湍流能量转换示意图[13]

3.4.5　Hill 谱

严格来说，式 (3.16)~式 (3.21) 所表示的谱模型仅在惯性区内是正确的。因为这些谱模型在湍流非惯性区内的适用范围仅仅是针对数学意义上的，而从物理意义上并不能得到合理解释。Champagn 等实验测量证明：由于功率谱从惯性对流范围到黏性对流范围的转换发生在相对较高的波数区，在惯性对流范围内具有 $\kappa^{-11/3}$ 幂律，在黏性对流范围内具有 κ^{-3} 幂律，因此功率谱密度在接近高波数 $1/l_0$ 附近时存在一个小突起的特征 (图 3.9)，而式 (3.16)~式 (3.21) 所述的功率谱都没有这一特征。

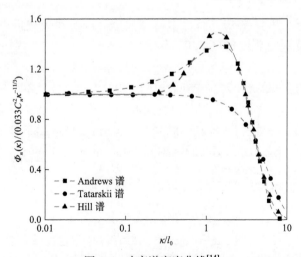

图 3.9　功率谱密度曲线[14]

　　图 3.9 为 Tatarskii 谱、Andrews 谱和 Hill 谱的密度曲线[14]。与 Tatarskii 谱持续下降不同，Hill 谱与 Andrews 谱在 $\kappa = 1/l_0$ 处有一个突起特征，随后快速下降。

　　Hill 在实验的基础上考虑了功率谱高波数区突变因素的影响[14]，即功率谱从惯性对流范围到黏性对流范围的转换发生在相对较高的波数区，在惯性对流范围内具有 $\kappa^{-11/3}$ 幂律，在黏性对流范围内具有 κ^{-3} 幂律，进而提出一个精确描述惯性区和耗散区的数值模型——Hill 谱[14]：

$$\Phi_n(\kappa) = 0.033 C_n^2 \kappa^{-11/3} \left(\exp(-1.2\kappa^2 l_0^2) + 1.45\exp\left(-0.97(\ln \kappa l_0 - 0.452)^2\right) \right), \quad 1/L_0 \leqslant \kappa \leqslant 1/l_0$$

(3.22)

其中，exp 表示以常数 e 为底的指数函数；ln 代表以常数 e 为底的对数。由于湍流内尺度 l_0 的作用，此谱形态与 Kolmogorov 谱不同，即在进入快速指数下降前不是快速下降，而是出现一个上升小峰值。

3.4.6　Andrews 谱

　　由于 Hill 谱模型形式复杂，不方便理论分析，Andrews 在 Hill 谱模型的基础上采用内插法进行了修正，它提供了与 von Karman 谱相同的理论模型，该功率谱既能描述在高波数处的突起，又具有易于处理的数学形式，如式(3.23)所示[15]：

$$\Phi_n(\kappa) = 0.033 C_n^2 \left[1 + a_1(\kappa/\kappa_l) - a_2(\kappa/\kappa_l)^{7/6} \right] \frac{\exp(-\kappa^2/\kappa_l^2)}{(\kappa_0^2 + \kappa^2)^{11/6}}$$

(3.23)

其中，$a_1 = 1.802$，$a_2 = 0.254$，同时可以看出当 $a_1 = a_2 = 0$ 时，式(3.23)变为 $\Phi_n(\kappa) = 0.033 C_n^2 \frac{\exp(-\kappa^2/\kappa_l^2)}{(\kappa_0^2 + \kappa^2)^{11/6}}$，此时，Andrews 谱模型与 von Karman 谱模型的表达式一致；当 $\kappa_0 = l_0 = 0$ 时，式(3.23)变为 $\Phi_n(\kappa) = 0.033 C_n^2 \kappa^{-11/6}$，此时，Andrews 谱模型与 Kolmogorov 谱模型的表达式一致。

　　von Karman 谱在惯性子区间时与 Kolmogorov 谱基本相同，随着波数的增大，von Karman 谱急剧单调下降，Hill 谱和 Andrews 谱在惯性子区间的高波数区内与 Kolmogorov 谱有显著的不同，体现了高波数突变对光传输的影响。

　　图 3.10 显示了大气折射率功率谱随着空间波数的变化。图中，外尺度 L_0=10m，内尺度 l_0=1cm，Kolmogorov 谱、von Karman 谱和 Andrews 谱随空间波数的增大在不断变小，在湍流的惯性子区，三种类型的湍流谱具有相同的趋势，遵循 "−11/3" 规律，当空间波数在不断增大达到耗散区时，Andrews 谱耗散区中的频谱的起伏得到很好抑制，而 Kolmogorov 谱和 von Karman 谱在高频湍流耗散区中，具有不稳定的状态。

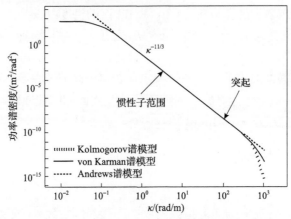

图 3.10　大气折射率功率谱随着空间波数的变化[16]

3.4.7　non-Kolmogorov 谱

基于 Richardson 能量级联的经典 Kolmogorov 理论表明，在惯性子尺度范围内，所有湍流涡旋都是各向同性的。然而，在自由大气中，特别是在稳定的层状平流层中，湍流可能在大尺度上变为各向异性，各向异性的情况大部分出现在边界层内，即地面、建筑物、飞机等。湍流并不总是遵循 Kolmogorov 谱模型[6]，即使在惯性范围内。这是由于浮力对湍流能量的提取，导致能量传递速率急剧下降。因此，动能以非均匀速率在整个光谱中传输，同时随着波数的增加而减小。

1962 年，Obukhov 等通过实验观察发现大尺度湍流具有明显的各向异性，但仅限于大尺度湍流范围内。随后 Toselli 等研究发现大尺度湍流和小尺度湍流之间可以直接进行能量转移。如今越来越多的实验数据都表明在实际大气湍流中，大部分湍流处于各向异性状态，即 non-Kolmogorov 湍流[15]。

为了研究 non-Kolmogorov 大气湍流对光波传输的影响，Andrews 等建立了 non-Kolmogorov 谱模型[15]：

$$\Phi_n(\kappa,\alpha) = A(\alpha)\tilde{C}_n^2 \kappa^{-\alpha}, \quad 3 < \alpha < 4 \tag{3.24}$$

其中，κ 为空间波数；α 为折射率起伏功率谱密度幂率；$\tilde{C}_n^2$ 为 non-Kolmogorov 湍流的折射率结构常数（$m^{3-\alpha}$）；$A(\alpha)$ 为保持折射率结构函数及其功率谱之间一致性的常数，$A(\alpha) = \Gamma(\alpha-1)\cos(\alpha\pi/2)/(4\pi^2)$。

当 $\alpha = 11/3$ 时，$\tilde{C}_n^2 = C_n^2$，$A(\alpha) = 0.033$，则式(3.25)就变成为 Kolmogorov 湍流的折射率起伏功率谱密度模型。

为了了解内外尺度对 non-Kolmogorov 大气湍流效应的影响，Andrews 等又发展了广义修正 non-Kolmogorov 谱模型[17]：

$$\Phi_n(\kappa,\alpha) = \frac{A(\alpha)\tilde{C}_n^2}{(\kappa^2 + \kappa_0^2)^{\alpha/2}} \exp(-\kappa^2/\kappa_m^2), \quad 0 < \kappa < \infty, \quad 3 < \alpha < 4 \quad (3.25)$$

其中，$\kappa_0 = 2\pi/L_0$，$\kappa_m = c(\alpha)/l_0$，且 $c(\alpha)$ 是折射率起伏功率谱密度幂率 α 的函数，具有如下形式：

$$A(\alpha) = \frac{1}{4\pi^2} \Gamma(\alpha-1) \cos\left(\frac{\pi}{2}\alpha\right) \quad (3.26)$$

$$c(\alpha) = \left[\frac{2\pi}{3} \Gamma\left(5 - \frac{\alpha}{2}\right) A(\alpha)\right]^{1/(\alpha-5)} \quad (3.27)$$

由式 (3.27) 可以看出，当 $\alpha = 11/3$ 时，$A(\alpha) = 0.033$，non-Kolmogorov 谱可等价为修正的 von Karman 谱；当 $\alpha = 11/3$ 时，$A(\alpha) = 0.033$，$L_0 \to \infty$，$l_0 \to 0$，non- Kolmogorov 谱可等价为 Kolmogorov 谱。

图 3.11 是不同 α 值下 non-Kolmogorov 谱和 Kolmogorov 谱的比较，当 $\alpha = 11/3$、$\tilde{C}_n^2 = C_n^2$ 时，$A(\alpha) = 0.033$，此时 $\Phi_n(\kappa) = 0.033 C_n^2 \kappa^{-11/3}$，non-Kolmogorov 谱变为 Kolmogorov 谱。当 $\alpha = 10/3$、$11/3$、4.8 时，non-Kolmogorov 谱明显偏离了 Kolmogorov 谱，且 α 越大，偏离的程度也相应越大，但在惯性区内（即 $\kappa < 1.1 \times 10^3$），不同 α 值下的 non-Kolmogorov 谱与 Komogorov 谱偏差较小。由以上分析可知，Kolmogorov 谱属于 non-Kolmogorov 谱的一种特例。

图 3.12 给出了不同传输距离 z 的情况下光束在大气湍流 non-Kolmogorov 谱中水平传输时参数 M 随着广义指数因子 α 的变化曲线，也表明 α 的大小将直接影响光束在大气湍流中的传输特性，即参数 M 直接反映大气湍流的强弱，参数 M 越大代表大气湍流越强[1]。从图 3.12 中可以看出，当 z 分别为 1000m、1200m

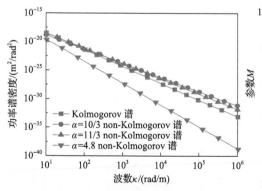 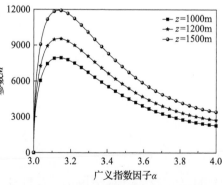

图 3.11　不同 α 值下 non-Kolmogorov 谱　　　图 3.12　不同传输距离 z 时 M 随 α 的
　　　与 Kolmogorov 谱比较[18]　　　　　　　　　　变化曲线[18]

和 1500m 时，最大 M 值所对应的 α 也相应增加，但基本上维持在 α =3.1 左右，当 α >3.8 时，参数 M 随着 α 的变化趋于平坦。

3.4.8 随高度变化的湍流谱

迄今为止，地球大气中的大气湍流结构有两种模型：①两层模型，即地球大气中湍流由对流层中的 Kolmogorov 湍流和平流层中的 non-Kolmogorov 湍流组成；②三层模型，即地球大气中的湍流由边界层中的 Kolmogorov 湍流、自由大气中的 non-Kolmogorov 湍流以及平流层中的 non-Kolmogorov 湍流组成，分别具有以下形式：

$$\Phi_{nB}(\kappa,z) = 0.033 C_n^2(z) \kappa^{-11/3} \tag{3.28}$$

$$\Phi_{nF}(\kappa,z) = 0.015 \tilde{C}_{nF}^2(z) \kappa^{-10/3} \tag{3.29}$$

$$\Phi_{nS}(\kappa,z) = 0.0024 \tilde{C}_{nS}^2(z) \kappa^{-5} \tag{3.30}$$

其中，z 为传播距离；$C_n^2(z)$ 为边界层中常规 Kolmogorov 湍流折射率结构参数 $(\text{m}^{-2/3})$；$\tilde{C}_{nF}^2(z)$ 为自由对流层中的 non-Kolmogorov 折射率结构参数 $(\text{m}^{-1/3})$；$\tilde{C}_{nS}^2(z)$ 为平流层中的 non-Kolmogorov 折射率结构参数 (m^{-2})，上述三个参数均取决于海拔。

折射率波动的三维功率谱可以定义为

$$\Phi_n(\kappa,a) = A(\alpha) C_n^2 \kappa^{-\alpha} \tag{3.31}$$

其中，C_n^2 为一般折射率结构常数 $(\text{m}^{3-\alpha})$；$A(\alpha)$ 为保持结构函数及其功率谱之间一致性的常数。

Arkadi 根据实验发现自由对流层和平流层中湍流的功率谱可能表现出 non-Kolmogorov 特性，折射率波动的光谱行为随海拔而变化，这使得式(3.15)～式(3.24)等通用模型非常不合适。

基于自由大气中折射率起伏谱的三层模型(边界层(2～3km)、自由对流层(8～10km)及它们上方的平流层)，根据对流层和平流层下部湍流廓线的实验和理论数据，Arkadi 提出一个随高度变化的湍流谱模型[19]：

$$\alpha(z) = \frac{\alpha_1}{1+(z/H_1)^{b_1}} + \frac{\alpha_2(z/H_1)^{b_1}}{1+(z/H_1)^{b_1}} \frac{1}{1+(z/H_2)^{b_2}} + \frac{\alpha_3(z/H_2)^{b_2}}{1+(z/H_2)^{b_2}} \tag{3.32}$$

其中，α_1 =11/3，α_2 =-10/3，α_3 =-5；z 为距离地面的高度；H_1、H_2 分别为特征高度；b_1、b_2 为拟合系数。实验结果表明，湍流特性随高度的变化并不平稳，通过三层高度模型表示 α 对高度的依赖性：第一层对应于具有 Kolmogorov 湍流的边界层（α=11/3）；第二层对应于具有 non-Kolmogorov 湍流自由对流层（α=-10/3）；第三种情况下，具有 non-Kolmogorov 湍流的平流层（α=-5）。

图 3.13 绘出了 H_1=2km、H_2=8km，b_1=8、b_2=10（实线）和 b_1=15、b_2=20（虚线）两种情况下的湍流功率谱幂指数廓线分布。

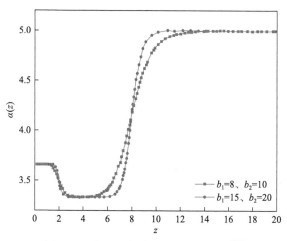

图 3.13　湍流功率谱幂指数廓线分布[19]

3.5　信源噪声模型

3.5.1　激光器相对强度噪声模型

在通信系统中，激光器自身固有噪声是信源噪声的主要来源，可以用相对强度噪声（relative-intensity noise，RIN）来描述激光器自身固有噪声的强度。当发射光束的平均功率为 P，并被响应度为 ρ 和带宽为 Δf 的探测器接收时，探测器检测到的电流平均值为响应度和平均功率的乘积 ρP，那么电流的均方值为[20]

$$\overline{i_{\mathrm{NL}}^2} = \mathrm{RIN}(\rho P)^2 \Delta f \tag{3.33}$$

因此，激光器的光强波动引起的平均功率为

$$\overline{P_{\mathrm{NL}}^2} = \frac{\overline{i_{\mathrm{NL}}^2}}{\rho^2} \tag{3.34}$$

可得激光器相对强度噪声为

$$\mathrm{RIN} = \frac{\overline{P_{\mathrm{NL}}^2}}{P^2 \Delta f} \tag{3.35}$$

其中，$\overline{i_{NL}^2}$ 为电流的均方值；$\overline{P_{NL}^2}$ 为平均功率。从而可知，激光器噪声主要与光束的平均功率和探测器的带宽有关。

3.5.2　激光器相位噪声模型

自发辐射噪声可以引起激光器的相位波动，从而产生一个非零的光谱线宽 $\Delta\nu$。在半导体激光器中，由于只有数目较少的光子被囚禁在小的腔体，且线宽增强因子不可忽略，所以线宽 $\Delta\nu$ 一般都比较大，可以达到兆赫兹。辐射光场的频谱 $E(t)=\sqrt{P}\exp(j\phi)$ 与场自相关函数 $\Gamma_{EE}(t)$ 之间的关系为

$$S(\omega)=\int_{-\infty}^{\infty}\Gamma_{EE}(t)\mathrm{e}^{-\mathrm{j}(\omega-\omega_0)\tau}\mathrm{d}\tau \tag{3.36}$$

$$\Gamma_{EE}(t)=\left\langle E^*(t)E(t+\tau)\right\rangle=\left\langle\exp\left(\mathrm{j}\Delta\phi(t)\right)\right\rangle=\exp\left(-\left\langle\Delta\phi^2(t)\right\rangle\big/2\right) \tag{3.37}$$

其中，$\Delta\phi(t)=\phi(t+\tau)-\phi(t)$；$E$ 为场强；t 为时间；τ 为时间间隔；j 为虚数；ω 为角频率；ϕ 为相位。可以用维纳过程描述激光器相位噪声过程，即

$$S_{EE}(\nu)=\frac{P}{2\pi\Delta\nu}\left\{\frac{1}{1+\left[\dfrac{2(\nu+\nu_0)}{\Delta\nu}\right]^2}+\frac{1}{1+\left[\dfrac{2(\nu-\nu_0)}{\Delta\nu}\right]^2}\right\} \tag{3.38}$$

其中，P 为光功率；ν 为频率；ν_0 为中心频率；$\Delta\nu$ 为激光器线宽。

3.6　信道噪声模型

由于大气湍流效应的影响，当激光束在大气中传输时，接收端上的光强会发生随机起伏，即光强闪烁效应，它会导致接收器处的信号衰落和接收信号质量的恶化。因此，为了提高无线光通信系统的性能，建立描述不同大气湍流条件下的信道模型是必不可少的。表 3.2 是各类大气湍流信道模型分类图。

表 3.2　大气湍流信道模型分类图

信道模型	概率密度函数	适应湍流范围
Log-normal 分布	$p(I)=\dfrac{1}{\sqrt{2\pi\sigma_l^2}I}\exp\left(-\dfrac{(\ln(I/I_0)-E(I))^2}{2\sigma_l^2}\right)$	弱湍流

续表

信道模型	概率密度函数	适应湍流范围
Gamma-Gamma 分布	$p(I) = \int_0^\infty p_y(I\|x)p_x(x)\mathrm{d}x = \dfrac{2(\alpha\beta)^{(\alpha+\beta)/2}}{\Gamma(\alpha)\Gamma(\beta)} I^{(\alpha+\beta)/2-1} \mathrm{K}_{\alpha-\beta}\left[2(\alpha\beta I)^{1/2}\right]$	中、强湍流
负指数分布	$p(I) = \dfrac{1}{I_0}\exp\left(-\dfrac{I}{I_0}\right)$	强湍流
K 分布	$f_I(I) = \dfrac{2a^{(a+1)/2}}{\Gamma(a)} I^{(a-1)/2}\mathrm{K}_{a-1}(2\sqrt{aI})$	中、强湍流
Malaga 分布	$f_I(I) = A\displaystyle\sum_{k=1}^\infty a_k I^{\frac{\alpha+k}{2}-1}\mathrm{K}_{\alpha-k}\left(2\sqrt{\dfrac{\alpha I}{\gamma\beta+\Omega'}}\right)$	弱、中及强湍流
柯氏分布	$f(I) = A_1\dfrac{1}{\sqrt{2\pi}\sigma_1}\mathrm{e}^{-\frac{(I-\mu_1)^2}{2\sigma_1^2}} + A_2\dfrac{1}{\sqrt{2\pi}\sigma_2}\mathrm{e}^{-\frac{(I-\mu_2)^2}{2\sigma_2^2}}$	弱湍流

3.6.1 Log-normal 分布

Log-normal 分布概率密度函数描述了弱湍流区的闪烁和衰落统计。考虑对数正态模型，接收光信号的概率密度函数由式(3.39)给出[1]：

$$p(I) = \frac{1}{\sqrt{2\pi\sigma_l^2}I}\exp\left(-\frac{(\ln(I/I_0)-E(I))^2}{2\sigma_l^2}\right) \tag{3.39}$$

其中，σ_l^2 为对数光强方差；I 为到达每个接收器的归一化光强值。图 3.14 表示不同 σ_l^2 下的 Log-normal 分布概率密度函数曲线。由图 3.14 可知，随着 σ_l^2 的增大，曲线逐渐偏离均值，且拖尾更严重，与 Log-normal 分布逐渐不符，Log-normal 分布仅适用于弱湍流条件(即 $\sigma_l^2 < 1$)，因为随着湍流强度的增加，散射效应也被考虑在内。

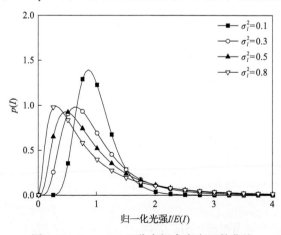

图 3.14 Log-normal 分布概率密度函数曲线

3.6.2　Gamma-Gamma 分布

由于 Log-normal 分布仅限于弱湍流，因此 Shah 基于修正的 Rytov 理论获得了另一个模型，称为 Gamma-Gamma 模型，其中光强起伏被发展为两个随机过程的乘积。Gamma-Gamma 分布为[21]

$$p(I) = \int_0^\infty p_y(I|x)p_x(x)\mathrm{d}x = \frac{2(\alpha\beta)^{(\alpha+\beta)/2}}{\Gamma(\alpha)\Gamma(\beta)} I^{(\alpha+\beta)/2-1} \mathrm{K}_{\alpha-\beta}\left[2(\alpha\beta I)^{1/2}\right] \quad (3.40)$$

其中，$\mathrm{K}_{\alpha-\beta}[\cdot]$ 为阶数为 $\alpha-\beta$ 的第二类修正 Bessel 函数；$\Gamma(\cdot)$ 为 Gamma 函数；α、β 分别为衡量大气湍流中大、小尺度涡流特征的参数，一般情况下，可由式(3.41)计算：

$$\begin{cases} \alpha = \left(\exp\left(\dfrac{0.49\sigma_R^2}{\left(1+1.11\sigma_R^{12/5}\right)^{7/6}}\right) - 1\right)^{-1} \\[4mm] \beta = \left(\exp\left(\dfrac{0.51\sigma_R^2}{\left(1+0.69\sigma_R^{12/5}\right)^{5/6}}\right) - 1\right)^{-1} \end{cases} \quad (3.41)$$

图 3.15 是不同湍流强度下 Gamma-Gamma 分布的概率密度函数，由图可知，相比于 Log-normal 分布，Gamma-Gamma 分布适用范围更广，能较为准确地描述弱、中及强起伏区的光强起伏统计特征。

由图 3.16 可以看出，当 σ_I^2 较小时，$\alpha \gg 1$，$\beta \gg 1$，说明大、小尺度散射元的有效数目都很多；当 σ_I^2 逐渐增大时，α 和 β 值迅速下降，当 σ_I^2 从 1 逐渐增加到 100 时，α 增加，而 β 下降并趋近于 1，说明小尺度散射元数目由横向的空间相干性半径决定。

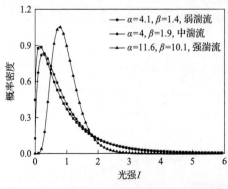

图 3.15　Gamma-Gamma 分布概率密度函数

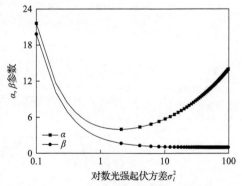

图 3.16　在不同 σ_I^2 下的 α 和 β 值

3.6.3 负指数分布

强湍流或长距离传输时,会出现方差饱和闪烁区域,在强起伏大气湍流条件下,接收端光强满足负指数分布[21]:

$$p(I) = \frac{1}{I_0} \exp\left(-\frac{I}{I_0}\right), \quad I > 0 \tag{3.42}$$

其中,$I_0 = E(I)$ 为平均光强值。在饱和状态下,闪烁指数→1,负指数分布光强起伏概率密度函数如图 3.17 所示。

图 3.18 为不同 Rytov 方差时 Gamma-Gamma 分布和 Log-normal 分布的光强起伏概率密度曲线。在弱湍流区,Log-normal 分布模型比较符合实验数据;而在强湍流区,Log-normal 分布模型拖尾现象严重,与实验数据偏差较大;而在弱、中及强湍流区,Gamma-Gamma 分布模型均较为符合。

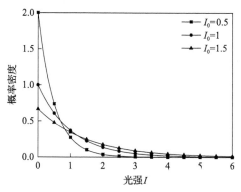

图 3.17 负指数分布光强起伏概率密度函数 图 3.18 光强分布概率密度函数曲线

3.6.4 Malaga 分布

Malaga 大气湍流信道模型是一种可以描述多种湍流分布的通用模型。Malaga 分布概率密度函数表示为[22]

$$f_I(I) = A \sum_{k=1}^{\infty} a_k I^{\frac{\alpha+k}{2}-1} K_{\alpha-k}\left(2\sqrt{\frac{\alpha I}{\gamma\beta + \Omega'}}\right) \tag{3.43}$$

$$\begin{cases} A = \dfrac{2\alpha^{\alpha/2}}{\gamma^{1+\alpha/2}\Gamma(\alpha)}\left(\dfrac{\gamma\beta}{\gamma\beta+\Omega'}\right)^{\beta} \\ a_k = \dfrac{(\beta)_{k-1}(\alpha\gamma)^{k/2}}{[(k-1)!]^2 \gamma^{k-1}(\Omega'+\gamma\beta)^{k-1}} \end{cases} \tag{3.44}$$

其中，α 与 β 分别为正实参数与衰落参数；参数 Ω' 为相干平均光功率。

由图 3.19(a) 可知，随着 ρ 的增大，椭圆框内的 $f_I(I)$ 值也相应增大。在强湍流情况下，与 Gamma-Gamma 分布相比，K 分布的 $f_I(I)$ 下降趋势较为缓慢，拖尾相对严重。由图 3.19(b) 可知，在弱湍流情况下，随着 ρ 值的增大，$f_I(I)$ 曲线逐渐右移，同时峰值增高且拖尾现象减弱。

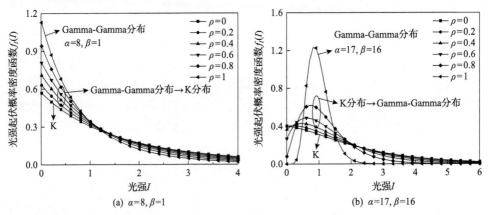

图 3.19　不同 α、β 下 Malaga 分布光强起伏概率密度函数随 ρ 值变化的曲线[22]

3.6.5　柯氏分布

针对车联网可见光通信，柯熙政等[23]提出一种采用双高斯函数进行拟合的夜间背景光噪声模型(Ke's model)，本书称为柯氏模型[23]：

$$f(I) = A_1 \frac{1}{\sqrt{2\pi}\sigma_1} e^{\frac{(I-\mu_1)^2}{2\sigma_1^2}} + A_2 \frac{1}{\sqrt{2\pi}\sigma_2} e^{\frac{(I-\mu_2)^2}{2\sigma_2^2}} \tag{3.45}$$

图 3.20 为柯氏分布模型，图中两条高斯曲线分别对应式(3.45)的两个高斯函数，且对应的方差和均值均有所不同。在高斯曲线 1 中，背景噪声中主要包含了当前路灯背景光成分，其光强较弱且光强起伏方差较小；高斯曲线 2 中，背景噪声中主要包含了前后车灯、高亮度广告牌和交通灯等成分，其光强较强且光强波动方差较大[23]。

图 3.21 是不同情形下夜间可见光通信背景噪声概率密度分布图，由图可知：①柯氏分布模型能够准确地描述可见光通信环境噪声模型；②雨天的概率分布与晴天的概率分布区别不大；③当前路灯产生的光强起伏明显小于其他光源所产生的光强起伏。

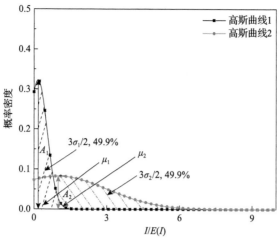

图 3.20　柯氏分布模型[24]

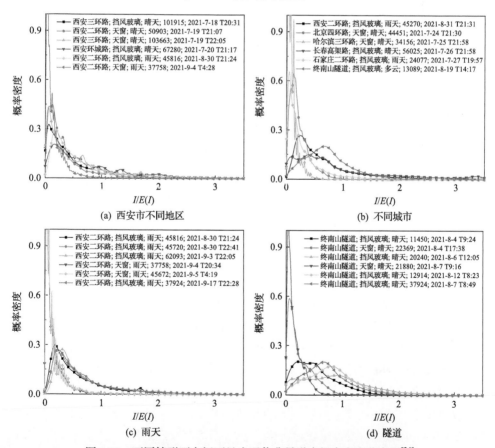

图 3.21　不同情形下夜间可见光通信背景噪声概率密度分布图[24]

3.7　信宿噪声模型

3.7.1　泊松噪声模型

泊松噪声(Poisson noise)也称为光子计数噪声或者光子抖动噪声,主要来源于光子的离散性。当光信号通过探测器(如雪崩光电二极管)时,光子数的随机性导致光电流产生泊松噪声。泊松噪声是一个统计性的噪声,它描述了光子计数过程中的随机性。

泊松噪声与光强有关,光子数的波动随光强的增大而增大,泊松噪声也就变得严重,因此可以采用泊松分布来进行建模[24]:

$$P(X = k) = \frac{e^{-\lambda} \lambda^{k}}{k!} \tag{3.46}$$

其中,X为随机变量;k为单位时间内发生的次数;"!"代表阶乘;λ为单位时间内的平均发生率。

在设计无线光通信系统时,应考虑泊松噪声对信噪比和误码率的影响,并采取相应的措施降低其对系统性能的损害。这些措施包括选择高性能的光电探测器、采用数字信号处理技术以及优化光学系统设计等。泊松噪声模型在医学成像等许多领域都有着重要的应用,如泊松噪声模型可用于描述 X 射线通过人体组织时的吸收情况。

3.7.2　倍增噪声模型

无线光通信系统中,当使用光电雪崩二极管(APD)等具有倍增特性的器件时,P-N 结会在外场作用下产生电子-空穴对并且这些电子和空穴在电场的作用下分别向 N 区和 P 区运动。在高电场区域(雪崩区),电子和空穴能得到充足的能量,碰撞解离形成更多的电子-空穴对。这个过程称为雪崩倍增。

雪崩倍增过程是随机的,因为它取决于电子和空穴在雪崩区内的路径、速度以及与晶格的相互作用。这种随机性导致了倍增因子的波动,从而产生雪崩倍增噪声。雪崩倍增噪声会叠加在检测到的光电流信号上,降低信噪比,从而影响通信系统的性能。

为了评估雪崩倍增噪声对系统性能的影响,可以通过计算雪崩倍增噪声因子(avalanche noise factor, F_n)量化这种噪声。雪崩倍增噪声因子 F_n 是一个关于 APD增益 M 的函数,通常可用以下公式计算:

$$F_n = kM + \frac{1-k}{M} \tag{3.47}$$

其中，M 为 APD 的增益；k 为 APD 的离子化系数比，表示电子和空穴所产生的雪崩倍增效果的相对强度，k 的值通常在 $0 \sim 1$，与 APD 的材料和结构有关。

在设计无线光通信系统时，需要权衡 APD 的增益和雪崩倍增噪声之间的关系。通过优化 APD 的工作电压、选择合适的增益以及采用数字信号处理技术等方法，可以降低雪崩倍增噪声对系统性能的影响。

3.7.3 热噪声模型

热噪声主要由材料内部的自由电子和离子做不规热运动时的电流引起，可以通过计算噪声等效带宽、噪声系数等相关信息来描述该噪声的特性。

对于单个载流子，其热运动方向呈现出高度的随机性，在一段时间内，其电流的平均值趋近于零。对于大量的载流子，在一段时间内向某一方向瞬时运动的载流子数量相对较多，而在另一瞬间向另一方向运动的载流子数量相对较多，但它们在各个方向上的机会是相等的，因此总电流效应在一段时间内为零。在特定的瞬间，电流并非总是为零，而可能会有局部电荷的短暂集聚，从而产生起伏电流和起伏电压。这些在负载电阻中的热噪声会被前端放大器进一步放大。负载电阻 R_L 的热噪声功率可定义为

$$S_t(f) = \frac{2k_B T}{R_L} \tag{3.48}$$

其中，T 为热力学温度；R_L 为负载电阻；k_B 为玻尔兹曼常量，数值为 $k_B = 1.380649 \times 10^{-23} J / K$。

由此可知，热噪声的功率谱密度与温度、放大器增益等因素有关，并且是一种白噪声。噪声系数可以用来描述器件的噪声水平。

3.7.4 光电探测器放大噪声模型

在光电探测器中，放大器噪声是一个重要的噪声源，它是由电子在电阻和电容上的热运动引起的。这一噪声的大小与电容、电阻、光电流的放大倍数，以及器件的增益，都有一定的关系。

在光接收机中，除探测器，其他器件也会产生大量的热噪声，特别是前高频放大器。由于放大器组总增益很高，且高频放大居于首位，所以高频放大器的噪声在后续各级中将逐级被放大。因此，需要用噪声系数来描述信号通过放大电路后信噪比的恶化程度[25]。噪声系数为

$$N_F = 10 \lg \frac{输入端信号噪声功率比}{输出端信号噪声功率比}(\text{dB}) \tag{3.49}$$

N_F是指用一个高频放大器对热噪声进行放大的倍数。可以看出，N_F越小，放大器自身所引起的额外噪声也就越低。由于在电路中的晶体管和电阻元件均会引起热噪声，因此其噪声系数通常都大于1。

光电探测器放大噪声是一种不依赖于频率的白噪声。在此情况下，可以通过改进放大器的内部结构来降低此部分的噪声。因此，通过建立并分析光电探测器的放大噪声模型，将有助于优化光电探测器的结构与性能，提升其在实际应用中的抗噪能力与准确度。

3.7.5　散粒噪声模型

当光与检测器表面发生碰撞时，会产生大量电子，电子在检测器的输出端运动时，会引发电流脉冲效应，从而对外部监测器或传感器造成影响[26]。这一过程可以描述为

$$x(t) = \sum_{j=1}^{K(v)} h(1 - Z_j) \tag{3.50}$$

其中，t为时间；v为检测部位的体积；j表示第j个电子；$h(t)$为单个电子的脉冲响应；Z_j为第j个电子的释放时间；$K(v)$是用于计数的参数。这个计数代表在整个时间间隔内，检测器体积v中所产生的电子数量，这个过程称为散弹噪声过程。

3.7.6　相位噪声模型

激光器相位抖动、接收端本地振荡器输出相位的时变波动、Kerr效应所导致的非线性相位噪声以及大气折射率起伏所引起的相位起伏，都是相位噪声产生的主要因素。

在通信系统中，光电探测器将接收端光信号转化为电信号，随后将其与本地振荡器输出的信号相乘，得到中频信号，并对其进行相干解调。然而，随着时间的流逝，本地振荡器输出信号的相位可能会发生波动，这种波动所带来的噪声会对副载波信号的解调造成困难，从而导致系统性能的恶化。

本地振荡器产生的相位噪声φ服从 Tikhonov 分布[27]，其概率密度函数为

$$P(\varphi) = \frac{\exp\left(\dfrac{\cos\varphi}{\sigma_\varphi^2}\right)}{2\pi \mathrm{I}_0\left(\dfrac{1}{\sigma_\varphi^2}\right)}, \quad |\varphi| \leqslant \pi \tag{3.51}$$

其中，σ_φ^2 为相位噪声方差；$\mathrm{I}_n(\cdot)$ 为 n 阶第一类变形贝塞尔函数。由 Jacobi-Anger 公式可将式 (3.51) 分子转化为

$$\exp\left(\frac{\cos\varphi}{\sigma_\varphi^2}\right) = \mathrm{I}_0\left(\frac{1}{\sigma_\varphi^2}\right) + 2\sum_{n=1}^{\infty}\mathrm{I}_n\left(\frac{1}{\sigma_\varphi^2}\right)\cos(n\varphi) \tag{3.52}$$

将式 (3.52) 代入式 (3.51) 中，可以用傅里叶级数表示相位噪声概率密度函数：

$$p(\varphi) = \frac{1}{2\pi} + \sum_{n=1}^{\infty}c_n\cos(n\varphi) \tag{3.53}$$

其中，$c_n = \dfrac{\mathrm{I}_n\left(\dfrac{1}{\sigma_\varphi^2}\right)}{\pi\mathrm{I}_0\left(\dfrac{1}{\sigma_\varphi^2}\right)}$ 为 Tikhonov 相位噪声概率密度函数的傅里叶系数。

3.7.7　1/f 噪声模型

1/f 噪声是一类具有长程相关性、自相似性以及非平稳性的随机噪声，是粒子集体运动中的一个普遍涨落现象，同时也是系统内部特性的一个反映。它在很大程度上是由器件中的杂质和缺陷与载流子相互作用引起的，能敏感地反映器件中的多种潜在缺陷。

1/f 噪声的基本特点是噪声功率谱密度与频率成反比，1/f 电流噪声功率谱为

$$S(f) = \frac{AI^\beta}{f^\gamma} \tag{3.54}$$

其中，I 为通过器件的电流；f 为频率；A 由器件结构特性决定；γ 和 β 都是特定系数。1/f 噪声在光通信系统中的影响可能会导致数据传输错误，降低系统性能。因此，光通信系统的设计者需要采取措施来尽可能地降低 1/f 噪声的影响。

3.8　光信号在大气湍流中的传输特性

3.8.1　大气衰减对光传输的影响

1. 大气吸收

在大气信道中，光波与大气中的各种分子相互作用，导致分子极化，且以入

射光的频率做受迫振动。因为克服大气分子的阻力而消耗能量，光波会遭受大气分子的吸收，导致激光功率衰减[28]。大气分子对激光的吸收取决于各类分子的不同结构，不同吸收分子具有完全不同的吸收谱线和光谱吸收特性。表 3.3 给出了几种主要的吸收分子对可见光和近红外光区光波的吸收谱[28]。

表 3.3　可见光和近红外光区主要吸收谱谱线中心波长　　　　　　（单位：μm）

吸收分子	主要吸收谱谱线中心波长
H_2O	0.72、0.82、0.93、1.13、1.38、1.46、1.87、2.66、3.15、6.26、11.7、12.6、13.5、14.3
CO_2	1.4、1.6、2.05、4.3、5.2、9.4、10.4
O_2	4.7、9.6

人们经过大量研究已证实：大气中的水分子和其他分子对不同波长的光波有相应的吸收作用。这种吸收作用具有一定的选择性：对于某些波段的光波表现出强吸收，光波几乎无法通过；而对于某些波段则呈现弱吸收，光波的透过率较高，称这些透射率较高的波段为"大气窗口"[28]。结合全球大气参数平均值随海拔的分布数据可知，激光在星-地大气信道中受到的吸收作用主要发生在对流层。随着海拔的增加，激光传输所受到的大气吸收影响呈明显减弱趋势。

对于入射功率为 $P(\lambda,0)$ 的激光束，传输路程 L 后，激光束功率会因大气分子的吸收而衰减为

$$P(\lambda,L) = P(\lambda,0)\exp(-k(\lambda)L) \tag{3.55}$$

其中，$P(\lambda,L)$ 为经过路程 L 后透射出的激光功率；$k(\lambda)$ 为吸收系数。

对气溶胶粒子的研究表明，由于气溶胶粒子的直径比较大，对光的吸收作用较弱，因此对光信号的吸收作用并不是特别明显，而是更趋向于对光的反射和散射作用。

2. 大气散射

在大气光学中，无论光的折射或反射，光线都会在一个特定的方向上传播，并且在其余方向上光强为零，但是在光学不均匀的介质中，则可以在其他方向上看到光，这种光学现象就称为散射。大气散射现象是指大气微粒对激光传输的影响。在大气中具有各种不同直径的微粒，其中直径 0.1～10μm 的微粒对激光传输的散射影响最大。单粒子散射理论采用瑞利散射和米氏散射来近似分析大气的散射效应。散射不会导致激光能量减小，但会影响光强分布特征和光斑形状。

1) 分子散射

因为大气分子半径很小，仅为 10^{-8}cm 数量级，所以在可见光和近红外波段，

辐射波长总是远大于分子半径。这种条件下的散射通常称为瑞利散射，瑞利散射粒子主要为气体分子，因此也称为分子散射。瑞利散射系数的经验公式为[29]

$$\sigma_m = 0.827 NA^3 / \lambda^4 \tag{3.56}$$

其中，A 为散射元横截面积(cm^2)；N 为单位体积内分子数(cm^{-3})；λ 为光波波长（μm）。

由式(3.56)可知，分子散射系数与单位体积内的分子数成正比，与分子半径成正比，与光波波长的四次方成反比。即随着散射分子半径增大，散射增强；随着波长增大，散射减弱。由此可以推论，可见光比红外光散射强烈，蓝光比红外光散射强烈。如果是在晴朗的天空，其他尺度较大的微粒比较少的情况下，分子散射起主要作用，又因为蓝光散射最强烈，所以晴朗的天空会呈现出蓝色。

瑞利散射的体积散射系数为[29]

$$\sigma_m = \frac{8\pi^2(n^2-1)^2}{3N_s^2\lambda^4}\frac{6+3\delta_p}{6-7\delta_p} = \frac{8}{3}\left[\frac{\pi^2(n^2-1)^2}{N_s^2\lambda^4}\right] \tag{3.57}$$

其中，n 为粒子的折射率；N_s 为散射元密度。在水汽含量少的空气中，散射系数的经验公式为

$$\sigma_m = 1.09\times10^{-3}\lambda^{-0.45}\text{km}^{-1} \tag{3.58}$$

一般情况下，对于半径 $r<0.03\mu\text{m}$ 的粒子，若光波波长在 $1\mu\text{m}$ 附近，则瑞利散射系数的计算误差为 $n<1\%$，因此能够较准确地描述大气中分子散射的强度。

2)气溶胶散射

气溶胶(aerosol)是由固体或液体小质点分散并悬浮在气体介质中形成的胶体粒子。当空气中气溶胶粒子的直径大于入射光的波长或者和入射光的波长相当时，入射光受气溶胶粒子散射后的光强分布情况比较复杂且不对称，瑞利散射不再适用，可以应用米氏散射理论来分析这样的散射现象。米氏散射的主要特征是：散射光强随角度的分布变得十分复杂，粒子尺寸相比波长尺寸越大，分布越复杂；随着粒子尺寸的进一步增加，散射光集中的角度也越来越窄。

在实际通信过程中，云、雾、雨、雪等气溶胶粒子的尺寸和激光波波长相当甚至更大，因此对于气溶胶粒子，瑞利散射的作用比较微弱，可以忽略不计，而主要考虑米氏散射造成的影响。米氏散射理论实际上是对气溶胶散射的一种较好的近似。米氏散射的系数由式(3.59)确定[30]：

$$\sigma_n = N(r)\pi r^2 Q_s(X_r, m) \tag{3.59}$$

其中，r 为粒子半径；$N(r)$ 为单位体积内的粒子数；Q_s 为散射效率（为粒子散射的能量与入射到粒子几何截面上的能量之比）。

3. 大气衰减

激光在大气中传输，大气吸收效应使光能量随距离的增长而减小。大气吸收和散射的共同影响表现为激光传输的大气衰减，用大气透射率来度量衰减程度。单色波的大气透射率 $T_{\mathrm{atm}}(\lambda)$ 可表示如下[31]。

水平均匀传输：

$$T_{\mathrm{atm}}(\lambda) = \exp(-k_e(\lambda)L) \tag{3.60}$$

斜程传输：

$$T_{\mathrm{atm}}(\lambda) = \exp\left(-\sec\varphi \int_0^Z k_e(\lambda,r)\mathrm{d}r\right) \tag{3.61}$$

其中，L 为水平传输距离；Z 为斜程路径的垂直高度；φ 为斜程路径的天顶角；$k_e(\lambda) = k_s + k_a$ 为大气消光系数。

需要注意的是，对于斜程传输，大气消光系数 $k_e(\lambda)$ 随高度而变化，因此透射率计算时需要对路径求积分。假设初始光通量为 I_0，则传输距离 L 后的光通量 $I(L)$ 为

$$I(L) = I_0 T_{\mathrm{atm}}(\lambda) \tag{3.62}$$

定义 τ 为大气光传输信道的光学厚度，可以用它来表征信道衰减特性：

$$\tau = \tau_a + \tau_s \tag{3.63}$$

其中，τ_a 为散射光学厚度；τ_s 为吸收光学厚度。

大气消光系数 $k_e(\lambda)$ 由于大气的不确定性在不同天气下的变化范围很大。在近地面大气层中分子散射的影响小，光能量衰减主要由大尺度粒子的米氏散射引起。在设计大气无线光通信链路时，一般选择大气窗口内的波长，因此大气吸收对光能量衰减影响相对较小，大气衰减主要受大气散射影响。由于大气中各种散射粒子的数量和尺度分布比较复杂，不易于直接计算大气散射和吸收系数。因此，可通过能见度计算近地面激光大气传输受到的大气衰减。

大气消光系数与能见度之间的经验公式为[32]

$$k_e(\lambda, R_v) = \frac{3.912}{R_v}\left(\frac{550}{\lambda}\right)^q \tag{3.64}$$

$$q = \begin{cases} 1.6, & R_v > 50\text{km} \\ 13, & 6\text{km} < R_v \leqslant 50\text{km} \\ 0.585 R_v^{1/3}, & R_v \leqslant 6\text{km} \end{cases} \tag{3.65}$$

其中，R_v 为大气能见度（km）；λ 为激光波波长（nm）；$k_e(\lambda, R_v)$ 为消光系数（km^{-1}）。能见度是度量大气对可见光衰减作用的主要指标，在白天观测者以水平天空为背景下人眼能看见的最远距离，在夜晚是指能看见中等强度未聚焦光源的距离。气象学一般按气象状态将能见度分为十个等级，如表 3.4 所示。

表 3.4　国际能见度等级[33]

等级	天气状态	能见度/km	散射系数	等级	天气状态	能见度/km	散射系数
0	极浓雾	<0.05	>78.2	5	霾	2～4	1.960～0.954
1	厚雾	0.05～0.2	78.2～19.6	6	轻霾	4～10	0.954～0.391
2	中雾	0.2～0.5	19.6～7.82	7	晴朗	10～20	0.391～0.196
3	轻雾	0.5～1	7.82～3.91	8	很晴朗	20～50	0.196～0.078
4	薄雾	1～2	3.91～1.96	9	极晴朗	>50	0.0141

3.8.2　大气湍流对激光传输的影响

大气由于不同部分具有不同的物理性质，再加上受热和风的影响，大气会不停地流动，因此形成温度、压强、密度、流速和大小等不同的气流涡旋。这些涡旋处于持续的运动变化中，它们的运动相互影响并相互叠加，形成随机湍流运动，即大气湍流。湍流运动会使大气折射率有起伏的特性，导致光波的振幅和相位参数随机波动，从而造成光束的闪烁、扭曲、分裂、扩散、空间相干性下降和偏振变化等，各种大气效应对无线光通信的影响如图 1.1 所示。

1. 光强闪烁

如图 3.22 所示，当光束直径远远大于湍流尺度时，光束截面内会包含多个湍流涡旋，每个涡旋各自对照射在其上的光束产生独立散射和衍射，引起探测器接收光强 I 随时间变化且围绕平均值 $\langle I \rangle$ 做随机起伏，这就是光强闪烁。闪烁的大小与湍流的强弱直接相关，光强闪烁效应会使通信系统误码率增加[18]。

依据 Rytov 经典光强闪烁理论，在 Kolmogorov 局部均匀、各向同性的弱湍流区域中，光强起伏对数方差 $\sigma_{\ln I}^2$ 可以表示为[34]

$$\sigma_{\ln I}^2 = C_0 C_n^2 k_0^{7/6} r^{11/6} \tag{3.66}$$

其中，r 为传输距离；C_0 为常数，对于平面波 C_0=1.23，对于球面波 C_0=0.496；C_n^2 为大气折射率结构常数；$k_0 = 2\pi/\lambda$ 为波数。

$$\sigma_{\ln I}^2 = 1.23 C_n^2 k_0^{7/6} r^{11/6} (\text{平面波}) \tag{3.67}$$

$$\sigma_{\ln I}^2 = 0.496 C_n^2 k_0^{7/6} r^{11/6} (\text{球面波}) \tag{3.68}$$

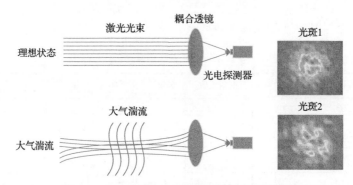

图 3.22　光强闪烁对大气激光通信系统的影响

Rytov 理论能够较好地反映大气闪烁的强弱，在湍流强度不大时，$\sigma_{\ln I}^2 <1$，随着 C_n^2 和 r 的增加，对数强度方差 $\sigma_{\ln I}^2$ 逐渐增加，数值上大于 1，达到最大值后由于大气中的多重散射开始起主要作用，$\sigma_{\ln I}^2$ 不会随着 C_n^2 和 r 增加而增大，而是逐渐减小并最终趋近于 1，这就是闪烁饱和效应。

当 $\sigma_{\ln I}^2 >1$ 时，表示出现了闪烁饱和效应(强起伏区域)，此时 $\sigma_{\ln I}^2$ 的经验公式为[18]

$$\sigma_{\ln I}^2 = 1 + 0.87(1.23 C_n^2 k_0^{7/6} r^{11/6})^{-2/3} \tag{3.69}$$

激光光斑的光强闪烁特性不仅可以用对数强度方差 $\sigma_{\ln I}^2$ 来表示，也可用对数振幅方差 σ_χ^2 来表示，或者用归一化强度方差 σ_I^2 来表示。

对于强度不大的湍流，对数振幅方差 σ_χ^2 的表达式为[18]

$$\sigma_\chi^2 = 0.252\sigma_I^2 = 0.31 C_n^2 k_0^{7/6} r^{11/6} (\text{平面波}) \tag{3.70}$$

$$\sigma_\chi^2 = 0.0954\sigma_I^2 = 0.125 C_n^2 k_0^{7/6} r^{11/6} (\text{球面波}) \tag{3.71}$$

在弱湍流区，σ_χ^2 是满足高斯分布形式的。

2. 光束漂移

如图 3.23 所示，无线光通信系统由发射天线与接收天线两部分组成，发射天线与接收天线通常选用卡塞格林望远镜，其光学结构可简化为单透镜系统。

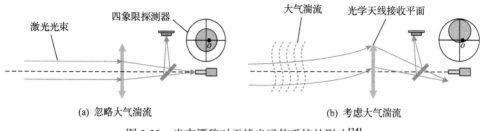

(a) 忽略大气湍流   (b) 考虑大气湍流

图 3.23　光束漂移对无线光通信系统的影响[34]

由图 3.23(a)可知，当忽略大气湍流时，发射光束传输到接收光学天线的接收面上，其主光轴与接收天线视轴重合，通过接收光学系统将光束焦点汇聚到通信探测器的接收端。光学系统内部光路上放置了一个分光棱镜，将接收光路一分为二：一束用于通信探测，另一束用作光斑位置检测。检测传感器为四象限探测器，通过四象限探测器接收面上的光斑位置，可以得到光斑在四象限探测器的中心位置，光斑中心与四象限探测器中心重合。

由图 3.23(b)可知，考虑大气湍流时，光束在传输过程中受大气湍流的影响而发生漂移，导致光束在垂直于光轴方向发生随机移动而偏离接收面。此时发射光束的光轴不再与接收天线的视轴重合且存在夹角，这就使得通过光学天线汇聚的光束焦点发生偏移，偏移的焦点不再入射到通信探测器的接收面上。此时通信探测器接收的光束功率会大幅降低，对通信系统的信号检测造成不利影响。通过四象限探测可以检测到光斑质心相对于四象限探测器的中心位置的偏移量；随着湍流的进一步发展，发射光束有可能会完全漂移出接收天线的接收面，此时接收天线无法汇聚发射光束，会造成通信链路的中断。

通常，光斑的漂移是由光点中心位置的改变来描述的。质心是这样定义的[35]：

$$\rho_0 = \frac{\iint \rho I(\rho)\mathrm{d}\rho}{\iint I(\rho)\mathrm{d}\rho} \tag{3.72}$$

$$x_0 = \frac{\iint x I(x, y)\mathrm{d}x\mathrm{d}y}{I(x, y)\mathrm{d}x\mathrm{d}y} \tag{3.73}$$

$$y_0 = \frac{\iint yI(x, y)\mathrm{d}x\mathrm{d}y}{\iint I(x, y)\mathrm{d}x\mathrm{d}y} \tag{3.74}$$

其中，ρ_0 为质心坐标；x_0 和 y_0 分别为水平方向和垂直方向上的质心坐标；$\iint$ 代表双重积分。光斑中心的偏移量可由以下公式表达[35]：

$$\sigma_\rho^2 = \left\langle \rho_0^2 \right\rangle = \iint \iint \left(\frac{(\rho_1 \cdot \rho_2)I(\rho_1)I(\rho_2)\mathrm{d}\rho_1\mathrm{d}\rho_2}{\left(\iint I(\rho)\mathrm{d}\rho \right)^2} \right) \tag{3.75}$$

其中，ρ_0 为质心坐标；$\iint$ 代表双重积分；$\langle \cdot \rangle$ 表示系综平均；$\iint \iint$ 代表四重积分。若假定水平和垂直方向的漂移不相互依赖，则激光光斑的整体漂移方差可由以下公式表达：

$$\sigma_\rho^2 = \sigma_x^2 + \sigma_y^2 \tag{3.76}$$

在这两种情况下，σ_x 为在水平方向上的移动平均方差；σ_y 为在垂直方向上的移动平均方差。

在 z 值为 $0 \sim L$ 的情况下，激光光束在 $z=L$ 方向上的偏移是由 z 方向上的湍流扰动引起的。这样，在接收平面 ($z=L$) 处的偏移方差可以表达为[36]

$$\sigma_\rho^2 = 6.08D^{-1/3}\left(L^2\int_0^L C_n^2(z)\mathrm{d}z - 2L\int_0^L C_n^2(z)z\mathrm{d}z + \int_0^L z^2 C_n^2(z)\mathrm{d}z \right) \tag{3.77}$$

假定在输送时，湍动强度的变化是一致的，那么就有[36]

$$\sigma_\rho^2 = 2.03C_n^2 L^3 D^{-1/3} \tag{3.78}$$

当聚焦光束的发射天线孔径为 D 时，有[36]

$$\sigma_\rho^2 = 6.08D^{-1/3}L^2\int_0^L C_n^2(z)\left(1 - \frac{z}{L} \right)^{11/3}\mathrm{d}z \tag{3.79}$$

假设在传输过程中湍流强度的变化是恒定的，则有[36]

$$\sigma_\rho^2 = 1.305C_n^2 L^3 D^{-1/3} \tag{3.80}$$

3. 光束扩展

如图 3.24 所示，如果在接收平面上取很短的观察时间，可以看到一个半径为 r_1 的被加宽的光斑偏离了原点 r_2 的距离，即光束漂移量；而取的时间足够长，会看到光斑的随机游动产生一个均方半径 r_3 的大光斑，前者称为短期光束扩展，后者称为光束长期扩展[37]。光束扩展是指由湍流涡旋引起的接收平面上的光斑半径或面积的变化。当光通过小尺度涡旋时会产生衍射效应，导致光束扩展；反之光通过大尺度涡旋时会发生折射现象，引起光束漂移[37]。

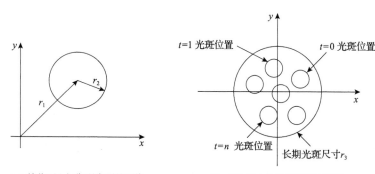

(a) 接收面上短期观察到的图像　　　　(b) 接收面上长期观察到的图像

图 3.24　接收平面上观察到光斑的示意图

若发射激光光束为高斯光束，则在理想信道中不存在湍流的影响，接收光强 I 和接收光斑半径 ω_f 可以由式 (3.81) 和式 (3.82) 计算得到[38]：

$$I(s,\rho) = I_0 \left(\frac{\omega_0}{\omega_f} \right)^2 \exp\left(-\frac{2\rho^2}{\omega_f^2} \right) \tag{3.81}$$

$$\omega_f = \sqrt{\omega_0^2 + \left(\frac{2s}{k\omega_0^2} \right)} \tag{3.82}$$

其中，I_0 为发射光强；$2\omega_0$ 为激光器出光孔直径；s 为传输距离。

如果考虑实际大气信道中湍流造成的光束扩展效应，那么经过传输后的激光的光斑半径为[39]

$$\omega_t = (\omega_f^2 + 4.38 C_n^2 l_0^{-1/3} s^3)^{1/3} \tag{3.83}$$

由式 (3.82) 和式 (3.83) 可以计算出光斑半径的改变量为

$$\omega_{t2}^2 = 4.38 C_n^2 l_0^{-1/3} s^3 \tag{3.84}$$

当光斑半径变化量 ω_{t2}^2 的范围在 0.1～10mm 时，激光光强的衰减程度可达 3dB。

4. 到达角起伏

如图 3.25 所示，激光在均匀介质中传输具有均匀波前。在湍流大气中传输时则由于光束截面内不同部分的大气折射率的起伏，光束波前的不同部位具有不同的相位变化[37]。

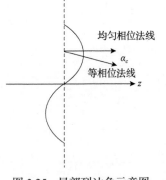

均匀相位法线

α_c

等相位法线

z

图 3.25　局部到达角示意图

5. 瞄准误差

在无线光通信链路中，大气折射率的变化引起光束的随机偏移，造成探测器处的信号衰减和瞄准误差。光束在大气湍流中传播距离 z 后的宽度可以近似表示为[5]

$$\omega_z \approx \omega_0 \left[1 + \varepsilon \left(\frac{\lambda z}{\pi \omega_0^2} \right)^2 \right]^{1/2} \tag{3.85}$$

其中，ω_0 为发射端光束宽度；$\varepsilon = (1 + 2\omega_0^2 / p_0^2(z))$，$p_0(z) = (0.55 C_n^2 k^2 z)^{-3/5}$ 为相干长度，C_n^2 为大气结构常数，$k = 2\pi / \lambda$ 为光波数，z 为传播距离。

瞄准误差可近似表示为[5]

$$h_p(r) \approx A_0 \exp \left(-\frac{2r^2}{\omega_{\mathrm{zeq}}^2} \right) \tag{3.86}$$

其中，r 为光斑漂移量；$\omega_{\mathrm{zeq}} = \omega_z \left[\sqrt{\pi} \mathrm{erf}(v) / (2v \exp(-v^2)) \right]^{1/2}$ 为等效光束半径，$v = \sqrt{\pi / 2} R_a / \omega_z$，$R_a$ 为探测器半径；A_0 为光束偏移量 $r=0$ 时的光功率，$A_0 = [\mathrm{erf}(v)]^2$。

假设水平方向和垂直方向的偏移量相同，采用 Rayleigh 分布的光束偏移模型为

$$f_r(r) = \frac{r}{\sigma_s^2} \exp \left(-\frac{r^2}{2\sigma_s^2} \right) \tag{3.87}$$

其中，σ_s^2 为探测器接收的抖动方差。

瞄准误差的概率分布可表示为[5]

$$f_p(h_p) = \frac{\eta^2}{A_0^{\eta^2}} h_p^{\eta^2 - 1} \tag{3.88}$$

其中，$\eta = \omega_{zeq} / (2\sigma_s)$，为探测器处的等效光束半径和指向位移误差之比。

本章针对大气中激光信号的传输特性进行了研究，首先对大气湍流的成因进行了分析，分别从大气吸收、大气散射、大气湍流以及瞄准误差等因素对无线光通信系统的影响进行了理论分析，并且重点对比分析了不同大气湍流功率谱模型的优缺点，为后续进一步研究和分析提供了一定的理论依据。

参 考 文 献

[1] 柯熙政, 邓莉君. 无线激光通信[M]. 2 版. 北京: 科学出版社, 2022.

[2] Monin A, I'Aglom A M. Statistical fluid mechanics: The mechanics of turbulence[J]. American Journal of Physics, 1977, 318(10): 202-220.

[3] Rosa R. Turbulence theories[J]. IEEE Transactions on Antennas & Propagation, 2006, 45(42): 295-303.

[4] 饶瑞中. 光在湍流大气中的传播[M]. 合肥: 安徽科学技术出版社, 2005.

[5] 张文涛, 朱保华. 大气湍流对激光信号传输影响的研究[J]. 电子科技大学学报, 2007, 36(4): 784-787.

[6] Kolmogorov A N. The local structure of turbulence in an incompressible viscous fluid for very large Reynolds numbers[J]. Soviet Physics Uspekhi, 1941, 30(42): 301-305.

[7] Tofsted D H. Outer-scale effects on beam-wander and angle-of-arrival variances[J]. Applied Optics, 1992, 31(27): 5865-5870.

[8] Hufnagel R E, Stanley N R. Modulation transfer function associated with image transmission through turbulent media[J]. Journal of the Optical Society of America, 1964, 54(1): 52-61.

[9] Recommendation ITU-R P.618-12. Propagation data and prediction methods required for the design of Earth-space telecommunication systems[S]. Geneva, Switzerland: ITU, 2015.

[10] von Karman T. Progress in the statistical theory of turbulence[J]. Proceedings of the National Academy of Sciences of the United States of America, 1948, 34(11): 530-539.

[11] Tatarski Y V I. Wave Propagation in a Turbulent Medium[M]. New York: McGraw-Hill, 1961.

[12] von Karman T. From Low-Speed Aerodynamics to Astronautics[M]. New York: Pergamon Press, 1963.

[13] Greenwood D P, Tarazano D. A proposed form for the atmospheric microtemperature in the input range[R]. New York: USAF Rome Air Development Center, 1974.

[14] Hill R J, Clifford S F. Modified spectrum of atmospheric temperature fluctuations and its application to optical propagation[J]. JOSA, 1978, 68(7): 892-899.

[15] Andrews L C. An analytical model for the refractive index power spectrum and its application to optical scintillations in the atmosphere[J]. Journal of Modern Optics, 1992, 39(9): 1849-1853.

[16] Kunkel K E, Walters D L. Modeling the diurnal dependence of the optical refractive index

structure parameter[J]. Journal of Geophysical Research: Oceans, 1983, 88(C15): 10999-11004.

[17] Lipatack C. Optical wave propagation through non-Kolmogorov atmospheric turbulence[D]. Washington: University of Central Florida, 2004: 152-159.

[18] 钟锡华. 现代光学基础[M]. 北京: 北京大学出版社, 2004.

[19] 饶瑞中, 李玉杰. 非Kolmogorov大气湍流中的光传播及其对光电工程的影响[J]. 光学学报, 2015, 35(5): 26-36.

[20] Chen S B, Mei D C. Statistical fluctuations in a saturation laser model with correlated noises[J]. Chinese Physics, 2006, 15(12): 2861-2866.

[21] Nistazakis H E, Stassinakis A N, Sheikh Muhammad S, et al. BER estimation for multi-hop RoFSO QAM or PSK OFDM communication systems over Gamma Gamma or exponentially modeled turbulence channels[J]. Optics & Laser Technology, 2014, 64(8): 106-112.

[22] 王晨昊. 无线光副载波调制相位噪声特性及补偿技术研究[D]. 西安: 西安理工大学, 2019.

[23] 柯熙政, 秦欢欢, 杨尚君, 等. 车联网可见光通信系统夜间背景光噪声模型[J]. 电波科学学报, 2021, 36(6): 986-990.

[24] 胡慧君, 赵宝升, 盛立志, 等. X射线脉冲星累积脉冲轮廓泊松噪声去除的研究[J]. 光学学报, 2011, 31(8): 21-27.

[25] 武保剑. 光纤放大器噪声系数的光学测量[J]. 中国有线电视, 2001, (4): 26-30.

[26] 邓育仁, 雷建华, 王少丽, 等. 散粒噪声模型适用性探讨[J]. 成都科技大学学报, 1986, (4): 167-174.

[27] Chandra A, Patra A, Bose C. Performance analysis of BPSK over different fading channels with imperfect carrier phase recovery[C]//IEEE Symposium on Industrial Electronics and Applications, Penang, 2010: 106-111.

[28] Lee S Y. Theory of multidimensional wavepacket propagation[J]. Chemical Physics, 1986, 108(3): 451-459.

[29] Karp S, Gagliardi R M, Moran S E, et al. Optical Channels[M]. Boston: Springer, 1988.

[30] Strohbehn J W. Laser Beam Propagation in the Atmosphere[M]. New York: SPIE Press, 1990.

[31] Shaik K S. Atmospheric propagation effects relevant to optical communication[R]. New York: TDA, 1988.

[32] 许春玉, 谢德林, 杨虎. 激光大气传输透过率的分析[J]. 光电工程, 1999, 26(18): 7-11.

[33] 周炳琨, 陈佣嵘. 激光原理[M]. 北京: 国防工业出版社, 1984.

[34] 焦燕. 激光通信技术的现状及未来发展趋势[J]. 信息通信, 2012, 10(5): 206-207.

[35] Jakeman E, Pusey P N. Significance of K-distributions in scattering experiments[J]. Physical Review Letters, 1978, 48(9): 546-550.

[36] Isaac I K, Harel H, Prasanna A, et al. Scintillation reduction using multiple transmitters[J]. SPIE, 1990, 29(90): 102-113.

[37] Andrews L C, Phillips R L. Laser Beam Propagation Through Random Media[M]. New York: SPIE Press, 2005.

[38] Krusel P W, McGlauchlin L D, McQuistan R B. Elements of Infrared Technology: Generation, Transmission, and Detection[M]. New York: John Wiley & Sons, 1962.

[39] Stewart D A, Essenwanger O M. A survey of fog and related optical propagation characteristics [J]. Reviews of Geophysics and Space Physics, 1982, 20(3): 481-495.

第4章　大气湍流噪声测量实验

本章首先介绍大气湍流噪声的含义，推导大气湍流噪声模型；对噪声分布模型进行详细的研究，并分别分析各类噪声分布模型的适用湍流区域。从信噪比、误码率、衰落概率及中断概率等系统性能方面入手，针对大气湍流噪声对无线光通信系统性能的影响进行分析。

4.1　大气湍流噪声

信号光束在空气介质中传播时，会受到空气介质折射的影响，发生光强闪烁、光斑漂移、光束扩展等光学现象。这些现象会对无线光通信系统的接收机产生影响，这些影响都是因为大气信道中与湍流相关的各种因素引起的，因此这一类影响无线光传输的噪声都称为大气湍流噪声。大气湍流噪声不是加性噪声，它是以相乘或卷积的形式作用于信号光的，这相当于大气信道的物理特性对信号光的调制，当信号光消失时，大气湍流噪声也一起随之消失。一般地，人们认为只有严格意义上的大气湍流，即大气中温度梯度随机变化引起光的随机折射产生的光强闪烁对接收机的干扰，才是大气湍流噪声。本章认为除上一种情况，光束穿过大气中运动的气溶胶和液滴等粒子会发生散射，散射光也会引起光强随机衰减，这种机制对信号光的接收产生的干扰也可称为大气湍流噪声。

4.1.1　理论推导

光束通过大气湍流的传播涉及较为复杂的物理过程，其中有光强衰减、光强闪烁、光斑漂移等光学现象。接收光场强可用式(4.1)表示[1]：

$$u_0(r) = A_0(r)\exp\left(\mathrm{j}\phi_0(r)\right) \tag{4.1}$$

其中，自变量 r 为光的传播路径矢量；$u_0(r)$ 为接收光场强，可表示为场强幅度 $A_0(r)$ 与相位 $\phi_0(r)$ 的组合。考虑传播受到大气湍流的影响，接收光场强可描述为[2]

$$u(r) = A(r)\exp\left(\mathrm{j}\phi(r)\right) \tag{4.2}$$

其中，$u(r)$ 为受到大气湍流影响的接收光场强，相应地也可表示为幅度 $A(r)$ 与相位 $\phi(r)$ 的组合。Rytov 理论指出 $u_0(r)$ 和 $u(r)$ 满足以下关系[2]：

$$u(r) = u_0(r)\exp(\varPhi) \tag{4.3}$$

其中，Φ 为表征大气湍流的指数因子。将式 (4.1) 和式 (4.2) 分别代入式 (4.3) 再取对数，可得

$$\Phi = \ln\left(\frac{u(r)}{u_0(r)}\right) = \ln\left(\frac{A(r)}{A_0(r)}\right) + \mathrm{j}\left(\phi(r) - \phi_0(r)\right) \overset{\text{def}}{=\!=} \chi + \mathrm{j}S \qquad (4.4)$$

其中，χ 为幅度 $A(r)$ 与 $A_0(r)$ 比值的对数；S 为相位 $\phi(r)$ 与 $\phi_0(r)$ 之差。

大气湍流会影响接收光场强的幅度和相位，对于光强调制直接检测的无线光通信系统，可忽略相位项 S，从而 Φ 可表示为

$$\Phi = \ln\left(\frac{A(r)}{A_0(r)}\right) = \chi \qquad (4.5)$$

当光束经过大气湍流传播后，若再考虑背景光噪声，则探测器的接收信号可表示为

$$A(t) = A_0(t)\exp(e_N) + e_n \qquad (4.6)$$

其中，$A_0(t)$ 为经过没有扰动的理想大气介质传播后的光强信号；e_N 为湍流乘性噪声因子；e_n 为光束传输中的湍流加性噪声[1]，其中包括背景光噪声、探测器电噪声、散粒噪声、电阻热噪声、$1/f$ 噪声等一系列噪声，其中背景光噪声是指无线光接收机接收到的除信号光之外的其他光源发射或反射的干扰光，背景光源包括环境温度辐射、太阳光直射、视场内物体对太阳光的反射、太阳光的大气散射等，背景光也会受到大气湍流的影响。

4.1.2　大气湍流噪声对光通信性能的影响

1. 信噪比

基于 Rytov 理论可以知道平面波在自由介质中的传播公式为[1]

$$E_0(r) = A_0(r)\exp\left(\mathrm{j}\phi_0(r)\right) \qquad (4.7)$$

其中，$E_0(r)$ 为光束电磁场的分布；$A_0(r)$ 为激光光束在没有湍流时的振幅；ϕ_0 为光波相位。当激光光束在大气湍流中传输时，大气湍流引起的光强起伏、光束的扩展和漂移严重削弱了接收端的信号。其中光束偏转的起伏率低于 1kHz 或 2kHz[2]，光束扩展的影响也较小，因此大气湍流折射率变化引起的光强起伏是影响信号衰减最重要的因素。大气折射率的改变引起激光光束分布的变化。这样波动方程可以表示为[2]

$$E(r) = A(r)\exp\left(\mathrm{j}\phi_0(r)\right) = E_0(r)\exp(\Phi) \qquad (4.8)$$

其中，$A(r)$ 为激光光束在湍流中传输时的振幅；由式 (4.4) 知，Φ 为

$$\Phi = \ln\left(\frac{A(r)}{A_0(r)}\right) + \mathrm{j}(\phi(r) - \phi_0(r)) = \sigma_\chi + \mathrm{j}S \tag{4.9}$$

其中，j 为虚数单位；σ_χ 为大气湍流引起的对数振幅起伏，实部；S 为光波相位起伏，虚部。从式 (4.9) 中可以看出，大气湍流引起的接收信号的强度和相位的起伏是影响信噪比和误码率的主要因素。

对于平面波，当湍流强度较弱时，折射率结构常数 C_n^2 关于光路对称，对数光强起伏方差为[2]

$$\sigma_{\ln I}^2 = \left\langle (\ln I - \langle \ln I\rangle)^2\right\rangle = 1.23 C_n^2 k_0^{7/6} r^{11/6} \tag{4.10}$$

在弱湍流条件下，水平传输时的对数振幅方差为[2]

$$\sigma_\chi^2 = 0.31 C_n^2 k_0^{7/6} r^{11/6} \tag{4.11}$$

假定只考虑大气湍流引起的噪声，忽略其他噪声的影响，可以得到[2]

$$\sigma_\chi^2 = \ln\left(\frac{A(r)}{A_0(r)}\right) = \ln\left(\frac{A_0(r) + A_n(r)}{A_0(r)}\right) = \ln(1 + \varepsilon) \tag{4.12}$$

其中，$A_n(r)$ 为噪声的振幅。令 $\varepsilon = \dfrac{A_n(r)}{A_0(r)}$，那么当信号强度为 I_0，噪声强度为 $\langle I_n\rangle$ 时大气湍流引起的信噪比 (SNR) 为[3]

$$\mathrm{SNR} = \frac{I_0}{\langle I_n\rangle} = \frac{\left\langle A_0^2(r)\right\rangle}{\left\langle A_n^2(r)\right\rangle} = \left[\left\langle \varepsilon^2\right\rangle\right]^{-1} \tag{4.13}$$

由于弱湍流条件下的 ε 很小，所以 $\sigma_\chi = \ln(1 + \varepsilon) \approx \varepsilon$，有[3]

$$\mathrm{SNR} = \left(\sigma_\chi^2\right)^{-1} = \left(0.31 C_n^2 k_0^{7/6} r^{11/6}\right)^{-1} \tag{4.14}$$

式 (4.10) 中 $\sigma_{\ln I}^2 = 1.23 C_n^2 k_0^{7/6} r^{11/6}$，结合式 (4.13) 与式 (4.14) 可得 SNR 与对数强度方差的关系为

$$\mathrm{SNR} = \left(\frac{31}{123}\sigma_{\ln I}^2\right)^{-1} \tag{4.15}$$

当大气湍流结构常数为 $C_n^2 = 10^{-14}\,\mathrm{m}^{-2/3}$ 时，采用不同波长的激光进行传输，其信噪比与传输距离的关系如图 4.1 所示。

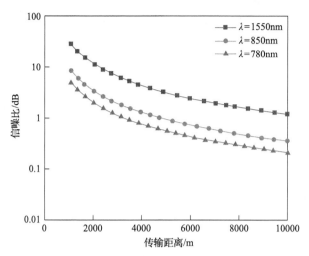

图 4.1　不同波长下信噪比与传输距离的关系

由图 4.1 可以看出，在选用不同波长的激光束进行仿真时，传输距离越远，信噪比数值越小；当传输距离相同时，激光束波长越长，信噪比数值越大。当传输距离固定为 4000m 时，1550nm、850nm 及 780nm 激光束波长的信噪比分别为 8.45dB、2.12dB、0.93dB。由此说明当进行远距离激光传输时，可通过选用波长较长的激光束进行激光传输实验，可提高通信系统的稳定性。

在激光波波长为 $\lambda=1550$nm 时，在不同的大气湍流结构常数下，信噪比与传输距离的关系如图 4.2 所示。

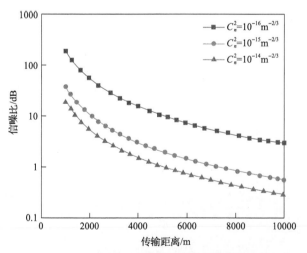

图 4.2　不同 C_n^2 下信噪比与传输距离的关系

由图 4.2 可以看出，信噪比随传输距离的增加而下降；传输相同的距离，大气湍流强度不同时系统的信噪比也不相同。当采用 1550nm 波长进行传输时，在弱湍流条件下（$C_n^2 = 10^{-16}\,\mathrm{m}^{-2/3}$）信噪比要明显好于强湍流情形；当传输距离相同时，湍流强度不同系统的信噪比也不同，并且大气湍流强度对信噪比的影响很大。在弱湍流条件时，激光可以传播到 10km 而信噪比仍大于 1。

2. 误码率

大气湍流会使光波振幅变化。在不考虑其他噪声，仅考虑大气湍流对通信系统误码率造成的影响时，可以将振幅变化近似看成大气湍流引起的噪声所引起。对数光强起伏方差表达式为[4]

$$\ln\left(\frac{I(r,t)}{I_0}\right) = 2\ln\left(\frac{A(r)}{A_0(r)}\right) = 2\frac{A_0(r) + A_i(r)}{A_0(r)} = 2\ln(1 + \varepsilon) \tag{4.16}$$

其中，$A_i(r)$ 为噪声振幅；$\varepsilon = A_i(r)/A_0(r)$ 为噪声和信号的振幅比。当 ε 非常小时，近似认为 $\chi = \ln(1 + \varepsilon) \approx \varepsilon$。设信号强度为 I_0，噪声强度为 $\langle I_n \rangle$，那么大气湍流引起的信噪比可以表示为[4]

$$\mathrm{SNR} = \frac{I_0}{\langle I_n \rangle} = \left\langle \frac{A_0^2(r)}{A_i^2(r)} \right\rangle = \frac{1}{\langle \varepsilon^2 \rangle} = \frac{1}{\langle \chi^2 \rangle} \tag{4.17}$$

其中，I_0 为信号强度；$\langle I_n \rangle$ 为噪声强度；$A_i(r)$ 为噪声振幅；$\varepsilon = A_i(r)/A_0(r)$ 为噪声和信号的振幅比。

在弱湍流条件下，对数光强起伏光差和对数振幅起伏方差存在以下关系：

$$\sigma_I^2 = 4\chi^2 \tag{4.18}$$

在强湍流条件下，运用泰勒级数简化后的信噪比可以近似表示为[4]

$$\mathrm{SNR} = \frac{1}{\langle \chi^2 + \chi^3 + \cdots \rangle} \approx \frac{1}{\alpha \langle \chi^2 \rangle}, \quad 1 \leqslant \alpha \leqslant 2 \tag{4.19}$$

其中，α 为闪烁强度因子。在实际的激光通信系统中，发射端发出的激光经过光学透镜准直后可以看成平面波，所以以平面波来进行分析。对于平面波，在弱湍流条件下的对数光强起伏为

$$\sigma_I^2 = 1.23 C_n^2 k^{7/6} L^{11/6} \tag{4.20}$$

其中，C_n^2 为大气湍流折射率结构常数；$k = 2\pi/\lambda$ 为波数；L 为传播距离。对于

数字激光通信系统，光接收机接收到光信号时的误码率(BER)为

$$BER = \frac{1}{2}\mathrm{erfc}\left(\frac{SNR}{\sqrt{2}}\right) \tag{4.21}$$

结合式(4.10)，可知误码率和对数光强起伏方差的关系为

$$BER = \frac{1}{2}\mathrm{erfc}\left(\frac{4}{\sqrt{2}\sigma_I^2}\right) = \frac{1}{2}\mathrm{erfc}\left(\frac{4}{\sqrt{2}\times1.23C_n^2k^{7/6}L^{11/6}}\right) \tag{4.22}$$

将大气湍流结构常数固定为 $C_n^2 = 10^{-14}\,\mathrm{m}^{-2/3}$，采用不同波长的激光进行传输时，对 BER(误码率)与传输距离的关系如图 4.3 所示。

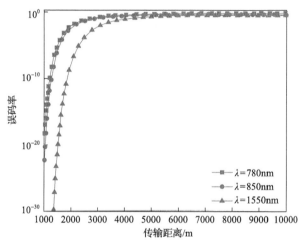

图 4.3　不同波长下误码率与传输距离的关系

由图 4.3 可以看出，在相同大气湍流条件下，误码率随传输距离的增加而增大；传输距离相同、传输波长不同时，系统的误码率也不相同；传输距离相同、传输波长不同时，采用长波长激光传输时误码率要比采用短波长激光传输时好；强湍流时($C_n^2 = 10^{-14}\,\mathrm{m}^{-2/3}$)在系统误码率要求小于 10^{-9} 的情况下，波长为 1550nm 激光对应 2000m 左右的传输距离，而波长为 850nm 激光对应 1200m 左右的传输距离，此时波长为 780nm 和 850nm 的激光的传输距离略有区别，二者传输距离相差 100m 左右。

在激光波波长固定为 $\lambda=1550\mathrm{nm}$ 时，在不同的大气湍流结构常数下，对误码率与传输距离的关系进行仿真，仿真结果如图 4.4 所示。

由图 4.4 可知，在激光波波长相同的条件下，大气湍流结构常数对误码率的影响非常大。当采用 1550nm 的波长进行传输时，弱湍流条件下($C_n^2 = 10^{-14}\,\mathrm{m}^{-2/3}$)，

误码率要明显好于强湍流时的情况，弱湍流情况时，在误码率小于 10^{-9} 下，激光可以传播到 7km。

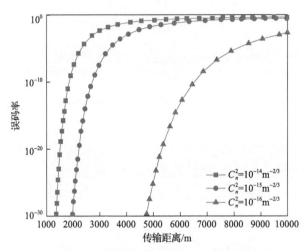

图 4.4　不同 C_n^2 条件下误码率与传输距离的关系

3. 衰落概率

衰落概率表示接收到的光强低于给定阈值光强的可能性大小，当探测器输出的信噪比足够高时，衰落概率 P_{fa} 可以由光强信号的累计分布函数给出[5]：

$$P_{\text{fa}} = \Pr(I \leqslant I_T) = \int_0^{I_T} p_I(I) \mathrm{d}I \tag{4.23}$$

其中，I_T 为光强的阈值水平；$p_I(I)$ 为光强起伏概率密度函数。为了表示衰落阈值低于平均接收光强的分贝数，文献[5]中定义了衰落阈值参数 F_T，单位为 dB，表达式为

$$F_T = 10\lg\left(\frac{\langle I(0,L)\rangle}{I_T}\right) \tag{4.24}$$

其中，$\langle I(0,L)\rangle$ 为高斯光束轴上光强的平均值。

在弱起伏条件下，式(4.23)中的 $p_I(I)$ 为对数正态分布，其对应的衰落概率模型为

$$P_{\text{fa}} = \frac{1}{2}\left(1 + \text{erf}\left(\frac{\frac{1}{2}\sigma_{\ln I}^2 - 0.23F_T}{\sqrt{2}\sigma_{\ln I}}\right)\right) \tag{4.25}$$

其中，$\sigma_{\ln I}^2$ 为对数光强方差；$\text{erf}(\cdot)$ 为误差函数。在中强起伏条件下，式(4.23)中

的 $p_I(I)$ 为 Gamma-Gamma 分布，其对应的衰落概率模型为

$$P_{\text{fa}} = \frac{\pi}{\Gamma(\alpha)\Gamma(\beta)\sin(\pi(\alpha-\beta))} \times \frac{(\alpha\beta)^\beta}{\beta\Gamma(\beta-\alpha-1)} \exp(-0.23\beta F_T)$$

$$\times {}_1F_2[\beta; \beta+1, \beta-\alpha-1; \alpha\beta] \exp(-0.23\beta F_T) - \frac{(\alpha\beta)^\beta}{\alpha\Gamma(\beta-\alpha-1)} \exp(-0.23\alpha F_T)$$

$$\times {}_1F_2[\alpha; \alpha+1, \alpha-\beta-1; \alpha\beta \exp(-0.23\beta F_T)]$$

$$\tag{4.26}$$

图 4.5 是不同湍流强度下衰落概率随阈值参数的变化曲线，由图可知随着阈值参数 F_T 的不断增加，衰落概率开始逐步下降，这说明无线光通信系统的性能得到了不同程度的改善，但是由于湍流强度的不同，衰落概率随阈值参数的变化特征存在一定的差异。随着湍流强度的增加，噪声信号的衰落概率越大，通信系统性能下降也越严重。

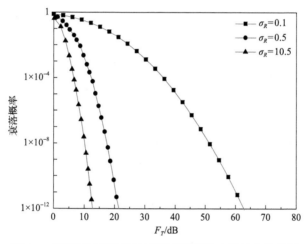

图 4.5　不同湍流强度下衰落概率随阈值参数的变化曲线

4. 中断概率

设无线通信系统接收到的信号强度为 $\langle I \rangle$，闪烁信噪比可以定义为[6]

$$S/N = \eta^2 I^2 / N_0 \tag{4.27}$$

其中，η 为光电转换效率；N_0 为加性高斯白噪声功率谱。则中断概率表达式可以表示为[6]

$$P_{\text{out}} = P(S/N \leqslant \mu) = P(\eta^2 I^2 / N_0 \leqslant \mu)$$

$$= P\left(I \leqslant \frac{\sqrt{\mu N_0}}{\eta} \right) = \int_0^{\frac{\sqrt{\mu N_0}}{\eta}} f(I)\mathrm{d}I \tag{4.28}$$

其中，μ 为信噪比的门限值；I 为接收光强。将 Log-normal 分布和 Gamma-Gamma 分布的概率密度函数代入式(4.28)，可以分别得到弱湍流与中强湍流情况下的中断概率 P_{out}。

弱湍流情况下，P_{out} 为

$$P_{\text{out}} = 1 - \frac{1}{2}\,\mathrm{erfc}\left(\frac{\ln\mu + \sigma_0^2 / 2}{\sigma^2 \sqrt{2}} \right) \tag{4.29}$$

中强湍流情况下，P_{out} 为

$$P_{\text{out}} = \frac{1}{\Gamma(\alpha)\Gamma(\beta)} \times G_{1,3}^{2,1}\left[\alpha\beta\mu \begin{bmatrix} 1 \\ \alpha, \beta, 0 \end{bmatrix} \right] \tag{4.30}$$

其中，$G_{p,q}^{m,n}[\cdot]$ 为 Meijer G 函数。

本节在不同湍流强度条件下进行了信道中断概率与传输距离的仿真研究。仿真中激光波波长 $\lambda=1.55\mu\mathrm{m}$，大气折射率结构常数取值为 $C_n^2 = 5.02 \times 10^{-15}\,\mathrm{m}^{-2/3}$（弱湍流）、$C_n^2 = 8.04 \times 10^{-14}\,\mathrm{m}^{-2/3}$（中湍流）、$C_n^2 = 1.26 \times 10^{-12}\,\mathrm{m}^{-2/3}$（强湍流），传输距离分别取 $L=500\mathrm{m}$ 与 $1000\mathrm{m}$ 两种情况。其中，信道中断概率计算在弱湍流下采用对数正态分布信道，中、强湍流采用 Gamma-Gamma 分布信道。不同湍流强度以及不同传输距离下中断概率 P_{out} 仿真结果如图 4.6 所示。

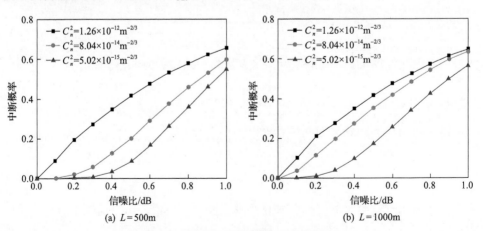

图 4.6　不同湍流强度下信道中断概率

由图 4.6 可以看出，在弱、中及强湍流情形下，中断概率 P_{out} 均随着信噪比 (SNR) 的增大而增大。在信噪比相同时，相比于 L=500m，L=1000m 时的 P_{out} 更低，在图 4.6(a) 中，当 SNR=0.4dB 时，弱、中及强湍流情形下的 P_{out} 分别为 0.03、0.09 及 0.36；在图 4.6(b) 中，当 SNR=0.4dB 时，弱、中及强湍流情形下的 P_{out} 分别为 0.08、0.24 及 0.34。仿真结果表明，通信距离越远，无线光通信系统的中断概率受 C_n^2 变化的影响越小。

4.2 实验方法与测量链路

大气湍流噪声对激光传输所产生的影响，会导致激光通信的精确度和传输距离大幅下降，严重时甚至会造成通信的中断。本书搭建三条实测链路，分析不同天气与不同传输距离条件下实际大气湍流噪声样本的概率密度分布、大气折射率结构常数、偏斜度与陡峭度、衰落特性及中断概率。

4.2.1 实验方法

激光在大气中传输的实验系统如图 4.7 所示。发射端使用波长为 525nm、功率为 200mW、光束直径为 5mm 的半导体激光器作为光源，激光器发出的激光通过聚焦透镜（焦距为 10mm）扩束后，从孔径为 105mm 的马卡光学望远镜射出，经大气信道传输后的激光信号再通过接收端的马卡光学望远镜进行聚焦后再由光功率计接收，同时记录下实验期间的气象参量。为了最大限度地降低背景光的影响，在接收端的马卡光学望远镜后放置滤光片，同时接收端的信号接收装置均置于自制暗箱中进行。

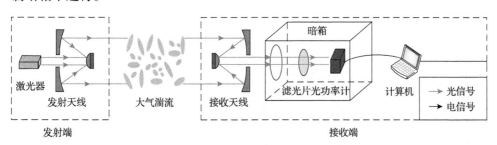

图 4.7 实验系统图

4.2.2 测量链路

于 2021 年 8 月~2023 年 4 月，在陕西省西安市建立了 3 条不同距离的激光传输测量实验链路，并开展了多次测量实验，3 条链路分别如下。

　　链路 1：发射端位于西安理工大学金花校区学科二号楼 8 楼，接收端位于西安理工大学金花校区教六楼 11 楼，链路长度为 0.42km，链路距地面高度为 40m。链路所经过的地形包含楼房和树木，如图 4.8 所示。

图 4.8　无线光通信 0.42km 链路图

　　链路 2：发射端位于西安市凯森小区，接收端位于西安理工大学金花校区教六楼 8 楼，链路长度为 1.32km，链路距地面高度为 100m。链路所经过的地形主要是一些街道和楼房所在的区域，如图 4.9 所示。

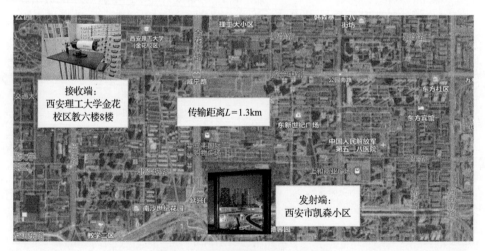

图 4.9　无线光通信 1.32km 链路图

　　链路 3：发射端位于西安市白鹿原肖家寨村，接收端位于西安理工大学金花校区教六楼 12 楼，链路长度为 10.3km，链路距地面高度为 391m。链路所经过的地形比较复杂，主要是楼宇、树林及街道等（图 4.10），复杂的地形会导致大气状态的不均匀性，为实验测量带来一定的影响。

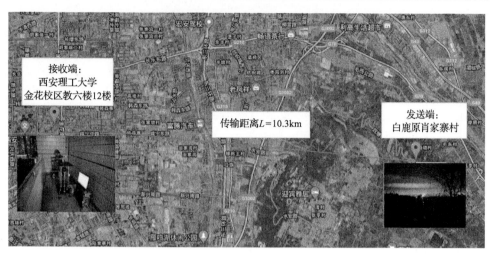

图 4.10　无线光通信 10.3km 链路图

4.3　大气湍流对激光传输的影响

4.3.1　光强概率密度分布

　　激光在湍流大气传输过程中，大气折射率指数的随机起伏，导致激光光强的随机起伏。理论与实验已经证明，满足局地均匀各向同性与平稳增量过程，强度起伏在弱湍流条件下服从对数正态分布，在中强起伏条件下则服从 Gamma-Gamma 分布。然而，在实际大气中的湍流，不仅经常处于弱起伏与强起伏之间，而且很难严格满足局地均匀各向同性与平稳增量过程(特别在复杂地形情况下)。图 4.11 显示了不同天气测量样本的光强概率密度分布图。

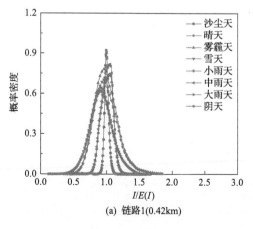

(a) 链路1(0.42km)

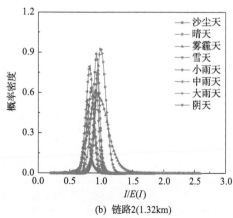

(b) 链路2(1.32km)

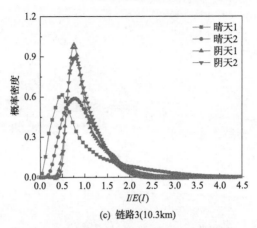

(c) 链路3(10.3km)

图 4.11　测量样本的光强概率密度分布图

将每组数据按照[min(I)，max(I)]的间隔划分为 600 个相等的区域，600 个区域的中间点可以形成 $I=(I_1, I_2, \cdots, I_n)$ 的序列，并且 n 个区域中 I 的频率计数构成另一个 $y=(y_1, y_2, \cdots, y_n)$ 的序列。绘制拟合曲线后，I 的每个值将对应于拟合曲线上的 Y 值，然后得到第三个序列 $Y=(Y_1, Y_2, \cdots, Y_n)$。$R$ 可以定义为[7]

$$R = \frac{\langle Y \cdot y \rangle - \langle Y \rangle \cdot \langle y \rangle}{\sqrt{D_Y \cdot D_y}} \tag{4.31}$$

其中，D_Y 和 D_y 分别为 Y 和 y 的方差；$\langle \cdot \rangle$ 表示系综平均。在表 4.1～表 4.3 中，$R^2(0< R^2<1)$ 表示相关系数，R_1^2、R_2^2 分别为对数正态分布、Gamma-Gamma 分布的拟合优度值，R^2 更接近于 1，表明拟合结果理想。

表 4.1　链路 1(0.42km) R^2 拟合参数

链路 1	沙尘天	晴天	雾霾天	雪天	小雨天	中雨天	大雨天	阴天
R_1^2	0.9948	0.9965	0.9961	0.9955	0.9987	0.9912	0.9989	0.9914
R_2^2	0.9719	0.9817	0.9726	0.9717	0.9837	0.9815	0.9836	0.9788

表 4.2　链路 2(1.32km) R^2 拟合参数

链路 2	沙尘天	晴天	雾霾天	雪天	小雨天	中雨天	大雨天	阴天
R_1^2	0.9831	0.983	0.9912	0.9946	0.9954	0.9961	0.9968	0.9981
R_2^2	0.9742	0.9751	0.9826	0.9811	0.9823	0.9817	0.9891	0.9911

表 4.3　链路 3(10.3km)R^2 拟合参数

链路 3	晴天 1	晴天 2	阴天 1	阴天 2
R_1^2	0.9517	0.9582	0.9617	0.9641
R_2^2	0.9898	0.9902	0.9918	0.9916

　　结合图 4.11 与表 4.1～表 4.3 可以看出,由于链路 1 与链路 2 样本的测量距离分别为 0.42km 与 1.32km,湍流强度处于弱中湍流区域,光强起伏程度较小,表 4.1 与表 4.2 中各类天气状况下的 R_1^2 均高于 R_2^2,概率密度分布符合对数正态分布,相较于图 4.11(a)与(b),由于链路 3 样本测量距离为 10.3km,远大于链路 1 与链路 2 的测量距离,处于中强湍流区域,表 4.3 中的 R_2^2 均高于 R_1^2,图 4.11(c) 中链路 3 测量样本的概率密度分布不再服从对数正态分布,而是服从 Gamma-Gamma 分布,同时相比于阴天测量样本,晴天时所测的概率密度的峰值概率值较低,分布区间变大,且拖尾现象明显。

4.3.2　偏斜度与陡峭度

　　偏斜度和陡峭度分别是描述样本序列分布形态对称性和陡缓程度的统计量,是判断样本序列分布是否服从正态分布的检验方法。其中偏斜度用来描述样本序列以统计均值为中心的分布对称性,负偏斜度系数说明样本序列在平均值左侧分布得更为广泛,正偏斜度系数说明样本序列在平均值右侧有更广泛的分布,偏斜度系数为零则说明样本序列服从高斯分布或其他对称分布。陡峭度系数用来描述样本序列相对于正态分布的平坦度,高陡峭度系数表明样本序列在平均值附近分布陡峭,低陡峭度系数表明样本序列在平均值附近分布平坦。样本序列 X 的偏斜度 S 和陡峭度 K 的计算公式为[8]

$$S = E\left[\left(\frac{X - E(X)}{D(X)}\right)^3\right] \tag{4.32}$$

$$K = E\left[\left(\frac{X - E(X)}{D(X)}\right)^4\right] \tag{4.33}$$

　　其中, $E(X)$ 和 $D(X)$ 分别为样本序列的期望和方差。

　　图 4.12 表示了测量样本的偏斜度和陡峭度与 Rytov 指数的关系。由图 4.12(a) 和(b)可知,各类天气状况下的噪声样本随 Rytov 指数的增加,偏斜度和陡峭度的

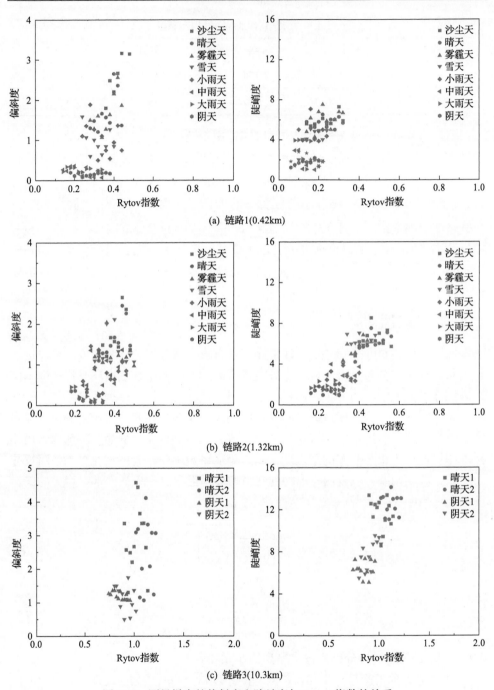

(a) 链路1(0.42km)

(b) 链路2(1.32km)

(c) 链路3(10.3km)

图 4.12　测量样本的偏斜度和陡峭度与 Rytov 指数的关系

绝对值均整体增大。其中，沙尘天、雾霾天与晴天的噪声样本偏斜度与陡峭度明显远高于雨天和阴天噪声样本的偏斜度与陡峭度；链路 1 与链路 2 样本中的噪声信号与其统计分布的偏斜程度依次按照沙尘天、晴天、雾霾天、雪天、小雨天、中雨天、大雨天及阴天的顺序减弱，陡峭程度也是如此；链路 3 测量样本中的噪声信号与其统计分布的偏斜度与陡峭度按照晴天、阴天的顺序减弱。

图 4.12（a）中测试的样本数据 Rytov 指数整体范围在 0.1～0.4，属于弱湍流区域；图 4.12（b）中测试的样本数据 Rytov 指数整体范围在 0.1～0.6，处于弱中湍流区域；图 4.12（c）中测试样本数据 Rytov 指数整体范围在 0.7～1.3，处于中强湍流区域。这说明 Rytov 指数随着链路距离的增加而增加，湍流强度相应增强，同时噪声样本的偏斜度与陡峭度也相应增强。

4.3.3　大气折射率结构常数

光学湍流主要由温度起伏引起折射率场随机变化而产生。大气折射率结构常数 C_n^2 是反映大气光学湍流特性的重要参数，它定量地描述了光学湍流强度[9]。依据 Davis 理论，湍流可以划分为三类，即当 $C_n^2 \geqslant 2.5 \times 10^{-13}\,\mathrm{m}^{-2/3}$ 时，为强湍流；当 $6.4 \times 10^{-17}\,\mathrm{m}^{-2/3} \ll C_n^2 < 2.5 \times 10^{-13}\,\mathrm{m}^{-2/3}$ 时，为中等强度湍流；当 $C_n^2 \leqslant 6.4 \times 10^{-17}\,\mathrm{m}^{-2/3}$ 时，为弱湍流[9]。随着天气条件、地理位置以及下垫面等的不同，其取值会发生变化。大气折射率结构常数 C_n^2 是反映大气光学湍流特性的重要参数，它定量地描述了光学湍流强度。本节利用闪烁法来测量 C_n^2 [9]，其表达式为

$$C_n^2 = 4.48 C D_t^{7/3} L^{-3} \sigma_X^2 \tag{4.34}$$

其中，L 为链路长度；$C=D_r/D_t$，其中 D_r 和 D_t 分别为发送孔径尺寸和接收孔径尺寸；σ_X^2 为对数振幅方差，可表示为[9]

$$\sigma_X^2 = 0.25 \ln\left(1 + \left(\frac{s}{\langle I \rangle}\right)^2\right) \tag{4.35}$$

其中，$\langle I \rangle$ 为光强均值；s 为光强标准差。将实验测量所得光强值进行处理，得到光强均值与光强标准差，再将实验分析数据代入式（4.34）与式（4.35）进行计算可得到测量样本的折射率结构常数。

结合图 4.13 和表 4.4 可以看出，0.42km 链路测量样本的 C_n^2 主要集中在 1×10^{-18}～$1\times10^{-16}\,\mathrm{m}^{-2/3}$ 区间范围，且只有少部分的 C_n^2 处于 $1\times10^{-16}\,\mathrm{m}^{-2/3}$，$C_n^2$ 的最大值为 $1.06\times10^{-16}\,\mathrm{m}^{-2/3}$；而 1.32km 链路测量样本的 C_n^2 大部分集中出现在 1×10^{-17}～$1\times10^{-15}\,\mathrm{m}^{-2/3}$

区间范围内，C_n^2 的最大值为 $2.02×10^{-15}$m$^{-2/3}$；10.3km 链路测量样本的 C_n^2 则均处于 $1×10^{-14}$～$1×10^{-12}$m$^{-2/3}$ 区间范围内，C_n^2 的最大值为 $3.15×10^{-12}$m$^{-2/3}$，这说明湍流强度会随着链路距离的增加而增大。同时链路 1 与链路 2 所测噪声样本中，沙尘天、雾霾天、晴天、雪天和小雨天的 C_n^2 明显高于大雨天、中雨天与阴天的 C_n^2 值；链路 3 所测样本中，晴天的 C_n^2 明显也高于阴天的 C_n^2。

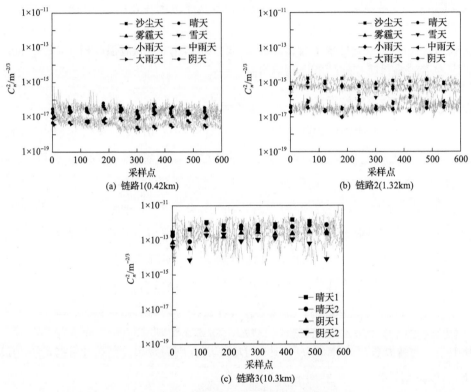

图 4.13　测量样本的折射率结构常数

表 4.4　测量样本的 C_n^2 统计分布

序号	C_n^2 平均值	C_n^2 统计分布	C_n^2 最大值	C_n^2 最小值	天气条件
T1	$4.39×10^{-17}$	$3.75×10^{-17}$	$1.07×10^{-16}$	$5.39×10^{-18}$	沙尘天
T2	$4.25×10^{-17}$	$2.76×10^{-17}$	$1.36×10^{-16}$	$6.28×10^{-18}$	沙尘天
T3	$3.10×10^{-17}$	$1.76×10^{-17}$	$1.06×10^{-16}$	$7.75×10^{-18}$	晴天
T4	$3.01×10^{-17}$	$1.38×10^{-17}$	$1.12×10^{-16}$	$9.75×10^{-18}$	晴天
T5	$1.15×10^{-17}$	$7.93×10^{-18}$	$4.76×10^{-17}$	$2.84×10^{-18}$	雾霾天
T6	$1.02×10^{-17}$	$6.41×10^{-18}$	$3.96×10^{-17}$	$2.22×10^{-18}$	雾霾天

续表

序号	C_n^2 平均值	C_n^2 统计分布	C_n^2 最大值	C_n^2 最小值	天气条件
T7	8.98×10^{-18}	5.38×10^{-18}	2.10×10^{-17}	1.35×10^{-18}	雪天
T8	8.75×10^{-18}	5.89×10^{-18}	2.58×10^{-17}	8.84×10^{-19}	雪天
T9	8.45×10^{-18}	5.24×10^{-18}	1.81×10^{-17}	2.33×10^{-19}	雪天
T10	7.26×10^{-18}	5.23×10^{-18}	3.67×10^{-17}	2.55×10^{-19}	小雨天
T11	6.78×10^{-18}	1.02×10^{-18}	9.17×10^{-18}	1.01×10^{-19}	中雨天
T12	6.66×10^{-18}	8.41×10^{-18}	3.23×10^{-18}	1.16×10^{-19}	中雨天
T13	5.83×10^{-18}	3.41×10^{-18}	3.67×10^{-18}	2.55×10^{-19}	大雨天
T14	4.83×10^{-18}	3.41×10^{-18}	3.67×10^{-18}	2.55×10^{-19}	阴天
T15	8.83×10^{-15}	3.41×10^{-16}	5.71×10^{-15}	8.76×10^{-16}	沙尘天
T16	9.86×10^{-15}	4.25×10^{-16}	3.67×10^{-15}	6.12×10^{-16}	沙尘天
T17	5.93×10^{-15}	3.41×10^{-16}	2.88×10^{-15}	5.55×10^{-16}	晴天
T18	6.05×10^{-15}	3.23×10^{-16}	2.68×10^{-15}	6.21×10^{-16}	晴天
T19	4.13×10^{-15}	2.88×10^{-16}	1.81×10^{-15}	4.55×10^{-16}	雾霾天
T20	4.83×10^{-15}	2.64×10^{-16}	1.62×10^{-15}	4.31×10^{-16}	雾霾天
T21	8.83×10^{-16}	8.98×10^{-17}	3.67×10^{-15}	2.55×10^{-16}	雪天
T22	9.16×10^{-16}	1.41×10^{-16}	3.67×10^{-15}	3.02×10^{-16}	雪天
T23	7.39×10^{-16}	6.41×10^{-17}	1.81×10^{-15}	2.33×10^{-16}	小雨天
T24	7.12×10^{-16}	5.56×10^{-17}	1.80×10^{-15}	1.62×10^{-16}	中雨天
T25	4.57×10^{-16}	5.88×10^{-17}	2.02×10^{-15}	9.03×10^{-17}	大雨天
T26	4.39×10^{-17}	3.75×10^{-17}	3.72×10^{-16}	9.67×10^{-18}	大雨天
T27	5.74×10^{-17}	3.96×10^{-17}	2.41×10^{-16}	1.42×10^{-17}	阴天
T28	6.30×10^{-17}	4.11×10^{-17}	3.15×10^{-17}	1.26×10^{-17}	阴天
T29	1.63×10^{-13}	1.51×10^{-13}	1.89×10^{-12}	1.11×10^{-14}	晴天
T30	6.30×10^{-13}	4.11×10^{-13}	3.15×10^{-12}	1.98×10^{-14}	晴天
T31	1.03×10^{-14}	2.45×10^{-15}	1.29×10^{-12}	9.41×10^{-14}	阴天
T32	5.33×10^{-14}	3.96×10^{-15}	2.89×10^{-13}	1.30×10^{-14}	阴天

根据 Davis 不等式对测试期间的大气湍流强弱程度进行划分[10]，链路 1 测量样本的 C_n^2 中，有 95 个 C_n^2 值属于中等湍流范畴(占样本总量的 1.13%)，8305 个 C_n^2 值属于弱湍流范畴(占样本总量的 98.87%)，没有出现强湍流情况；链路 2 测量样本的 C_n^2 中，有 1848 个 C_n^2 值属于中湍流范畴(占样本总量的 22%)，6552 个 C_n^2 值属于弱湍流范畴(占样本总量的 78%)，没有出现强湍流情况；链路 3 测量样本的

C_n^2 中，有 792 个 C_n^2 值属于中湍流范畴（占样本总量的 33%），1608 个 C_n^2 值属于强湍流范畴（占样本总量的 67%），没有出现弱湍流情况。

4.4　大气湍流对光通信性能的影响

4.4.1　中断概率

中断概率为衡量通信系统性能的指标之一，当通信系统的真实传输速率低于系统要求最低速率时，正常的通信便会中断，会给通信线路的质量造成严重影响。设置激光波波长 λ=525nm，传输距离分别为 0.42km、1.32km 及 10.3km。将 4.2 节中实验测量样本所得到的大气折射率结构常数 C_n^2 和 Rytov 方差分别代入式 (4.29) 和式 (4.30) 计算得到测量样本的中断概率。

图 4.14 为测量样本的中断概率 P_{out}，由图可知，随着信噪比的增大，系统的中断概率不断减小。当 P_{out} 为 $1×10^{-2}$ 时，沙尘天、晴天、雾霾天、雪天、小雨天、中雨天、大雨天及阴天条件下 0.42km 链路测量样本中的 SNR 分别为 6.47dB、6.33dB、5.59dB、

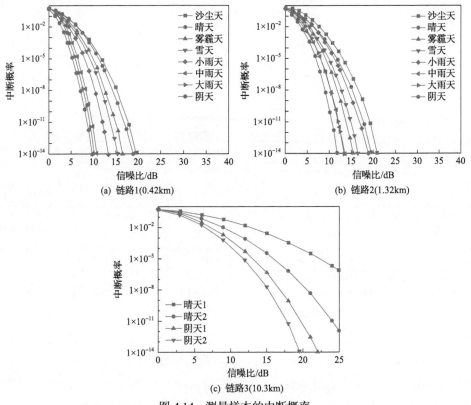

图 4.14　测量样本的中断概率

5.02dB、4.57dB、3.85dB、3.55dB、2.90dB；1.32km 链路测量样本中的 SNR 分别为
7.73dB、6.46dB、5.54dB、5.05dB、6.35dB、4.07dB、4.48dB、3.59dB；不同晴天和
阴天条件下 10.3km 链路测量样本中的 SNR 分别为 13.57dB、11.44dB、9.18dB、8.32dB。
结合表 4.4 可知，在相同的信噪比下，中断概率按照沙尘天、晴天、雾霾天、雪天、
小雨天、中雨天、大雨天及阴天的顺序依次减小，中断概率也相应变小。

4.4.2　衰落概率

衰落概率是指信号在传播过程中，受到衰落效应的影响而导致接收到的信号
强度下降至某个特定水平的概率。对于无线通信系统，通信信道的质量直接影响
了信号传输的可靠性，因此必须通过确切测量衰落概率来优化信道特性。设置激
光波波长 λ=525nm，传输距离分别为 0.42km、1.32km 及 10.3km。根据式(4.25)
和式(4.26)，再将 4.3.3 节中实验测量样本所得到的大气折射率结构常数 C_n^2 和
Rytov 方差分别代入计算得到测量样本的衰落概率。

图 4.15 为三条不同链路下测量样本的衰落概率，由图 4.15 可知，在不同传输

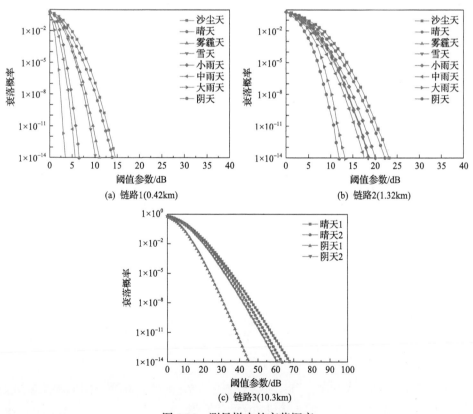

(a) 链路1(0.42km)　　　　　　　　　(b) 链路2(1.32km)

(c) 链路3(10.3km)

图 4.15　测量样本的衰落概率

距离以及不同天气状况下，衰落概率均随着阈值参数的增加而下降，这说明，阈值参数的提高可以有效地降低衰落概率，并且提高无线光通信系统的性能指标。在不同天气下，衰落概率下降速度也有所不同，在相同的阈值参数下，衰落概率按照沙尘天、晴天、雾霾天、雪天、小雨天、中雨天、大雨天及阴天的顺序依次减小。而在不同传输距离下，在相同的阈值参数下，衰落概率按照传输距离分别为10.3km、1.32km及0.43km的顺序依次减小。这说明在相同阈值参数，随着湍流强度增加，噪声信号的衰落概率越大，通信系统性能所受影响越严重。

4.5　孔径平滑效应及实验

大气湍流对激光传输所产生的影响，有时会影响通信系统的性能，甚至会造成通信的中断。大口径接收方法是利用孔径平滑效应减弱接收光强的起伏，从而减缓大气湍流噪声对通信系统性能的影响。本节对孔径平滑效应的理论进行分析，测量结果表明，随着接收孔径的增大，闪烁指数会减小且减小幅度较大，因此孔径平滑效应可以提升大气激光通信的性能。

4.5.1　孔径平滑效应

大孔径接收技术可以有效降低大气信道中由大气湍流引起的闪烁效应，大孔径接收技术通过增大接收孔径，从而降低了接收端的大气闪烁的现象，又称孔径平滑效应。孔径平滑因子是对孔径平滑效应的一种表征，实际测量中在利用不同大小的接收孔径接收时，对最终系统闪烁效应分析结果的影响是不同的。在远距离大气激光通信中，到达接收端平面的光场面积远远大于接收孔径，此时可以将接收到的传输激光束波前近似认定为平面波。

光电探测器接收光能量的不确定性会影响激光通信链路的可靠性，接收光强起伏方差采用闪烁指数来表征。综合孔径平滑效应与大气湍流内外径相关，接收天线孔径为 D_G 的空间激光通信系统接收光强起伏方差为[10]

$$
\sigma_I^2(D_G) = \frac{\langle I^2 \rangle - \langle I \rangle^2}{\langle I \rangle^2}
$$
$$
= \frac{16}{\pi D_G^2} \int_0^{D_G} \rho B_I(\rho, L) \left(\arccos\left(\frac{\rho}{D_G}\right) - \frac{\rho}{D_G}\sqrt{1 - \frac{\rho^2}{D_G^2}} \right) \mathrm{d}\rho \tag{4.36}
$$

其中，I 为接收到的光功率；D_G 为接收孔径；$B_I(\rho, L)$ 为孔径平面上的光强协方差函数。变量替换 $x = \rho / D_G$，式(4.36)可替换为[10]

$$\sigma_I^2(D_G) = \frac{16}{\pi} \int_0^1 x B_I(x D_G, L) \left(\arccos x - x\sqrt{1-x^2} \right) dx \tag{4.37}$$

一般情况下，孔径平滑效应都是用孔径平滑因子来描述的，孔径平滑因子 A 定义为孔径为 D_G 的接收器所收到的光信号归一化强度起伏方差与点接收器所接收到的光信号归一化强度起伏方差的比。信号用信号均值的平方来进行归一化，孔径平滑因子的一般形式为[11]

$$A = \sigma_I^2(D_G) / \sigma_I^2(0) \tag{4.38}$$

其中，$\sigma_I^2(0) = B_I(0, L)$ 为点孔径（D_G=0）的闪烁指数。这种情况下，可以将孔径平滑因子写为[11]

$$A = \frac{\sigma_I^2(D_G)}{\sigma_I^2(0)} = \frac{16}{\pi} \int_0^1 x b_I(x D_G, L) \left(\arccos x - x\sqrt{1-x^2} \right) dx \tag{4.39}$$

其中，$b_I(\rho, L) = B_I(\rho, L) / B_I(0, L)$ 为归一化协方差函数。

在弱起伏湍流区，光强起伏服从对数正态分布。当接收面处的横向相干长度比 Fresnel 区尺度 $\sqrt{\lambda L}$ 大时，可以认为湍流满足弱起伏条件。对于各向同性、均匀的湍流协方差函数可以写为[11]

$$B_I(\rho) = 16\pi^2 k^2 \int_0^\infty d\kappa \cdot \Phi(\kappa) \int_0^L dz \cdot J_0(\kappa\rho) \cdot \sin^2\left(\frac{\kappa^2(L-z)}{2k} \right) \tag{4.40}$$

其中，k 为波数；$\Phi(\kappa)$ 为折射率起伏功率谱；L 为传输路程；J_0 为第一类零阶 Bessel 函数。

小内尺度情形：对于平面波，内尺度 $l_0 \ll (L-lk)^{1/2}$，可以使用 Kolmogorov 谱，Rytov 方差为

$$B_I(\rho = 0) = 1.23 k^{7/6} L^{11/6} C_n^2 = \sigma_I^2 \tag{4.41}$$

孔径平滑因子可以近似写为[12]

$$A = \left[1 + 1.07 \left(\frac{kD^2}{4L} \right)^{7/6} \right]^{-1} \tag{4.42}$$

由文献[12]可计算不同传输条件下平面波和球面波直径为 D 时圆形孔径的平滑因子，现将其总结到表 4.5 和表 4.6 中。

表 4.5　平面波的孔径平滑因子

不同情形	孔径平滑因子
弱起伏条件 $l_0 \ll \sqrt{L\lambda} \ll r_0$	$A = \left[1 + 1.812\left(\dfrac{D^2}{L\lambda}\right)^{7/6}\right]^{-1}$
弱起伏条件 $\sqrt{L\lambda} < \min[r_0, l_0]$	$A = \left[1 + 2.21\left(\dfrac{D}{l_0}\right)^{7/3}\right]^{-1}$
强起伏条件 $l_0 < r_0 < \sqrt{L\lambda}$	$\beta_l^2 = 1 + 1.373\left(\dfrac{r_0^2}{L\lambda}\right)^{1/3}$ $A = \dfrac{\beta_l^2 + 1}{2\beta_l^2}\left[1 + \left(\dfrac{D}{r_0}\right)^2\right]^{-1} + \dfrac{\beta_l^2 - 1}{2\beta_l^2}\left[1 + 0.415\left(\dfrac{r_0 D}{L\lambda}\right)^{7/3}\right]^{-1}$
强起伏条件 $r_c < \min[\sqrt{L\lambda}, l_c]$	$r_c = 2.1\left(1.20 k^2 \int_0^L C_n^2(z)\mathrm{d}z\right)\left(0.545 k^2 C_n^2 L l_0^{-1/5}\right)^{-1/2}$ $\beta_l^2 = 1 + 1.744\left(\dfrac{r_0 l_0}{L\lambda}\right)^{1/3}$ $A = \dfrac{\beta_l^2 + 1}{2\beta_l^2}\left[1 + 1.10\left(\dfrac{D}{r_0}\right)^2\right]^{-1} + \dfrac{\beta_l^2 - 1}{2\beta_l^2}\left[1 + 3.251\left(\dfrac{r_0 D}{L\lambda}\right)^{7/3}\right]$

表 4.6　球面波的孔径平滑因子

不同情形	孔径平滑因子
弱起伏条件 $(5/3)l_0 \ll \sqrt{L\lambda} \ll r_0$	$A = \left[1 + 0.3624\left(\dfrac{D^2}{L\lambda}\right)^{7/6}\right]$
弱起伏条件 $\sqrt{L\lambda} < \min[r_0, 5/3 L_0]$	$A = \left[1 + 0.109\left(\dfrac{D^2}{l_0}\right)^{7/3}\right]^{-1}$
强起伏条件 $l_0 < r_0 < \sqrt{L\lambda}$	$\beta_l^2 = 1 + 4.343\left(\dfrac{r_0^2}{L\lambda}\right)^{1/3}$ $A = \dfrac{\beta_l^2 + 1}{2\beta_l^2}\left[1 + \left(\dfrac{D}{r_0}\right)^2\right]^{-1} + \dfrac{\beta_l^2 - 1}{2\beta_l^2}\left[1 + 2.560\left(\dfrac{r_0 D}{L\lambda}\right)^{7/3}\right]^{-1}$
强起伏条件 $r_0 < \min[\sqrt{L\lambda}, l_0]$	$r_c = 2.1\left(0.545 k^2 C_n^2 L l_0^{-1/5}\right)^{-1/2}$ $\beta_l^2 = 1 + 3.271\left(\dfrac{r_0 l_0}{L\lambda}\right)^{1/3}$ $A = \dfrac{\beta_l^2 + 1}{2\beta_l^2}\left[1 + \left(\dfrac{D}{r_0}\right)^2\right]^{-1} + \dfrac{\beta_l^2 - 1}{2\beta_l^2}\left[1 + 1.367\left(\dfrac{r_0 D}{L\lambda}\right)^{7/3}\right]^{-1}$

注：l_0 为湍流内尺度，$\sqrt{L\lambda}$ 为 Fresnel 尺度，r_0 为 Fried 参数，D 为接收天线孔径，β_l^2 为光强起伏方差。

由图 4.16 可以看出，在三种不同接收孔径的仿真分析中，闪烁指数整体变化趋势是一致的，在 σ_R 小于 2.4 时，闪烁指数 σ_I^2 随着 σ_R 的增加而增加，但在 σ_R 等于 2.4 时，闪烁指数 σ_I^2 达到饱和值，随后闪烁指数 σ_I^2 随着 σ_R 的增加呈逐步下降。同时可以发现，当接收孔径为 10mm 时，整体闪烁指数数值最大，且变化范围在 0～1.2，说明此情形下光强起伏程度最强；当接收孔径为 100mm 时，整体闪烁指数数值最小，且变化范围在 0～0.2，说明此情形下光强起伏程度最弱。光强起伏程度按照接收孔径为 10mm、50mm、100mm 的顺序依次减弱，说明大接收孔径对光强起伏的抑制起到了重要作用。

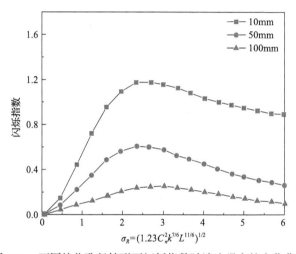

图 4.16 不同接收孔径情形下闪烁指数随湍流强度的变化曲线

图 4.17 是不同湍流条件（弱湍流 $\sigma_R = 0.3$、中等湍流 $\sigma_R = 4$、强湍流 $\sigma_R = 30$）

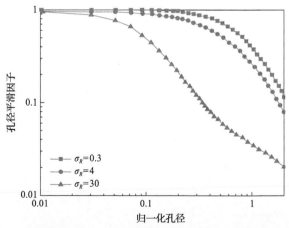

图 4.17 不同湍流条件下孔径平滑因子 A 随着归一化孔径的变化曲线
（光束半径 $W_0 = 1\mathrm{cm}$，波长 $\lambda = 0.633\mu\mathrm{m}$）

下孔径平滑因子 A 随着归一化孔径的变化曲线。归一化孔径定义为 $[kD_G^2/(4L)]^{1/2}$，是接收端接收天线孔径 $D_G/2$ 与菲涅耳区 $(L/k)^{0.5}$ 的比值。由图 4.17 可以看出，在弱湍流至中等强度湍流条件下，只有当孔径 $D_G > (L/k)^{0.5}$ 时孔径平滑效应才明显；而在强湍流条件下，当接收天线孔径 D_G 大于空间相干尺寸时孔径平滑效应才明显。这是由于强湍流条件下湍流尺寸较小，因此强湍流条件下的孔径平滑效应比弱湍流条件明显。通过对比不同湍流条件下孔径平滑因子 A 可得，随着湍流强度的增加，孔径平滑效应增强。

衰落概率描述了接收光强低于指定阈值 I_T 的时间百分比。已知光强起伏 $p_I(I)$ 的概率密度函数（probability density function, PDF）模型，衰落概率就可以作为阈值 I_T 的函数由累计概率得到，即

$$P(I \leqslant I_T) = \int_0^{I_T} p_I(I)\mathrm{d}I \tag{4.43}$$

在弱起伏条件下，式 (4.43) 中的 $p_I(I)$ 为对数正态分布，其对应的衰落概率模型为

$$P_r(I \leqslant I_T) = \frac{1}{2}\left(1 + \mathrm{erf}\left(\frac{\frac{1}{2}\sigma_I^2(0, L + L_f) - 0.23F_T}{\sqrt{2}\sigma_I(0, L + L_f)}\right)\right) \tag{4.44}$$

其中，$\mathrm{erf}(x)$ 为误差函数。

定义衰落阈值 F_T 为

$$F_T = 10\lg\left(\frac{\langle I(0, L + L_f)\rangle}{I_T}\right) \tag{4.45}$$

其中，F_T 的单位为 dB，代表了轴向平均光强与阈值的比值。

在中强起伏条件下，式 (4.43) 中的 $p_I(I)$ 为双 Gamma-Gamma 分布，其对应的衰落概率模型为

$$\begin{aligned}
P_r(I \leqslant I_T) = {} & \frac{\pi}{\Gamma(\alpha)\Gamma(\beta)\sin(\pi(\alpha - \beta))} \times \frac{(\alpha\beta)^\beta}{\beta\Gamma(\beta - \alpha - 1)}\exp(-0.23\beta F_T) \\
& \times {}_1F_2[\beta; \beta + 1, \beta - \alpha - 1; \alpha\beta]\exp(-0.23\beta F_T) - \frac{(\alpha\beta)^\beta}{\alpha\Gamma(\beta - \alpha - 1)}\exp(-0.23\alpha F_T) \\
& \times {}_1F_2[\alpha; \alpha + 1, \alpha - \beta - 1; \alpha\beta\exp(-0.23\beta F_T)]
\end{aligned} \tag{4.46}$$

考虑孔径平滑效应时，Gamma-Gamma 分布模型中的参数 α 和 β 可以改写为[11]

$$\alpha = \frac{1}{\exp(\sigma_{\ln X}^2(D_G)) - 1}, \quad \beta = \frac{1}{\exp(\sigma_{\ln Y}^2(D_G)) - 1} \tag{4.47}$$

此外，光强起伏方差可以写为

$$\sigma_I^2(0, L + L_f) = \exp(\sigma_{\ln X}^2(D_G) + \sigma_{\ln Y}^2(D_G)) - 1 \tag{4.48}$$

其中，大尺度对数起伏方差和小尺度对数起伏方差分别为[12]

$$\sigma_{\ln X}^2(D_G) = \frac{0.49\left(\frac{\Omega_G - \Lambda_1}{\Omega_G + \Lambda_1}\right)\sigma_B^2}{\left[1 + \frac{0.4(2 - \bar{\Theta})(\sigma_B/\sigma_R)^{12/7}}{(\Omega_G + \Lambda_1)\left(\frac{1}{3} - \frac{1}{2}\bar{\Theta}_1 + \frac{1}{5}\bar{\Theta}_1^2\right)^{6/7}} + 0.56(1 + \bar{\Theta}_1)\sigma_B^{12/5}\right]} \tag{4.49}$$

$$\sigma_{\ln Y}^2(D_G) = \frac{0.51\sigma_B^2(\Omega_G + \Lambda_1)(1 + 0.69\sigma_B^{12/5})^{-5/6}}{\Omega_G + \Lambda_1 + 1.20(\sigma_R/\sigma_B)^{12/5} + 0.83\sigma_R^{12/5}} \tag{4.50}$$

其中，透镜孔径的有限尺寸的特征在于无量纲菲涅耳参数 Ω_G，Θ 与 Λ 分别为入射在透镜上的波的高斯光束参数，σ_R^2 为平面波的 Rytov 方差，σ_B^2 为高斯光束 Rytov 方差[13]：

$$\sigma_B^2 \approx 3.86\sigma_R^2\left\{0.40\left[(1 + 2\Theta_1)^2 + 4\Lambda_1^2\right]^{5/12}\cos\left(\frac{5}{6}\arctan\left(\frac{1 + 2\Theta_1}{2\Lambda_1}\right)\right) - \frac{11}{16}\Lambda_1^{5/6}\right\} \tag{4.51}$$

图 4.18 是在不同接收孔径下通信系统链路衰落概率随着衰落阈值 F_T 的变化曲线。衰落阈值 F_T 定义为 $F_T = 10\lg\left(\langle I(r, L)\rangle / I_T\right)$，代表系统能够接收的附加损耗。图 4.18(a) 中，当衰落阈值 F_T 为 0.3dB，D_G 为 10mm 时，链路衰落概率为 1.44×10^{-4}；当 D_G 为 50mm 时，链路衰落概率为 1.38×10^{-5}；当 D_G 为 100mm 时，链路衰落概率为 3.57×10^{-9}。图 4.18(b) 中，若衰落阈值 F_T 为 20dB，当 D_G 为 10mm 时，链路衰落概率为 1.17×10^{-3}；当 D_G 为 50mm 时，链路衰落概率为 6.24×10^{-5}；当 D_G 为 100mm 时，链路衰落概率为 4.2×10^{-7}。通过系统链路衰落概率曲线可以看出，随着接收孔径的增加，链路衰落概率降低，无线光通信的质量会有所增强。

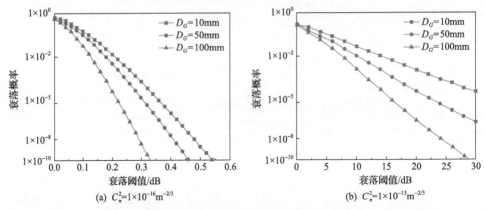

(a) $C_n^2 = 1 \times 10^{-16} \text{m}^{-2/3}$　　　　　　(b) $C_n^2 = 1 \times 10^{-13} \text{m}^{-2/3}$

图 4.18　不同接收孔径下通信系统链路衰落概率随着衰落阈值 F_T 的变化曲线

4.5.2　孔径平滑实验

1. 实验装置

孔径平滑技术的实验原理如图 4.19 所示。在图 4.7 实验原理图的基础上，制作了 3 个不同圆孔大小的挡板，其半径分别是 10mm、20mm、50mm，将挡板分别置于接收天线上，通过切换挡板可以改变接收孔径的大小，从而对不同孔径下的实验数据进行记录和统计分析。

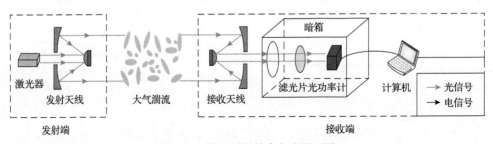

图 4.19　孔径平滑技术实验原理图

2. 闪烁指数

改变接收端接收孔径的大小进行数据采集，对不同大小接收孔径时的闪烁指数进行对比，如图 4.20 所示。

由图 4.20 可以看出，闪烁指数随着 10mm、20mm、50mm 以及 105mm 的顺序依次下降，且 105mm 的接收孔径进行接收所产生的闪烁指数有着明显降低，且相对更加稳定。同时图 4.20(a)、(b) 与 (c) 所显示的闪烁指数下降顺序均一致，但由于链路距离的不同，三条链路整体的闪烁指数规律与 4.2 节的闪烁指数规律一致，这也能体现测量的准确性。与 50mm 和 105mm 的接收孔径相比，在选择 10mm

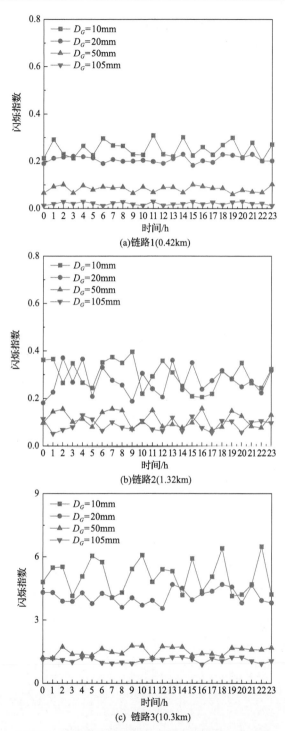

图 4.20　不同大小接收孔径下的闪烁指数变化曲线

与 20mm 的接收孔径进行测量时，闪烁指数变化幅度较大且不稳定，整体起伏程度明显降低，尤其在链路 3 中闪烁指数的变化曲线中较突出。

3. 衰落特性

衰落概率是指信号在传播过程中，受到衰落效应的影响而导致接收到的信号强度下降至某个特定水平的概率。对于无线通信系统，通信信道的质量直接影响了信号传输的可靠性，因此必须通过确切测量衰落概率来优化信道特性。设置激光波波长 $\lambda=525$nm，传输距离分别为 0.42km、1.32km 及 10.3km。根据式(4.45)～式(4.47)，再将实验测量样本所得到的大气折射率结构常数 C_n^2 和 Rytov 方差分别代入计算得到测量样本的衰落概率。

图 4.21 是通信系统链路衰落概率随着天线孔径 D_G、衰落阈值 F_T 的变化曲线。衰落阈值 F_T 定义为 $F_T =10\lg\left(\langle I(r,L)\rangle / I_T\right)$，为系统能够接收的附加损耗。由图 4.21 可知，随着阈值参数 F_T 的不断增加，衰落概率开始逐步下降，这说明无

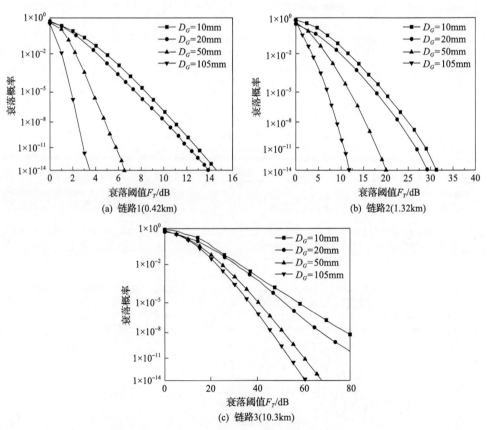

(a) 链路1(0.42km)

(b) 链路2(1.32km)

(c) 链路3(10.3km)

图 4.21   不同大小接收孔径下的衰落概率变化曲线

线光通信系统的性能得到了不同程度的改善，但是根据接收孔径大小的不同，衰落概率随阈值参数的变化特征存在一定的差异。接收孔径越大，样本衰落概率曲线下降速度越缓，说明接收孔径越大，噪声信号的衰落概率越小。

4. 大气折射率结构常数

大气折射率结构常数 C_n^2 是反映大气光学湍流特性的重要参数，它定量地描述了光学湍流强度。这里利用闪烁法来测量 C_n^2 [9]，其表达式为

$$C_n^2 = 4.48CD_t^{7/3}L^{-3}\sigma_X^2 \tag{4.52}$$

其中，L 为链路长度；$C=D_r/D_t$，其中 D_r 和 D_t 分别为发送孔径尺寸和接收孔径尺寸；σ_X^2 为对数振幅方差，可表示为[9]

$$\sigma_X^2 = 0.25\ln\left(1+\left(\frac{s}{\langle I \rangle}\right)^2\right) \tag{4.53}$$

其中，$\langle I \rangle$ 为光强均值；s 为光强标准差。设置距离分别为 0.42km、1.32km 与 10.3km，将实验测量所得光强值进行处理，分别得到光强均值与光强标准差，再将实验分析数据代入式(4.52)与式(4.53)进行计算可得测量样本的折射率结构常数。

由图 4.22 可以看出，0.42km 链路测量样本的 C_n^2 主要集中在 $1\times10^{-18}\sim1\times10^{-16}\mathrm{m}^{-2/3}$ 区间范围；而 1.32km 链路测量样本的 C_n^2 大部分集中出现在 $1\times10^{-17}\sim1\times10^{-14}\mathrm{m}^{-2/3}$ 区间范围内；10.3km 链路测量样本的 C_n^2 则均处于 $1\times10^{-16}\sim1\times10^{-12}\mathrm{m}^{-2/3}$ 区间范围内，这说明湍流强度会随着链路距离的增加而增大。这与 4.3 节中大气湍流噪声测量样本的折射率结构常数所得规律一致，但在选取不同接收孔径时，测量所

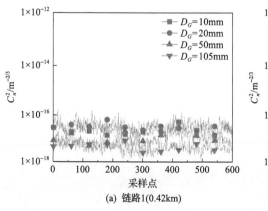
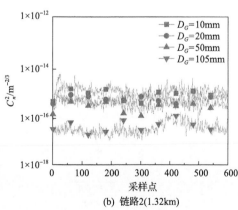

(a) 链路1(0.42km)　　　　　　　　　(b) 链路2(1.32km)

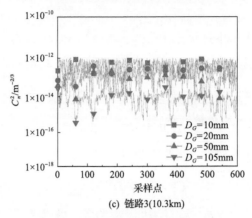

(c) 链路3(10.3km)

图 4.22　测量样本的折射率结构常数

得的湍流强度会随着接收孔径的增大而减弱，这也说明孔径平滑效应可以抑制大气湍流噪声对通信系统性能的影响。

5. 偏斜度与陡峭度

图 4.23 表示了不同接收孔径下测量样本的偏斜度和陡峭度与 Rytov 指数的关系。由图 4.23 (a) 和 (b) 可知，链路 1、链路 2 以及链路 3 样本中的噪声信号与其统计分布的偏斜度依次按照 D_G =10mm、D_G =20mm、D_G =50mm 以及 D_G =105mm 的顺序减弱，陡峭度也是如此。这说明随着接收孔径的增大，样本的偏斜度与陡峭度会减小。图 4.23 (a) 中测试样本数据 Rytov 指数整体范围在 0.01～0.4，属于弱湍流区域；图 4.23 (b) 中测试样本数据 Rytov 指数整体范围在 0.1～0.6，处于弱中湍流区域；图 4.23 (c) 中测试样本数据 Rytov 指数整体范围在 0.7～1.3，处于中强湍流区域。这说明 Rytov 指数随着链路距离的增加而增加，湍流强度相应增强，同时噪声样本的偏斜度与陡峭度也相应增强。

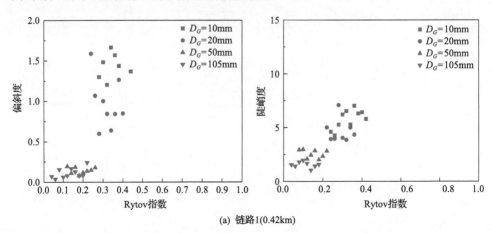

(a) 链路1(0.42km)

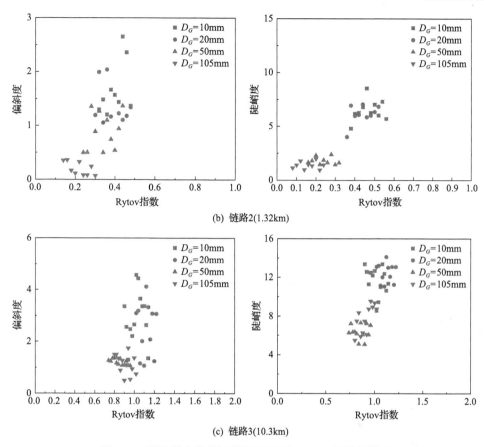

(b) 链路2(1.32km)

(c) 链路3(10.3km)

图 4.23　测量样本的偏斜度和陡峭度与 Rytov 指数的关系

　　激光在大气中传输时会受到大气湍流的影响，严重制约着大气激光通信技术的进一步发展，成为其在实际应用上必须面临并且需要解决的主要问题。本章基于孔径平滑效应的原理，对孔径平滑技术抑制大气湍流效果进行了实验研究，测量了三条不同的实验链路，并对实验测量数据进行了分析，为孔径平滑效应的研究提供了必要的实验数据。

参 考 文 献

[1] Kunkel K E, Walters D L. Modeling the diurnal de-pendence of the optical refractive index structure parameter[J]. Journal of Geophysical Research Oceans, 1983, 88(15): 10999-11004.

[2] Fante R L. Some physical insights into beam propagation in strong turbulence[J]. Radio Science, 1980, 15(4): 757-762.

[3] 解孟其, 柯熙政. 大气湍流对无线光通信系统信噪比的影响研究[J]. 激光与光电子学进展, 2013, 50(11): 65-71.

[4] Zhu X M, Kahn J M. Free-space optical communication through atmospheric turbulence channels[J]. IEEE Transactions on Communications, 2002, 50(8): 1293-1300.

[5] 吴晓军, 王红星, 李笔锋, 等. 不同传输环境下大气湍流对无线光通信衰落特性影响分析[J]. 中国激光, 2015, 42(5): 270-277.

[6] 韩立强, 王祁, 信太克归. 大气湍流下自由空间光通信中断概率分析[J]. 红外与激光工程, 2010, 39(4): 660-663.

[7] 马晓珊, 朱文越, 饶瑞中. 湍流大气中光波闪烁的圆环孔径平均因子[J]. 光学学报, 2007, 52(9): 1543-1547.

[8] Vetelino F S, Young C, Andrew L, et al. Aperture averaging effects on the probability density of irradiance fluctuations in moderate-to-strong turbulence[J]. Applied Optics, 2007, 46(11): 2099-2108.

[9] 王惠琴, 李源, 胡秋, 等. 兰州地区夜间光强起伏特性实验[J]. 光子学报, 2018, 47(4): 194-201.

[10] 陆红强, 王拉虎, 李阳, 等. 空间激光通信中孔径平均效应的计算仿真[J]. 应用光学, 2012, 33(3): 619-623.

[11] 吴晓军, 王红星, 刘敏, 等. 接收孔径对无线光通信误码率性能影响分析[J]. 光通信研究, 2012, 20(1): 64-66.

[12] 杨昌旗, 姜文汉, 饶长辉. 孔径平均对自由空间光通信误码率的影响[J]. 光学学报, 2007, 18(2): 212-218.

[13] 代天君. 远距离大气激光通信系统及大气湍流抑制技术研究[D]. 长春: 长春理工大学, 2021.

第 5 章　大气湍流抑制方法

无线光信号在大气信道传输过程中会受到大气湍流的影响[1]，大气湍流会产生光强起伏、光束扩展、光束漂移和相位起伏等，导致无线光通信系统的性能恶化，难以发挥出其优势。因此，抑制大气湍流对光通信的影响具有重要的意义[2]。本章介绍几种抑制大气湍流的几种关键技术原理及其研究现状。

5.1　抑制大气湍流的关键技术

为了抑制大气湍流对无线光通信的影响，进一步提高无线光通信系统的性能以及通信质量，国内外学者对提出的抑制大气湍流的方案以及相关技术有大孔径接收技术[3]、部分相干光传输技术[4]、分集技术[5]、自适应光学技术[6]等。

5.1.1　大孔径接收技术

大孔径接收技术是指利用大口径的天线或接收器接收无线信号的一种技术。在通信领域中，大孔径接收技术主要是接收和处理来自不同方向的信号。通过使用大孔径的天线或接收器，可以增加接收信号的强度，提高通信质量和可靠性。大孔径接收技术可以用于雷达系统、卫星通信、无线光通信等各种领域。

1. 研究现状

1973 年，Kerr 等[7]的实验表明，在相同的湍流条件下，随着接收孔径的增大，接收光功率的波动性减小；而在发射孔径保持不变的情况下，随着接收孔径的增大，接收光功率的波动性也会减小。

2006 年，Yuksel 等[8]提出一种光天线接收机孔径优化方法，给出了最优孔径，证明了孔径平滑因子与孔径形状无关，只与孔径面积有关。

2008 年，陈晶等[9]进行了 16km 的激光通信链路实验，分析了大气湍流对接收系统的影响，发现通过大孔径天线进行接收可以降低湍流引起的光强起伏。

2009 年，Prokes[10]通过研究发现在无线光通信系统中随着通信距离的增加，光信号会受到大气湍流的影响。采用大孔径接收技术，通过适当增加接收孔径尺寸可以抑制大气湍流的闪烁效应。

2009 年，陈纯毅等[11]分析了在大孔径接收系统中孔径平滑因子和光强起伏方差之间的关系，在系统误码率相同的条件下，分析了不同接收孔径对系统信噪比的影响，为选择合适的接收孔径打下了基础。

2011 年，娄岩等[12]进行了近地激光传输实验，分析了不同接收孔径对光强起伏的影响，结果表明大孔径可以接收到更大的光斑面积，可以有效抑制湍流的光强闪烁效应。

2012 年，陆红强等[13]分析了天线孔径对自由空间光通信质量的影响，信号闪烁指数会随着接收孔径的增大而减小，通信链路的衰落概率也同样减小。

2015 年，王宗兴[14]采用不同尺寸的接收孔径对大气激光通信进行了实验，发现接收孔径的增大可以使得通信系统的误码率降低，抑制光强起伏效应，提高了整个通信系统的性能。

2017 年，李志鹏等[15]研究发现闪烁指数会随着湍流强度的增大而增大，并在不同的湍流强度下进行了通信链路实验，发现随着接收孔径的增大可以减小闪烁指数并且闪烁指数可以达到饱和状态，发现适当增大接收孔径可以有效抑制湍流的闪烁效应。

2019 年，Soni 等[16]采用大孔径接收技术，研究了不同降雨强度下自由空间光通信系统的性能，分析了孔径平滑效应对大气湍流的抑制作用，采用大孔径接收技术，使得平均信噪比提高了 1.58dB。

2021 年，代天君[17]在无线光通信系统中，采用大孔径卡塞格林作为接收系统，通过模拟实验分析了不同孔径大小对光强闪烁的影响，实验发现，采用大孔径接收比小孔径接收到的光强闪烁指数小，能有效抑制大气湍流的闪烁效应。

2. 抑制原理

由于大气湍流引起的光强闪烁会导致接收端接收到的光功率起伏，可以适当增大接收端的天线尺寸以减小光功率的起伏方差，大孔径接收技术就是增大接收端孔径尺寸，以使接收端接收到更多的光能量，抑制大气湍流效应。

在无线光通信系统中，大孔径接收技术的应用较为广泛，对闪烁效应的抑制作用也尤为明显。大孔径接收技术通过增大接收端接收孔径降低大气湍流引起的闪烁效应，这种现象称为孔径平滑效应[18]。在不同大气湍流强度下，不同的接收孔径对闪烁效应的影响也是不同的，因此孔径平滑因子是对孔径平滑效应的一种表征。根据不同湍流下的孔径平滑因子，可以求得接收天线的最优孔径，达到抑制湍流闪烁效应的影响。

卡塞格林望远镜系统由两块反射镜组成，如图 5.1 所示，其中入射激光束经过第一片面型为抛物面的主反射镜，后由面型为双曲面的次反射镜输出。通过适当增加卡塞格林天线的口径可以增加接收光信号的功率，同时具有孔径平滑效应，弱化波动，可以很好地抑制大气湍流效应对光束的影响。

使用大孔径接收技术一定程度上能够抑制光强闪烁对光通信链路的影响，但

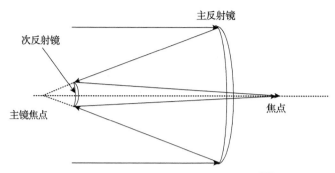

图 5.1　大孔径卡塞格林望远镜原理图[19]

是孔径不能无限制地增大，孔径增大意味着接收机尺寸和重量的增加，在便携度要求较高的应用中会受到一定限制。

5.1.2　部分相干光传输技术

部分相干光传输技术是一种应用于光通信中的传输技术。在光通信中，通常使用的相干光传输技术，由于受到大气湍流等各种因素的影响，信号的相位和幅度发生改变，使得信号相干性降低。在部分相干光传输技术中，光信号的相位和振幅可以发生一定变化，但仍然保持一定的相干性。部分相干光传输技术可以通过调制解调技术，对信号进行处理和修复，从而提高传输的可靠性。

1. 研究现状

1991 年，Wu 等[20]通过分析部分相干光束高斯-谢尔模（Gaussian-Schell mode, GSM）光束在大气湍流下的传输特性，研究发现部分相干光束具有较强的抑制湍流的效果。

2003 年，Ricklin 等[21]对自由空间光通信系统的误码率是否会受到湍流的强弱和光束相干程度的影响进行了研究，结果表明减小光束的相干度会使得接收端光功率抖动程度降低，可以使得通信系统的误码率减小。

2003 年，Dogariu 等[22]对部分相干传输进行了模拟实验，实验验证了部分相干光相比于完全相干光具有更好的抑制大气湍流的能力，通过适当减小光束的相干度可以更好地抑制湍流的影响。

2010 年，Borah 等[23]在弱湍流条件下对自由空间光通信空间部分相干光束的相干长度优化问题进行了研究，讨论了不同参数对相干长度的影响，通过优化相干长度能够减小湍流效应，提高系统性能。

2011 年，Drexler[24]通过控制传输光束的相干性提高无线光通信系统的性能，证明了在不同湍流强度条件下，使用部分相干光束比完全相干光束可减少 50%的闪烁值。

2014 年，张磊等[25]采用闪烁仪器通过实验研究了不同空间相干度的部分相干高斯光在大气湍流中传输的闪烁指数，结果表明空间相干度越低，光强闪烁系数越趋于平缓。

2016 年，柯熙政等[26]推导出了径向部分相干 GSM 阵列光束在大气湍流传输时的瑞利区间和湍流距离解析式，研究表明，适当降低光束的相干度可以有效抑制大气湍流的影响。

2019 年，Yu 等[27]研究发现部分相干光束受到大气湍流的影响，通过改变光场的相干结构，降低光束的相干性可以减小大气湍流造成的光束漂移现象。

2019 年，张洁[28]通过采用液晶光调制器(liqud crystal light modulator, LC-SLM)产生出部分相干光束，并用 LC-SLM 进行大气湍流模拟进行了室内模拟实验，验证了由 LC-SLM 产生的部分相干光束相比于完全相干光束具有更好的抑制湍流的能力。

2020 年，张波[29]研究了各向异性的大气湍流会导致光信号质量变差，提出部分相干光叠加产生的矩形扭曲拉盖尔-高斯相关谢尔模(twisted rectangular Laguerre-Gaussian correlated Schell mode, TRLGCSM)新型光束，并验证了该光束可以有效地抑制大气湍流的影响。

2022 年，杨宁等[30]分析了部分相干径向偏振扭曲光束(partially coherent radially polarized twisted beam, PCRPTB)在大气湍流下的传输特性，并推导出了其扭曲因子，研究表明该光束的扭曲因子越大，抑制湍流的能力越强。

西安理工大学对部分相干光在大气传输方面做了很多研究[31]，2014 年，韩美苗等分别于 2014 年和 2015 年对部分相干 GSM 光束在大气湍流中的传输特性进行分析[32,33]，验证了部分相干光相比于完全相干光具有更好的抑制湍流的能力，实验结果表明，在一定的传输距离下，部分相干光受到光束漂移的影响较小。

2015 年，张宇等[34]研究了部分相干光受到大气湍流影响的闪烁效应，分析了部分相干光在不同大气湍流下的起伏方差，实验表明在相同湍流条件下，部分相干光有更好的抑制湍流的效果，且通过降低光束的相干性，可以有效抑制湍流效应。同年，王婉婷等[35,36]研究了部分相干 GSM 光束的光束扩展表达式，并讨论了光束斜程和水平传输时的传输特性，表明光束在水平传输归一化时的光强分布与斜程传输时相同，且光束在斜程传输时受到的湍流影响小。王姣等[37]研究了部分相干电磁谢尔模光束在大气湍流中上下行链路的传输特性，证明该光束在下行链路传输时可以传输更远的距离。

2016 年，王超珍等[38]研究了部分相干涡旋光束在大气湍流中的传输特性，证明了部分涡旋光束较完全涡旋光有更好的传输性能。张雅等[39]研究了一种部分相干 GSM 阵列光束在大气湍流下的传输特性，证明了阵列光束比单光束有更好的抑制湍流的能力。张焕杰等[40]研究了一种部分相干高斯-谢尔模型脉冲(Gaussian Schell mode pulse, GSMP)光束，验证了该光束的扩展受到湍流的影响比完全相干光束受到湍流的影响小。薛瑶等[41]研究了部分相干 GSM 光束在大气湍流中的到达角起伏，验证了相同信道下部分相干光的到达角起伏比完全相干光小，且随着波长和湍流强度的减小，到达角起伏越来越小。

2017 年，王姣等[42]推导出了 GSM 光束在接收端时的平均散斑半径表达式，验证了 GSM 光束初始半径越大或相干度越小，其平均散斑半径受到大气湍流的影响就越小。同年，薛瑶等[42,43]研究了不同湍流尺度和强度下 GSM 光束的传输特性，研究表明了在相同湍流条件下斜程传输优于水平传输的抑制湍流的能力。王松等[44]研究了部分相干艾里光束的传输特性，研究表明光束的截断因子越小，受到湍流影响就越小，光强分布就越完整。张林等[45]研究了部分相干艾里光束的传输特性，研究表明在相同湍流条件下部分相干艾里光束相比高斯光束的光束漂移小且具有很强的抑制湍流能力和恢复特性。王超珍等[46]研究了部分相干离轴涡旋光束的传输特性，推导出了光强分布表达式。

2019 年，王姣等[47,48]研究了一种部分相干电磁高斯谢尔模型涡旋(electromagnetic Gaussian-Schell mode vortex, EGSMV) 光束，验证了该光束在大气湍流传输时，其拓扑荷数越大，接收端收到的信息就越多，其光束的中线暗斑也就越大。

2. 抑制原理

完全相干的光源是不存在的，介于完全相干光和非相干光之间的部分相干光才是光普遍存在形式。激光的高相干性在不均匀的介质中传输容易出现散斑现象，尤其是在大气中传输受到湍流的影响导致光强分布不均匀。因此，可以通过适当降低光相干性，抑制大气湍流效应。研究表明部分相干光在大气传输中受到湍流效应的影响较小，闪烁指数小于完全相干光，具备更好的抑制湍流的能力[49]。

部分相干光具有抑制湍流扰动的能力，是由于部分相干光具有多色性，即使受到大气湍流的影响，其传输效果优于单频率的相干光，因此采用部分相干光传输具有较小的闪烁，在接收端可以接收到更多的光能量。而相干光在湍流中传输时，会导致光束产生各个方向的折射，从而在接收端仅仅接收到部分光能量。图 5.2 为部分相干光抑制湍流示意图。

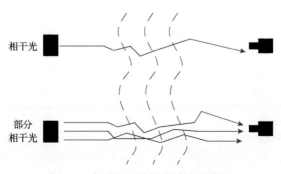

图 5.2　部分相干光抑制湍流示意图

　　GSM 光束[50]是一种典型的空间关联结构部分相干光,对于这种光束在大气湍流中的演化特性,研究发现 GSM 光束相较于完全相干光束具有更好的抑制湍流的能力。此外,一些具有其他新型关联结构的部分相干光束如厄米-高斯谢尔模关联(Hermite-Gaussian correlated Schell-model, HGSM)光束[51]、余弦-高斯谢尔模(cosine-Gaussian Schell-model, CGSM)光束阵列[52]、多高斯谢尔模(multi-Gaussian Schell-model, MGSM)光束[53]等,发现这些光束在大气湍流中传输均具有有效抑制大气湍流负效应影响的特性。但是需要注意的是,在部分相干光传输过程中,光束发散较快,导致信号能量损耗相应变大,因而在实际应用中就需要产生合适相干长度的相干光。

5.1.3　分集技术

　　分集技术是一种通过多个独立的接收通道并行接收信号,然后将这些接收到的信号进行合并处理的技术。其主要目的是提高信号接收的可靠性。在通信系统中,分集技术常用于降低信号传输中的多径衰落、干扰和噪声等影响因素,从而提高系统的信号质量。它通过同时接收多个独立的信号路径,并将它们进行处理合并,以减少信号的失真和信噪比下降。

　　1. 研究现状

　　1996 年,Ibrahim 等[54]提出小孔径接收器输出信号衰落相互独立的假设,并采用多个接收孔径进行接收,对空间接收分集技术进行了研究。

　　2004 年,Pan 等[55]针对星地光通信系统采用多光束传输技术分析了传输链路的光强闪烁特性,发现多光束传输技术可以有效抑制湍流引起的光强闪烁。

　　2005 年,Trisno 等[56]使用时间延迟分集技术抑制大气湍流导致的光信号衰落,通过增加时延,获得了 3.8dB、4.3dB、4.4dB 的信噪比增益。

　　2006 年,Anguita 等[57]采用多光束传输技术,分析了两种空时编码模式,证明了在大气湍流的影响下这两种模式相比于单光束传输有更高的信噪比增益。

　　2008 年,Cvijetic 等[58]采用多光束发射和多个雪崩光电二极管探测接收的方式,对自由空间光通信系统进行了分析,并针对多个雪崩光电二极管输出信号的合并问题讨论了增益大小的选择。

　　2011 年,柯熙政等[59]在接收端采用分集技术,通过多孔径接收可以有效抑制大气湍流引起的光强闪烁效应,验证了随着接收孔径数目的增加,系统的误码率和孔径平滑因子也会进一步降低。

　　2012 年,柯熙政等[60]分析了不同湍流环境下通过多光束发射信号的光强概率分布,结果表明,在相同的湍流环境下,多光束发射可以降低系统的误码率,降低光强起伏效应,提高通信系统的性能。

2014 年，蒋龙[61]通过采用分集技术，利用相位屏进行数值模拟，并与大孔径接收系统进行了对比，证明了孔径分集可以降低光强闪烁指数，系统性能优于大孔径接收系统。

2015 年，Kaur 等[62]在不同天气的影响下研究了大气湍流对无线光多输入多输出(multiple input multiple output, MIMO)通信系统的综合效应，对比了相同条件下采用孔径平滑技术的误码率和中断容量，结果表明 MIMO 技术在不同天气条件下可以有效抑制大气湍流。

2016 年，Bhatnagar 等[63]在 Gamma-Gamma 湍流信道模型下，研究了对准误差对光 MIMO 通信系统的影响，分析了等增益合并和最大比合并准则下通信系统的性能，得出最大比合并准则能够抑制对准误差。

2017 年，孟德帅[64]采用分集合并技术对无线光通信系统做了研究，实验仿真表明采用等增益合并技术能最有效地抑制大气湍流引起的光强闪烁效应。

2019 年，Kumar 等[65]分析了不同分集技术下无线光 MIMO 系统在 Gamma-Gamma 湍流信道下的性能，结果表明，无线光 MIMO 系统在 Gamma-Gamma 湍流信道下，可以降低系统的误码率，提高系统的可靠性。

2019 年，许燚赟[66]采用分集技术，推导出了多光束发射下的光强概率分布，模拟实验表明了在相同的湍流条件下，相较于单孔径发射具有更好的抑制湍流的能力，可以有效降低光强闪烁效应。

2021 年，丁珂楠[67]针对部分相干光传输系统，采用空间分集技术分析了接收系统性能的变化，实验结果表明采用分集技术可以提高通信系统的信噪比。

2021 年，代天君[17]通过分集技术，在大孔径卡塞格林接收系统的条件下，通过增加接收孔径的数目，使光强的闪烁指数减小，证明了通过增加接收孔径的数量可以抑制闪烁效应。

2022 年，刘哲绮[68]对多输入多输出的无线光 MIMO 通信技术进行了研究，采用液晶空间光调制器模拟大气湍流的方法，对比研究了单输入单输出(single input single output, SISO)系统和 MIMO 系统的大气传输特性，证明了 MIMO 系统较 SISO 系统有更低的链路代价，通信性能有所提升。

2. 抑制原理

无线光通信系统分集技术通过增加发射端和接收端天线数量改善传输信号性能，其系统框图如图 5.3 所示。发射端将一路信号由多个发射天线进行输出，到达接收端时，接收端由多个接收天线对传输激光束进行接收，每路信号经历的大气信道衰减都不相关，可以有效抑制大气湍流效应，提高整个通信系统的通信质量。

分集包括发射分集和接收分集。其中发射分集常采用多光束传输技术，是一种可以有效抑制闪烁效应的光传输技术，通过将两个或两个以上相互独立不相干

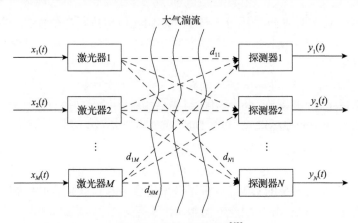

图 5.3　分集系统框图[68]

的激光经过不同路径传输到接收端进行叠加，抑制远场接收平面上光强闪烁；对于接收分集，比较常用的是天线阵列接收技术，通过多个独立小孔径接收天线阵列代替大孔径接收，在接收面积相同的条件下，该方法能够更大限度地接收多径信号，降低大气湍流的影响，不仅提高了通信系统的可靠性，而且结构简单灵活，成本较低。

接收端将接收到的多个衰落信号合并在一起得到增益信号，使得接收信号质量得到提升。因此，合并技术是分集接收技术最重要的一环。较为常用的分集合并技术有等增益合并、选择式合并和最大比合并[69]。

选择式合并是一种较为简单的合并技术，采用这种合并方式是对各个支路进行解调，使得它们的信噪比均值相同，然后在接收端选择一条支路进行解调，因为通信系统的信噪比不容易被测量，这种方式在实际应用中容易受到限制。最大比合并是将各支路信号的电压值和噪声功率的比值作为权重，然后在接收端对每路信号进行调相校正并根据增益系数使每路信号相加，最后在被探测器接收进行相干检测，这种方式可以在接收到信号不理想的情况下，通过最大比合并方式也可以把信号解调出来。等增益合并不需要对每路信号进行加权，是直接假设每路的权重一样，直接进行同相信号叠加。采用等增益合并和最大比合并得到的结果相似。

在相同的实验条件下，最大比合并对系统性能的提升是最为明显的，等增益合并次之，选择式合并对系统性能的提升最小。

5.1.4　自适应光学技术

自适应光学(adaptive optics, AO)技术是一种可以根据光学系统的变化实时调整光学元件形状和表面形貌的技术。它主要应用于天文学、光通信等领域，用于提高光学系统的性能和效果。自适应光学技术能够有效地提高光学系统的性能，特别是在大气湍流等环境下，可以有效减小大气湍流引起的像差模糊现象，提高天文观测和无线光通信的传输距离。

1. 研究现状

1996 年，Tyson[70]采用自适应光学技术，改善了光信号的质量，验证了采用该技术可以减小光信号衰减和光强起伏。

1998 年，Roggemann 等[71]采用自适应光学技术，提出一种使用两个变形镜方式来校正激光大气传输中由于大气湍流引起的光强闪烁效应。

1998 年，Barbier 等[72]采用自适应光学技术，利用相位屏法通信模拟，分析了波前传感器的动态范围和自适应光学孔径大小对光强均值和方差的影响。

2001 年，李新阳等[73]提出一种用两个自适应光学系统串联校正的方法，分析了这种方法的控制性能，仿真结果表明串联结构可以大幅度提高自适应光学系统对大气湍流波前畸变的控制效用。

2004 年，Weyrauch 等[74]采用自适应光学技术，使用倾斜镜补偿波前的倾斜像差，用 MEMS 变形镜补偿高阶像差，采用这种双变形镜校正方法使得接收到的信号强度提高了 2 倍。

2010 年，夏利军等[75]将自适应光学技术应用在激光通信波前校正实验中，实验结果表明当链路误码率为 10^{-6} 时，采用自适应光学技术比不使用时系统发射功率减小了 50%。

2013 年，韩立强[76]采用自适应光学技术对无线光通信系统性能进行补偿，给出了相应的误码率和耦合效率表达式以及耦合效率与斯特列尔比的关系。

2013 年，武云云[77]通过仿真实验验证了在非相干光通信系统中，采用自适应光学技术可以有效校正波前畸变，提高本振光和信号光的相位匹配度，降低了系统误码率。

2014 年，Hashmi 等[78]采用自适应光学技术，在中等背景光噪声和强湍流条件下对星间光通信系统进行了模拟实验，结果表明在经过自适应光学闭环控制达到稳态后，系统的斯特列尔比从 0.30 提高到了 0.75。

2015 年，Li 等[79]采用自适应光学技术，对相干光通信系统在海洋大气湍流的影响下进行了实验，结果表明自适应光学技术可以补偿光信号的相位失真，降低通信系统的误码率。

2015 年，Wright 等[80]采用自适应光学技术，对畸变波前进行了校正，使得接收光束经校正后的斯特列尔比从 0.03 提升至 0.66。

2017 年，Escarate 等[81]设计了一种模型预测控制器对 140 单元、间距为 3m 的两个变形镜的自适应光学系统进行校正，结果表明该方法可以有效校正激光束的幅度和相位。

2018 年，李贝贝[82]研究了抑制大气湍流的几种方法，并采用随机并行梯度下降(stochastic parallel gradient descent, SPGD)算法完成了无波前探测自适应光学大气湍流抑制实验,结果表明在不同湍流强度下,校正后的光纤耦合效率得到了提升。

2019 年,林海奇[83]对自适应光学系统状态变量进行预测估计,通过采用基于状态调节的线性二次高斯控制技术实现闭环校正,结果表明相比于比例-积分-微分(proportional-integral-derivative, PID)算法,该方法可以更好地提高系统响应速度和稳定性。

2019 年,陈莫[84]采用自适应光学技术,将具有 137 单元的连续镜面变形镜应用于自适应光学系统中,通过校正畸变波前,给出了通信系统的误码率低于 10^{-6},与未校正的误码率相比有明显下降。

2020 年,Banet 等[85]提出补偿信标自适应光学的方法,采用相似的子孔径和最小二乘法进行重建时,在中湍流的情况下相对于无补偿信标自适应光学系统,Shack-Hartmann 波前传感器的性能提升了 17%。

2023 年,杨慧珍等[86]采用自适应光学技术对畸变波前进行校正,分析了一种 K-L(Karhunen-Loeve)模式的 SPGD 算法,验证了该模式下的 SPGD 算法相比于常规 SPGD 算法收敛速度提升了 47.5%。

2023 年,Li 等[87]提出一种先进的多反馈 SPGD(advanced multi-feedback stochastic parallel gradient descent, AMF-SPGD)算法来提高畸变波前校正性能,验证了该算法可以提高通信系统的斯特列尔比和降低误码率。

近几年来,西安理工大学也对自适应光学技术做了研究[88],2018 年,吴加丽等[89]针对光束在大气湍流的影响下会发生畸变,并采用基于 SPGD 算法的无波前探测的自适应光学技术对畸变波前进行了校正,校正后的斯特列尔比从 0.15 提升到 0.81,使得接收到的光斑更大,缓解了大气湍流对波前畸变的影响。同年,王夏尧等[90,91]针对涡旋光束分别采用基于 GS(Gerchberg-Saxton)算法和 SPGD 算法的无波前探测的自适应光学技术对其进行波前校正,仿真结果表明 GS 算法的校正结果优于 SPGD 算法。

2019 年,柯熙政等[92]采用了一种基于双重模糊控制方法的有波前探测自适应光学技术对畸变波前进行校正,仿真结果表明该方法可以有效实现校正。同年,杨珂等[93,94]采用有波前探测的自适应光学技术,并利用计算光场成像的方法对畸变波前进行了有效校正。张云峰等[95]采用无波前探测自适应光学技术,提出一种改进 SPGD 算法,通过对 SPGD 算法进行并行化处理,实验结果表明此方法可以提高算法收敛速度和波前校正速度。韩柯娜等[96]根据自适应光学原理,采用两个液晶空间光调制器分别进行波前畸变模拟和波前校正,校正后的斯特列尔比从 0.38 提升到 0.82,此方法降低了实验成本。

2020 年,李梅[97]采用无波前探测自适应光学技术,研究了一种变形镜本征模式的方法对波前进行校正,校正结果的斯特列尔比从 0.56 提升到 0.88,验证了该方法可以有效校正大气湍流引起的波前畸变，且算法收敛速度快。同年，崔娜梅[98]针对涡旋光束采用基于相位差(phase diversity, PD)法的无波前探测自适应光学技术进行校正，实验结果表明该方法可以提高信号的功率，减小码间串扰，有效缓解了湍流效应。

2021 年，程爽[99]针对自适应光学系统中变形镜量程不足的问题，采用 PID 算法和大幅度畸变波前残差校正算法进行校正，实验结果表明残差校正算法可以提高通信系统性能，有效校正畸变波前。

2. 抑制原理

自适应光学技术可以自动改善光束的波前质量。因此，将自适应光学技术应用于无线光通信系统中，对抑制大气湍流的影响具有很大的潜力。自适应光学系统分为两类，分别是有波前探测的自适应光学系统[100]和无波前探测的自适应光学系统[101]。

1) 有波前探测的自适应光学系统

图 5.4 为有波前探测的自适应光学系统，其中主要包括三个部分：波前传感器(wavefront sensor)、波前控制器(wavefront controller)和波前校正器(wavefront corrector)。其校正的大致流程为：发射光束受到大气湍流的影响，光束波前发生畸变，畸变的光束首先通过校正器进行首次校正采集信息，随后到达分光镜，部分光束进行接收，部分光束传送到波前传感器测量光束的波前信息，并将这些信息转换成电信号送入波前控制器进行波前重构，选用合适的控制算法产生控制信号，最后波前校正器接收到控制信号，使校正器对畸变波前进行校正，形成闭环系统。

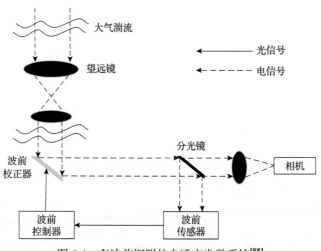

图 5.4　有波前探测的自适应光学系统[88]

在自适应光学系统中波前传感器是主要元件之一，其作用是实时测量畸变波前信息，发送给波前控制器，常用的波前传感器有横向剪切干涉仪[102]、Shack-Hartmann 传感器[103]、曲率波前传感器[104]和点衍射干涉仪传感器[105]；波前控制器是将波前传感器所测得波前信息进行处理，转化成控制信号，具有波前重构和产生控制信号两个功能；波前校正器是自适应光学系统至关重要的元件，可以及时校正波前误差，常见的波前校正器有液晶空间光调制器[106] (liquid crystal light modulator, LC-SLM) 和变形镜[107] (deformable mirror, DM)。

在有波前探测的自适应光学系统中，不同的控制算法对其畸变波前的校正精度也不同，常用的控制算法有经典控制算法和迭代控制算法。其中经典控制算法中 PID 算法[108]作为最常见的算法广泛应用到自适应光学系统中。该控制算法的主要原理为：首先利用推拉法对系统的命令矩阵进行测定，随后命令矩阵接收到误差斜率并将其转化为误差电压信号，再通过 PID 控制系统将获得的电压发送给变形镜进行波前校正，最后波前传感器再次采集波前斜率实现闭环控制。

Gauss-Seidel 迭代算法是一种常见的迭代控制算法，它在自适应光学领域的校正效果与迭代精度误差有关。Gauss-Seidel 迭代算法[109]的校正过程为：首先完成响应矩阵标定；然后采用波前传感器探测该时刻的波前斜率，并计算相关参数值；最后将这些值代入迭代公式计算控制电压及迭代判断条件，若迭代判断条件值小于所设定的迭代精度误差，则证明该算法收敛，以停止迭代直接发送变形镜控制电压，否则重复反馈，直至满足条件。此时完成单次波前校正，系统可以进行下一次斜率采集过程并重复以上步骤，完成闭环。

但是迭代算法存在参数取值范围等问题，因此在实际应用中受到一定的限制。而 PID 算法原理简单，相比而言 PID 算法总体性能更优。

2) 无波前探测的自适应光学系统

图 5.5 是无波前探测的自适应光学系统，与有波前探测的自适应光学系统相比，其不需要波前传感器对波前进行检测与波前重构。无波前探测的自适应光学系统由成像探测器、波前校正器以及波前控制器三部分组成。其校正过程为：首

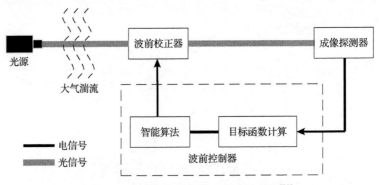

图 5.5　无波前探测的自适应光学系统[89]

先，波前校正器对接收到的光束进行初始相位修正，然后光束入射到成像探测器上，成像探测器此时可以采集到需要的系统性能参数值并传输给波前控制器，波前控制器驱动优化算法再次计算出变形镜所需的电压信号，依次迭代，直至像差最小化。无波前探测的自适应光学智能优化算法主要分为两类：无模式优化方法和模式优化方法。

模式优化是选用合适的基底模式描述波前误差，通过优化基底模式系数来校正波前畸变。无模式优化是直接控制变形镜对畸变波前进行校正并使系统性能评价指标达到最优值，目前无模式优化算法中 SPGD 算法[110]、模拟退火(simulated annealing, SA)算法[111]、遗传算法[112](genetic algorithm, GA)等普遍应用，其中，SPGD 算法能够对梯度进行估计，收敛速度快，稳定性较好，参数简单，并且容易实现。

SPGD 算法的基本工作原理[89]是根据性能评价指标的变化值和控制参数的变化值来估计控制参数，以迭代的方法在梯度下降方向对控制参数进行搜索，其主要流程为：首先生成变形镜初始电压信号和符合伯努利分布的随机扰动电压信号，在初始电压信号的基础上，分别加一次正向扰动电压和一次负向扰动电压，分别计算在该电压下系统目标函数变化量，最后根据迭代公式算出本次迭代中需加载的电压信号，如此循环，直至目标函数满足系统初始所设定的条件，使得系统评价指标达到最优值，从而实现对畸变波前进行校正。

目前也有许多研究学者提出经过改进的 SPGD 算法[87,95]，最终都可以很好地提升通信系统性能，提升算法收敛速度和校正效果。

5.2　抑制大气湍流的实验

5.2.1　多光束传输技术实验

将多个波长相同的独立激光束由不同发射天线发出，并要求各天线间距 s 满足约束条件 $s > \sqrt{\lambda L}$ (其中 λ 为激光波波长，L 为通信距离)，在通信接收端进行激光光束的非相干叠加，采用该方法能够有效抑制大气湍流所引起的光强闪烁，对接收端的光功率起到平滑的作用，有效提高通信质量[113-115]。有人研究了多光束传输技术对强度调制/直接检测光通信系统误码率的改善效果[116]，将多光束传输技术应用于通信距离 100km 的相干光通信外场实验中，如图 5.6 所示。结合实验结果分析了多光束传输技术对相干光通信系统性能的改善情况。

作者团队在青海湖二郎剑景区至刚察县泉吉乡完成了通信距离为 100km 的多光束传输实验，图 5.7 是实验场地图。图 5.8 是系统采用单光束传输和两光束传输

时接收端信号光功率起伏曲线,从图中可以得到单光束传输接收端平均光功率为
−41.53dBm,方差为 6.01dBm^2,两光束传输时接收端平均光功率为−33.47dBm,
方差为3.79dBm^2,说明采用两光束传输时系统可以有效降低接收端信号光功率的
抖动方差。

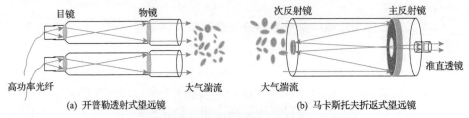

图 5.6　2×1 系统示意图

图 5.7　实验通信链路地图

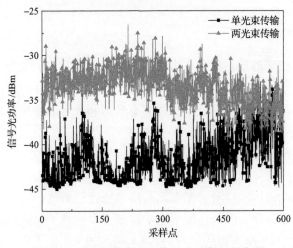

图 5.8　不同传输方式下信号光功率变化曲线

　　在实际系统中，选取电子电量 $e=1.6×10^{-19}$C，量子效率 $\eta=0.8$，普朗克常量 $h=6.626×10^{-34}$J·s，负载阻抗 $R_L=50\Omega$，背景辐射功率 $P_B=10^{-9}$W，探测器带宽 $\Delta f_{IF}=100$MHz，玻尔兹曼常量 $k_B = 1.38×10^{-23}$J/K，环境温度 $T_b=300$K，本振光功率为 1mW[117]，不同光束传输的外差探测系统信噪比变化曲线如图 5.9 所示。由图可知单束激光传输时，系统信噪比均值为 33.44，方差为 6.01，两光束传输时，系统信噪比均值为 41.5，方差为 3.8，这表明采用多光束传输技术可有效提高通信系统信噪比均值，同时减小信噪比波动范围。

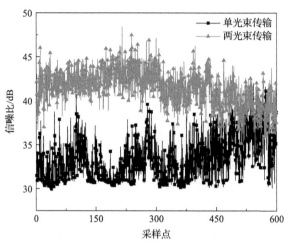

图 5.9　不同传输方式下系统信噪比

　　无线光通信系统采用不同数目的光束进行传输后，通信系统的误码率曲线如图 5.10 所示。由图可以看出，单光束传输时系统误码率均值为 $6.5×10^{-9}$，方差为

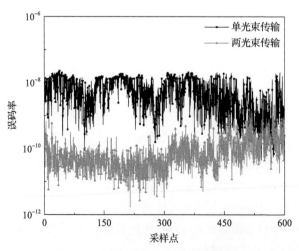

图 5.10　不同传输方式下系统误码率

3.14×10^{-7}，两光束传输时系统误码率均值为 9.98×10^{-11}，方差为 1.95×10^{-20}，相较于单光束传输，两光束传输可使系统误码率均值和方差值降低 3 个数量级，更好地改善了通信系统的性能。

5.2.2　自适应光学波前校正技术实验

激光经远距离传输后受大气湍流的影响波前产生畸变，这会直接导致无线光通信相干检测中的耦合效率及混频效率下降，因此有必要对畸变波前进行修正[60]。而畸变的波前相位通常可以根据 Zernike 多项式进行展开，通常波前的倾斜分量称为低频分量，其余分量称为高频分量[118]。波前倾斜分量约占波前整体畸变量的 86%，因此有必要使用多校正器的组合方式（如快速反射镜（fast steering mirror, FSM）和变形镜（DM）的组合）进行波前校正。

使用快速反射镜校正低阶像差，使用变形镜校正高阶像差，基于 Zernike 多项式的正交性使得两者之间的校正区域空间具有明确划分。基于二维运动的压电快速反射镜与具有独立单元的变形镜 DM69 组成的自适应光学系统如图 5.11 所示。

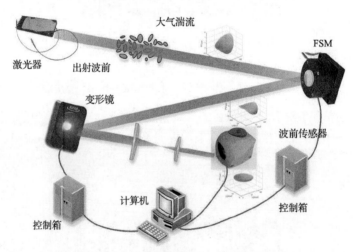

图 5.11　基于快速反射镜和变形镜组合的自适应光学波前校正系统

光波经不同距离如 600m、1.3km、4.5km、10.2km 及 100km 传输后，分别测量波前峰谷（peak to valley, PV）值、Zernike 系数倾斜分量比例以及倾斜分量变化的方差，经计算处理后得到如表 5.1 所示数据。

由表 5.1 可知，波前畸变量随着传输距离的增大而增大，倾斜分量占比占据了整体畸变量约 80%。倾斜畸变的方差也随着距离的增大而增大，这表明变化的速度也会随着通信距离的增加而增大。

表 5.1　不同距离下实测波前值

距离	PV 值/μm	倾斜分量占比/%	x 方向倾斜方差	y 方向倾斜方差
室内	4.99	72.34	$2.07×10^{-4}$	$2.07×10^{-4}$
600m	2.18	56.30	0.221	0.891
1.3km	5.67	81.65	0.136	0.134
4.5km	11.25	84.44	0.38	0.25
10.2km	14.55	73	4.23	3.34
100km	200.7	44.95	$2.58×10^{5}$	$8.63×10^{6}$

图 5.12 为不同距离情况下实测的波前 PV 值，波前畸变程度以及波前变化速度都会随着传输距离的增加而增加。当传输距离达到 100km 时，由于强湍流造成的光强闪烁使得采集的波前完全破碎，采样点不完整使得重构困难，从而导致采集数据不连续。

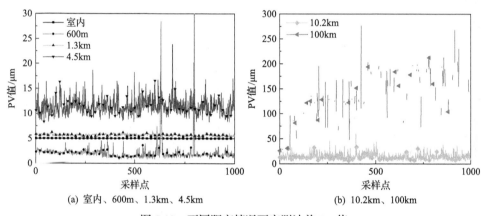

(a) 室内、600m、1.3km、4.5km　　　　　　　(b) 10.2km、100km

图 5.12　不同距离情况下实测波前 PV 值

图 5.13 为激光经 100km 传输后，仅由快速反射镜修正后、仅由变形镜修正后以及快速反射镜和变形镜同时修正后的波前相位图。由图 5.13 可知，仅由快速反射镜修正后，波前 PV 值由 450μm 降至 300μm，仅由变形镜修正后，波前 PV 值由 450μm 降至 300μm，当快速反射镜和变形镜同时修正后，波前 PV 值由 450μm 降至 200μm，说明基于快速反射镜和变形镜组合的自适应光学系统的修正效果要优于单独快速反射镜或变形镜的修正效果。对于 100km 的通信链路，强湍流所引起的光强闪烁以及光束漂移使得波前采集不连续，部分采样点重构失败导致修正效果劣于中弱湍流情况下的波前校正。随着通信距离的增加，大气湍流强度增大，波前修正的效果变差。这是因为波前修正的效果与波前传感器探测精度及本体噪声、波前重构精度、闭环带宽、大气测量环境状况等均有

关系。

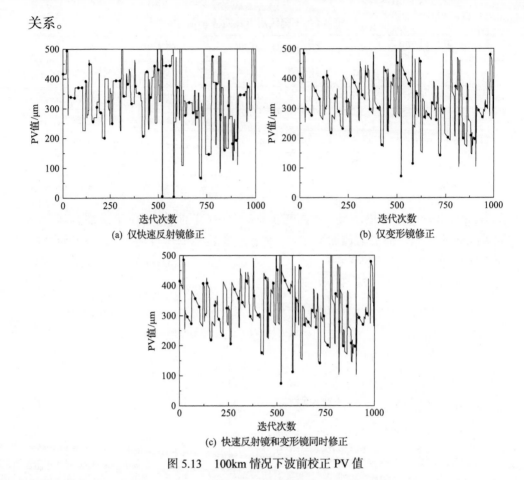

(a) 仅快速反射镜修正　　　　　　　　　(b) 仅变形镜修正

(c) 快速反射镜和变形镜同时修正

图 5.13　100km 情况下波前校正 PV 值

5.3　发展趋势与总结展望

5.3.1　发展趋势

　　无线光通信系统容易受到大气湍流的影响，使得传输光束波前发生畸变，降低传输光束的光功率等，从而使得通信系统误码率增加，降低通信质量。目前，研究学者通过采用大孔径接收技术、部分相干光技术、分集技术和自适应光学技术等来抑制大气湍流对无线光通信带来的影响。

　　对于大孔径接收技术，可以适当增大接收端天线尺寸以降低光强闪烁，目前有众多学者采用大孔径接收技术来抑制湍流的闪烁效应，根据湍流强度的不同建立不同的平滑因子模型，来设计大孔径接收系统，尽可能选取合适的孔径减轻接收端的重量。

　　部分相干光技术对抑制大气湍流也有很好的效果，研究新型的部分相干光束在抑制大气湍流方面具有重要意义。

　　分集技术是无线通信中抗衰落的基本技术[116]，可以有效抑制大气湍流带来的衰弱，这种技术成本低、技术简单、便于工程应用，在未来具有广阔的发展前景。

　　自适应光学技术是目前最广泛的抑制大气湍流的一种技术，它可以实时校正畸变波前，直接提高通信系统的质量。有学者提出多种改进方法，通过自适应光学技术来提高单模光纤耦合效率，实现通信质量的提高。

　　近些年来，众多学者在自适应光学系统中采用多个变形镜并利用合适的控制算法进行优化，由此可以提升校正的效果。基于诸多新技术以及新方法的应用来改善自适应光学系统的校正效果，使其能够充分发挥应有的价值。

5.3.2　总结展望

　　本章对国内外研究无线光通信抑制大气湍流方法进行了分析，主要的抑制大气湍流的技术有大孔径接收技术、部分相干光技术、分集技术和自适应光学技术等，并分析了各个技术对大气湍流抑制的原理，这些技术在一定程度上可以有效抑制大气湍流，补偿畸变波前，提高无线光通信系统的性能，虽然这些技术可以改善光通信系统的性能，但在工程实际中不完善，表 5.2 为各个关键技术的优缺点。因此，进一步研究和讨论抑制大气湍流的方法具有非常重要的意义：

表 5.2　抑制大气湍流关键技术的优缺点

相关技术	优点	缺点
大孔径接收技术	适当增大接收孔径可以减小光功率起伏方差，有效抑制大气湍流的光强闪烁效应	孔径增大使得接收机尺寸和重量增大，不方便携带
部分相干光技术	部分相干光具有较好的抗湍流能力，能够对光强闪烁效应进行有效抑制	发散角较大，在接收端的光束扩展严重
分集技术	通过多光束发射，在接收端进行非相干叠加，使光功率平滑，可以有效抑制大气湍流所引起的光强闪烁	多发射多接收的分集系统十分复杂，实用性受到限制
有波前自适应光学技术	自动改善光波波前质量，能够对畸变波前实现有效校正	通信距离较远时，使得光束波前不连续，波前传感器很难测出波前畸变信息，无法进行波前重构，无法实现对波前畸变相位的实时补偿
无波前自适应光学技术	无须进行波前重构，就可以达到校正畸变波前的目的	成本较高，需要额外增加设备，增加系统复杂度

(1)无线光 MIMO 技术可以充分利用空间频谱资源，且可有效抑制大气湍流效应，但该技术在无线光领域尚未成熟，进一步研究对光通信具有重大意义。

(2)在部分相干光技术的基础上研究各种新类型的部分相干光束，部分相干涡旋光束对大气湍流也有更好的抑制效果，进一步研究其产生方法。

(3)对于自适应光学技术，进一步研究变形镜及其控制算法，研究利用多个变形镜组合的方式进行校正，进一步研究算法收敛性以提高变形镜校正精度。

参 考 文 献

[1] 柯熙政, 邓莉君. 无线光通信[M]. 2 版. 北京: 科学出版社, 2022.

[2] Ke X Z, Chuan N, Jiao W. Crosstalk analysis of orbital angular momentum-multiplexed state under atmospheric turbulence[J]. Infrared and Laser Engineering, 2018, 47(11): 402-408.

[3] 廖志文. 无线光通信系统中大气湍流噪声测量研究[D]. 西安: 西安理工大学, 2023.

[4] 柯熙政, 吴加丽, 杨尚君. 面向无线光通信的大气湍流研究进展与展望[J]. 电波科学学报, 2021, 36(3): 323-339.

[5] 阮巍, 杜志华, 陈谱望, 等. 可见光通信的光角度选择性合并分集接收系统研究[J]. 光通信技术, 2020, 44(1): 44-48.

[6] 王翔宇, 陈曦, 曹暾, 等. 自适应光学在超分辨荧光显微镜中的应用[J]. 中国激光, 2024, 51(3): 45-59.

[7] Kerr J R, Dunphy J R. Experimental effects of finite transmitter apertures on scintillations[J]. Journal of the Optical Society of America, 1973, 63(1): 1-8.

[8] Yuksel H, Davis C C. Aperture averaging analysis and aperture shape invariance of received scintillation in free-space optical communication links[J]. Free-Space Laser Communications, 2006, 63(4): 63041E.1-63041E.11.

[9] 陈晶, 艾勇, 叶德茂, 等. 16km 水平激光链路孔径接收条件下信号衰落规律[J]. 半导体光电, 2008, 29(6): 928-931.

[10] Prokes A. Atmospheric effects on availability of free space optics systems[J]. Optical Engineering, 2009, 48(6): 635-644.

[11] 陈纯毅, 杨华民, 姜会林, 等. 大气光通信中大孔径接收性能分析与孔径尺寸选择[J]. 中国激光, 2009, 36(11): 2957-2961.

[12] 娄岩, 姜会林, 陈纯毅, 等. 激光大气湍流传输光强起伏及光斑面积实验分析[J]. 红外与激光工程, 2011, 40(3): 515-519.

[13] 陆红强, 王拉虎, 李阳, 等. 空间激光通信中孔径平均效应的计算仿真[J]. 应用光学, 2012, 33(3): 619-623.

[14] 王宗兴. 无线光通信中大孔径及复合孔径接收天线的研究[D]. 哈尔滨: 哈尔滨工业大学, 2015.

[15] 李志鹏, 杨国伟, 毕美华, 等. 空间分集抑制涡旋光束大气闪烁指数的研究[J]. 光通信技术, 2017, 41(2): 48-51.

[16] Soni G G, Tripathi A, Mandloi A, et al. Compensating rain induced impairments in terrestrial FSO links using aperture averaging and receiver diversity[J]. Optical and Quantum Electronics, 2019, 51(7): 244.

[17] 代天君. 远距离大气激光通信系统及大气湍流抑制技术研究[D]. 长春: 长春理工大学, 2021.

[18] 杨昌旗, 姜文汉, 饶长辉. 孔径平均对自由空间光通信误码率的影响[J]. 光学学报, 2007, 299(2): 212-218.

[19] 奚小东, 吴晗平. 基于卡塞格林结构的近地层紫外通信发射光学系统设计[J]. 应用光学, 2017, 38(2): 205-209.

[20] Wu J, Boardman A D. Coherence length of a Gaussian-Schell beam and atmospheric turbulence[J]. Journal of Modern Optics, 1991, 38(7): 1355-1363.

[21] Ricklin J C, Davidson F M. Atmospheric optical communication with a Gaussian-Schell beam[J]. Journal of the Optical Society of America A: Optics, Image Science, and Vision, 2003, 20(5): 856-866.

[22] Dogariu A, Amarande S. Propagation of partially coherent beams: Turbulence-induced degradation[J]. Optics Letters, 2003, 28(1): 10-12.

[23] Borah D K, Voelz D G. Spatially partially coherent beam parameter optimization for free space optical communications[J]. Optics Express, 2010, 18(20): 20746-20758.

[24] Drexler K. Use of a partially coherent transmitter beam to improve the statistics of received power in a free-space optical communication system: Theory and experimental results[J]. Optical Engineering, 2011, 50(2): 025002.1-025002.7.

[25] 张磊, 陈子阳, 熊梦苏, 等. 部分相干光在大气湍流中传输的闪烁指数[J]. 强激光与粒子束, 2014, 26(9): 77-81.

[26] 柯熙政, 张雅, 陈炜. 非 Kolmogorov 大气湍流对径向部分相干阵列光束瑞利区间和湍流距离的影响[J]. 光子学报, 2016, 45(11): 23-30.

[27] Yu J Y, Zhu X L, Wang F, et al. Experimental study of reducing beam wander by modulating the coherence structure of structured light beams[J]. Optics Letters, 2019, 44(17): 4371-4374.

[28] 张洁. 部分相干光大气湍流传输光束参数模拟技术研究[D]. 长春: 长春理工大学, 2019.

[29] 张波. 拉盖尔关联光束调控及其大气湍流传输特性研究[D]. 南京: 南京理工大学, 2020.

[30] 杨宁, 赵亮, 许颖, 等. 部分相干径向偏振扭曲光束在非均匀大气湍流中的传输特性[J]. 激光与红外, 2022, 52(8): 1167-1176.

[31] 柯熙政, 邓丽君. 无线光通信中的部分相干光传输理论[M]. 北京: 科学出版社, 2016.

[32] 柯熙政, 韩美苗, 王明军. 部分相干光在大气湍流中水平传输路径上的展宽与漂移[J]. 光

学学报, 2014, 34(11): 78-82.

[33] 柯熙政, 韩美苗, 王明军. 部分相干光在大气湍流中斜程传输路径上的展宽与漂移[J]. 光子学报, 2015, 44(3): 149-153.

[34] 柯熙政, 张宇. 部分相干光在大气湍流中的光强闪烁效应[J]. 光学学报, 2015, 35(1): 56-62.

[35] 柯熙政, 王婉婷. 部分相干光在斜程和水平大气湍流中的光强与扩展[J]. 应用科学学报, 2015, 33(2): 142-154.

[36] 柯熙政, 王婉婷. 部分相干光在大气湍流中的光束扩展及角扩展[J]. 红外与激光工程, 2015, 44(9): 2726-2733.

[37] 柯熙政, 王姣. 大气湍流中部分相干光束上行和下行传输偏振特性的比较[J]. 物理学报, 2015, 64(22): 148-155.

[38] 柯熙政, 王超珍. 部分相干涡旋光束在大气湍流中传输时的光强分布[J]. 激光与光电子学进展, 2016, 53(11): 83-91.

[39] 柯熙政, 张雅. 无线光通信系统中部分相干阵列光束的传输特性研究[J]. 激光与光电子学进展, 2016, 53(10): 38-49.

[40] 柯熙政, 张焕杰. 部分相干高斯脉冲在大气湍流中展宽特性的研究[J]. 激光与光电子学进展, 2016, 53(8): 110-116.

[41] 柯熙政, 薛瑶. 部分相干光在大气湍流中的到达角起伏[J]. 光子学报, 2016, 45(12): 30-34.

[42] 王姣, 柯熙政. 部分相干光束在大气湍流中传输的散斑特性[J]. 红外与激光程, 2017, 46(7): 135-142.

[43] 柯熙政, 薛瑶. 大气湍流尺度对部分相干光传输特性的影响[J]. 光子学报, 2017, 46(1): 35-42.

[44] 柯熙政, 王松. 部分相干 Airy 光束在大气湍流中的光强演化[J]. 光子学报, 2017, 46(7): 7-15.

[45] 柯熙政, 张林. 部分相干艾里光在大气湍流中的光束扩展与漂移[J]. 光子学报, 2017, 46(1): 43-49.

[46] 柯熙政, 王超珍. 部分相干离轴涡旋光束在大气湍流中的光强分布[J]. 光学学报, 2017, 37(1): 44-50.

[47] Wang J, Ke X Z, Wang M J. Influence of source parameters and atmospheric turbulence on the polarization properties of partially coherent electromagnetic vortex beams[J]. Applied Optics, 2019, 58(24): 6486-6494.

[48] Wang J, Ke X Z, Wang M J. Detecting the topological charge of partially coherent electromagnetic vortex beams through the orientation angle of polarization[J]. Journal of Quantitative Spectroscopy & Radiative Transfer, 2019, 228: 11-16.

[49] Gbur G, Wolf E. Spreading of partially coherent beams in random media[J]. Journal of the

Optical Society of America A: Optics, Image Science, and Vision, 2002, 19(8): 1592-1598.

[50] Wolf E, Collett E. Partially coherent sources which produce the same far-field intensity distribution as a laser[J]. Optics Communications, 1978, 25(3): 293-296.

[51] Chen Y H, Gu J X, Wang F, et al. Self-splitting properties of a Hermite-Gaussian correlated Schell-model beam[J]. Physical Review A, 2015, 91: 013823.

[52] Mei Z, Korotkova O. Cosine-Gaussian Schell-model sources[J]. Optics Letters, 2013, 38(14): 2578-2580.

[53] Shu J, Xu H, Zhou Z L, et al. Beam wander of the multi-Gaussian Schell-model beam in anisotropic turbulence[J]. Progress In Electromagnetics Research, 2019, 78(4): 185-192.

[54] Ibrahim M M, Ibrahim A M. Performance analysis of optical receivers with space diversity reception[C]//IEE Proceedings—Communications, London, 1996.

[55] Pan F, Ma J, Tan L Y, et al. Scintillation characterization of multiple transmitters for ground-to-satellite laser communication[J]. Infrared Components and Their Applications, 2004, 56(40): 448-454.

[56] Trisno S, Smolyaninov I I, Milner S D, et al. Characterization of time delayed diversity to mitigate fading in atmospheric turbulence channels[J]. SPIE Proceedings, 2005, 58(92): 589215.1-589215.10.

[57] Anguita J A, Neifeld M A, Vasic B V. Multi-beam space-time coded systems for optical atmospheric channels[J]. Free-Space Laser Communications, 2006, 63(4): 63041B.1-63041B.9.

[58] Cvijetic N, Wilson S G, Brandt-Pearce M. Performance bounds for free-space optical MIMO systems with APD receivers in atmospheric turbulence[J]. IEEE Journal on Selected Areas in Communications, 2008, 26(3): 3-11.

[59] 柯熙政, 宋鹏, 裴国强. 无线激光通信中的多孔径接收技术研究[J]. 光学学报, 2011, 31(12): 22-28.

[60] 柯熙政, 谌娟, 裴国强. 无线激光通信中的多光束发射技术研究[J]. 光电工程, 2012, 39(7): 1-7.

[61] 蒋龙. 自由空间光通信中空间分集技术的性能和应用研究[D]. 北京: 北京邮电大学, 2014.

[62] Kaur P, Jain V K, Kar S. Performance analysis of free space optical links using multi-input multi-output and aperture averaging in presence of turbulence and various weather conditions[J]. IET Communications, 2015, 9(8): 1104-1109.

[63] Bhatnagar M R, Ghassemlooy Z. Performance analysis of Gamma-Gamma fading FSO MIMO links with pointing errors[J]. Journal of Lightwave Technology, 2016, 34(9): 2158-2169.

[64] 孟德帅. 室外可见光通信在弱湍流信道中的性能研究[D]. 西安: 长安大学, 2017.

[65] Kumar N, Khandelwal V. Simulation of MIMO-FSO system with Gamma-Gamma fading under different atmospheric turbulence conditions[C]//International Conference on Signal Processing

and Communication, Noida, 2019.

[66] 许燚赟. 空间激光通信接收视场角范围扩大技术研究[D]. 长春: 长春理工大学, 2019.

[67] 丁珂楠. 大气部分相干光通信中的分集技术研究[D]. 武汉: 华中科技大学, 2021.

[68] 刘哲绮. 基于无线光 MIMO 的大气传输特性研究[D]. 长春: 长春理工大学, 2022.

[69] 柯熙政, 刘姝. 湍流信道无线光通信中的分集接收技术[J]. 光学学报, 2015, 35(1): 88-95.

[70] Tyson R K. Adaptive optics and ground-to-space laser communications[J]. Applied Optics, 1996, 35(19): 3640-3646.

[71] Roggemann M C, Lee D J. Two deformable mirror concept for correcting scintillation effects in laser beam projection through the turbulent atmosphere[J]. Applied Optics, 1998, 37(21): 4577-4585.

[72] Barbier P R, Rush D, Plett M L, et al. Performance improvement of a laser communication link incorporating adaptive optics[C]//Artificial Turbulence for Imaging and Wave Propagation, San Diego, 1998.

[73] 李新阳, 姜文汉. 两个自适应光学系统串联校正的控制性能分析[J]. 光学学报, 2001, 21(9): 1059-1064.

[74] Weyrauch T, Vorontsov M A. Free-space laser communications with adaptive optics: Atmospheric compensation experiments[J]. Journal of Optical and Fiber Communications Reports, 2004, 1(4): 355-379.

[75] 夏利军, 李晓峰. 基于自适应光学的大气光通信波前校正实验[J]. 信息与电子工程, 2010, 8(3): 331-335.

[76] 韩立强. 大气湍流下空间光通信的性能及补偿方法研究[D]. 哈尔滨: 哈尔滨工业大学, 2013.

[77] 武云云. 自适应光学技术在大气光通信中的应用研究[D]. 成都: 中国科学院研究生院, 2013.

[78] Hashmi A J, Eftekhar A A, Adibi A, et al. Analysis of adaptive optics-based telescope arrays in a deep-space inter-planetary optical communications link between earth and mars[J]. Optics Communications, 2014, 333: 120-128.

[79] Li M, Cvijetic M. Coherent free space optics communications over the maritime atmosphere with use of adaptive optics for beam wavefront correction[J]. Applied Optics, 2015, 54(6): 1453-1462.

[80] Wright M W, Morris J F, Kovalik J M, et al. Adaptive optics correction into single mode fiber for a low earth orbiting space to ground optical communication link using the OPALS downlink[J]. Optics Express, 2015, 23(26): 33705-33712.

[81] Escarate P, Aguero J C, Zuniga S, et al. Model predictive control for laser beam shaping[J]. IEEE Latin America Transactions, 2017, 15(4): 626-631.

[82] 李贝贝. 空间光通信中的湍流抑制技术研究[D]. 北京: 北京邮电大学, 2018.

[83] 林海奇. 基于模型辨识的自适应光学系统控制技术研究[D]. 成都: 中国科学院大学, 2019.

[84] 陈莫. 基于大口径望远镜的星地激光通信地面站关键技术研究[D]. 成都: 中国科学院大学, 2019.

[85] Banet M T, Spencer M F. Compensated-beacon adaptive optics using least-squares phase reconstruction[J]. Optics Express, 2020, 28(24): 36902-36914.

[86] 杨慧珍, 苏杭, 张之光. 基于K-L模式的SPGD控制算法波前校正[J]. 中国激光, 2023, (14): 141-147.

[87] Li Z K, Shang T, Liu X C, et al. Advanced multi-feedback stochastic parallel gradient descent wavefront correction in free-space optical communication[J]. Optics Communications, 2023, 533: 129268.

[88] 柯熙政, 杨尚君, 吴加丽, 等. 西安理工大学无线光通信系统自适应光学技术研究进展[J]. 强激光与粒子束, 2021, 33(8): 30-52.

[89] 吴加丽, 柯熙政. 无波前传感器的自适应光学校正[J]. 激光与光电子学进展, 2018, 55(3): 133-139.

[90] 王夏尧. 涡旋光束的自适应光学校正技术研究[D]. 西安: 西安理工大学, 2018.

[91] 柯熙政, 王夏尧. 涡旋光波前畸变校正实验研究[J]. 光学学报, 2018, 38(3): 204-210.

[92] Ke X Z, Zhang D Y. Fuzzy control algorithm for adaptive optical systems[J]. Applied Optics, 2019, 58(36): 9967-9975.

[93] 柯熙政, 杨珂, 张颖. CAPIS 技术探测波前畸变的实验研究[J]. 激光与光电子学进展, 2019, 56(12): 30-37.

[94] 杨珂. 计算光场成像波前传感技术研究[D]. 西安: 西安理工大学, 2019.

[95] 柯熙政, 张云峰, 张颖, 等. 无波前传感自适应波前校正系统的图形处理器加速[J]. 激光与光电子学进展, 2019, 56(7): 96-104.

[96] 柯熙政, 韩柯娜. 液晶空间光调制器的波前模拟及波前校正[J]. 激光与光电子学进展, 2019, 56(5): 170-175.

[97] 李梅. 光束波前畸变的本征模式法校正实验研究[D]. 西安: 西安理工大学, 2020.

[98] 崔娜梅. 相位差法校正涡旋光束波前畸变的实验研究[D]. 西安: 西安理工大学, 2020.

[99] 程爽. 自由空间相干光通信大幅度畸变波前的校正技术研究[D]. 西安: 西安理工大学, 2021.

[100] 周仁忠, 阎吉祥. 自适应光学理论[M]. 北京: 北京理工大学出版社, 1996.

[101] 吴加丽. 无波前探测的相干光通信系统实验研究[D]. 西安: 西安理工大学, 2018.

[102] 刘健. 横向剪切干涉的特性研究和波面重建[D]. 大连: 大连理工大学, 2009.

[103] 刘长江. 16QAM 相干光通信传输系统的应用仿真研究[D]. 北京: 北京邮电大学, 2017.

[104] 徐其峰. 波前曲率探测自适应光学控制技术[D]. 唐山: 华北理工大学, 2020.

[105] Medecki H, Tejnil E, Goldberg K A, et al. Phase-shifting point diffraction interferometer[J]. Optics Letters, 1996, 21(19): 1526-1528.

[106] Yao K N, Wang J L, Liu X Y, et al. Closed-loop adaptive optics system with a single liquid crystal spatial light modulator[J]. Optics Express, 2014, 22(14): 17216-17226.

[107] 梁静远, 王海蓉, 张娜, 等. 变形镜及其控制算法研究进展[J]. 光通信研究, 2024, (2): 104-112.

[108] 张丹玉. 自适应光学波前畸变控制及实验研究[D]. 西安: 西安理工大学, 2020.

[109] Noll R J. Zernike polynomials and atmospheric turbulence[J]. Journal of the Optical Society of America, 1976, 66(3): 207-211.

[110] 别锐. 应用于 FSO 系统的无波前传感器自适应光学研究[D]. 武汉: 华中科技大学, 2011.

[111] Zommer S, Ribak E N, Lipson S G, et al. Simulated annealing in ocular adaptive optics[J]. Optics Letters, 2006, 31(7): 939-941.

[112] 杨慧珍, 李新阳, 姜文汉. 自适应光学系统几种随机并行优化控制算法比较[J]. 强激光与粒子束, 2008, 20(1): 11-16.

[113] 孔英秀, 柯熙政, 杨媛. 空间相干光通信中本振光功率对信噪比的影响[J]. 红外与激光工程, 2016, 45(2): 242-247.

[114] Ke X Z, Tan Z K. Effect of angle-of-arrival fluctuation on heterodyne detection in slant atmospheric turbulence[J]. Applied Optics, 2018, 57(5): 1083-1090.

[115] Cao J J, Zhao X H, Li Z K, et al. Stochastic parallel gradient descent laser beam control algorithm for atmospheric compensation in free space optical communication[J]. Optik, 2014, 125(20): 6142-6147.

[116] 柯熙政, 谌娟, 邓莉君. 无线光 MIMO 系统中空时编码理论[M]. 北京: 科学出版社, 2014.

[117] 马东堂, 魏急波, 庄钊文. 大气激光通信中多光束传输性能分析和信道建模[J]. 光学学报, 2004, 24(8): 1020-1024.

[118] Thibos L N, Hong X, Bradley A, et al. Statistical variation of aberration structure and image quality in a normal population of healthy eyes[J]. Journal of the Optical Society of America A: Optics, Image Science, and Vision, 2002, 19(12): 2329-2348.

第6章 可见光通信路径损耗模型

本章的目标是建立车辆间可见光通信信道的分析模型，重点关注不同天气条件下的信道路径损耗，因为这是量化通信信道的一个重要指标。找到描述信道路径损耗的数学表达式对建立链路预算和根据信噪比、误码率预测通信性能至关重要。

6.1 可见光通信信道理论

可见光通信(VLC)信道可以建模为基带线性时不变(linear time-invariant, LTI)系统，具有非负脉冲响应 $h(t) > 0$，如图 6.1 所示，具体表述如下[1]：

$$Y(t) = RX(t) * h(t) + n(t) \tag{6.1}$$

其中，$Y(t)$ 为电信号；R 为光电探测器的响应度；$X(t)$ 为输入光功率，其不能为负 $(X(t) \geqslant 0)$；$h(t)$ 为基带信道脉冲响应(channel impulse response, CIR)；"*"代表卷积运算；$n(t)$ 为接收机噪声，可建模为加性高斯白噪声。为了确保 VLC 系统的可靠、安全、高效设计和实施，必须了解 VLC 信道的主要特征。

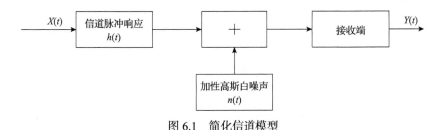

图 6.1 简化信道模型

6.1.1 信道脉冲响应

信道脉冲响应是发射机发射无线光时接收信号随时间的演变。信道脉冲响应提供了能够描述信道特性的所有统计数据，对于发射机、接收机和反射物的某些物理配置它是固定的。从数学上讲，对于特定光源 S 和接收器 R，时间 t 处的总信道脉冲响应是来自直视响应和来自反射链路的所有反射的总和，可以表示为[2]

$$h(t,S,R) = \sum_{k=0}^{\infty} h^{(k)}(t,S,R) \tag{6.2}$$

其中，$h^{(0)}(t,S,R)$ 为直视响应；$h^{(k)}(t,S,R)$ 为光经过 k 次反射后的响应。直视脉冲响应可表示为

$$h^{(0)}(t,S,R) = \frac{1}{d^2} S(\Phi,m,\lambda) A_{\text{eff}}(\psi) \delta\left(t - \frac{d}{c}\right) \tag{6.3}$$

其中，$S(\Phi,m,\lambda)$ 为发射机的辐射功率与波长的函数关系；$\delta(\cdot)$ 为狄拉克函数；m 为光波模数；d 为发射机和接收机之间的距离；c 为光速；$A_{\text{eff}}(\psi)$ 为接收机的有效面积；ψ 为入射角。

6.1.2　信道直流增益

可见光通信系统最关键的特性之一是信道直流(direct current，DC)增益，可表示为[2]

$$H(0) = \int_0^{\infty} h(t)\mathrm{d}t \tag{6.4}$$

信道直流增益 $H(0)$ 用于识别信道中的损耗，该损耗将接收到的平均光功率 P_r 与发射光功率 P_t 相关联，如下所示：

$$P_r = H(0)P_t \tag{6.5}$$

这里使用朗伯模型来描述发光二极管(LED)光源辐射强度模式的角分布。LED 发射机的发射功率 P_t 可计算为[3]

$$P_t = \frac{m+1}{2\pi} P_{tt} \cos^m \varphi \tag{6.6}$$

其中，P_{tt} 为平均传输光功率；m 为朗伯阶数，与半功率半角 $\varphi_{1/2}$ 有关，即

$$m = -\frac{\ln 2}{\ln\left(\cos\varphi_{1/2}\right)} \tag{6.7}$$

探测器被建模为一个活动区域，收集小于探测器视场角(field of view, FOV)的入射角 ψ。式(6.8)给出了光功率计的有效接收面积[3]：

$$A_{\text{effect}}(\psi) = \begin{cases} A_{\text{PD}} T_s(\psi) g(\psi) \cos(\psi), & 0 \leqslant \psi \leqslant \Psi_c \\ 0, & \psi > \Psi_c \end{cases} \tag{6.8}$$

其中，A_{PD} 为光电探测器的表面积；$T_s(\psi)$ 为滤光片增益损耗；$g(\psi)$ 为集中器增益；Ψ_c 为接收器的视场角。

$$g(\psi) = \begin{cases} \dfrac{n^2}{\sin^2 \Psi_c}, & 0 \leqslant \psi \leqslant \Psi_c \\ 0, & \psi > \Psi_c \end{cases} \tag{6.9}$$

接收光功率可由式 (6.10) 得到，即

$$P_r = P_t A_{\text{effect}}(\psi) \tag{6.10}$$

由式 (6.6) ～式 (6.10)，可以得到

$$P_r = \frac{(m+1)A_{PD}}{2\pi d^2} \cos\psi \cos^m \varphi \cdot T_s(\psi) g(\psi) P_t \tag{6.11}$$

因此，在直视传输中，$H(0)$ 可通过以下公式获得[4]：

$$H(0) = \begin{cases} \dfrac{(m+1)A_{PD}}{2\pi d^2} \cos\psi \cos^m \varphi \cdot T_s(\psi) g(\psi), & 0 \leqslant \psi \leqslant \Psi_c \\ 0, & \psi > \Psi_c \end{cases} \tag{6.12}$$

其中，A_{PD} 为光电探测器的表面积；m 为朗伯模式数；Ψ_c 为接收器视场角；φ 为辐照度角；d 为从 LED 到接收点的距离；$T_s(\psi)$ 为光学滤波器增益；$g(\psi)$ 为光学集中器增益；ψ 为光电探测器处的入射角。

6.1.3　均方根延迟扩展

均方根 (root mean square, RMS) 延迟扩展定义为信道脉冲响应第二中心矩的平方根。它可以用于量化时间分散度和估计符号间干扰。均方根延迟扩展可由式 (6.13) 给出[5]：

$$\tau_{\text{RMS}} = \sqrt{\frac{\displaystyle\int_{-\infty}^{\infty} (t - \tau_0)^2 h^2(t) \mathrm{d}t}{\displaystyle\int_{-\infty}^{\infty} h^2(t) \mathrm{d}t}} \tag{6.13}$$

其中，τ_0 为平均额外延迟；t 为传播延迟时间；$h(t)$ 为信道脉冲响应。在获得系统的脉冲响应后，就可以得到均方根延迟扩展。平均额外延迟由式 (6.14) 给出[5]：

$$\tau_0 = \frac{\displaystyle\int_{-\infty}^{\infty} t h^2(t) \mathrm{d}t}{\displaystyle\int_{-\infty}^{\infty} h^2(t) \mathrm{d}t} \tag{6.14}$$

均方根延迟扩展是计算可靠数据传输速率上限的关键性能指标。通过无线光信道传输的最大比特率 R_b 可近似为

$$R_b \leqslant \frac{1}{10\tau_{\text{RMS}}}$$　　　　　　　　　　(6.15)

因此，这允许分配用于避免符号间干扰(inter-symbol interference, ISI)的符号长度限制。在没有使用均衡技术的情况下，该方程可以用于减轻符号间干扰。

光程损耗(optical path loss, OPL)描述了光信号在空间传播过程中接收功率的衰减。OPL 取决于收发器和环境参数，包括接触物体的反射率、大气颗粒的散射、天气条件引起的衰减、光源的辐射模式以及发射机和接收机前端的方向。OPL 可通过以下公式给出：

$$\text{OPL} = -10\lg\big(H(0)\big)$$　　　　　　　　　　(6.16)

其中，$H(0)$ 为信道直流增益。

6.2　车联网可见光通信系统模型分析

6.2.1　接收端半视场角

图 6.2(a)和(b)显示了典型室外可见光通信系统的组成，该系统由基于车辆尾灯的发射车辆 Tx 和基于光电探测器的接收车辆 Rx 组成。为了便于说明，此处仅使用一个尾灯，第二个尾灯具有几乎相同的几何配置。在室外可见光通信系统，Tx 相对于 Rx 的位置及其车灯的光束轮廓以及 Rx 的视场角(FOV)非常关键，将影响链路性能。对于视距传输，信道直流增益即 Rx 处的接收信号功率与发射功率的比，可以表示为[6]

$$H_{\text{LOS}} = \frac{P_r}{P_t} = \begin{cases} A_{\text{PD}}T_s\left(\varphi_h, \varphi_v\right)g\left(\varphi_h, \varphi_v\right)R_{\text{Tx}}\left(\theta_h, \theta_v\right), & 0 \leqslant \varphi_h \leqslant \phi_h \text{ 且 } 0 \leqslant \varphi_v \leqslant \phi_v \\ 0, & \varphi_h > \phi_h \text{ 或 } \varphi_v > \phi_v \end{cases}$$

　　　　　　　　　　(6.17)

式(6.17)及图 6.2 中，A_{PD} 为光电探测器的表面积；φ_h 和 φ_v 分别为水平入射角和垂直入射角；$R_{\text{Tx}}\left(\theta_h, \theta_v\right)$ 为 Tx 在水平和垂直辐照度角 θ_h 和 θ_v 下的辐射模式；ϕ_h 和 ϕ_v 分别为 Rx 的水平半 FOV 和垂直半 FOV；L 为链路跨度；$T_s\left(\varphi_h, \varphi_v\right)$ 和 $g\left(\varphi_h, \varphi_v\right)$ 分别为光学滤波器(optical filter, OF)和光学集中器(optical concentrator, OC)的增益。

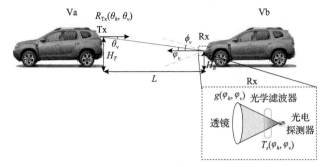

(a) 侧视图

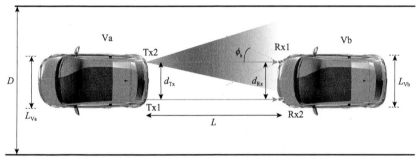

(b) 俯视图

图 6.2　室外可见光通信系统配置图

在 Rx 处使用成像光学透镜，如果 Tx 在 Rx 的 FOV 内，则在基于光电探测器的传感器上就能够捕获 Tx 的图像。首先，根据最坏情况（车辆位于车道的另一侧）分析 Rx1 和 Rx2 所需的水平半视场角（horizontal semi-FOV, HS-FOV）如图 6.3 所示。对于 Rx1 和 Rx2 捕获单个 Tx 或两个 Tx 发出的光束，所需的 HS-FOV 分别是 φ_{12}、φ_{22}、φ_{11}、φ_{21}。为了获得在同一车道上行驶的两辆车之间所需的 HS-FOV，需要考虑车道和车辆的宽度以及 Rx 和 Tx 的位置，Rx 所需的 HS-FOV 可以表示为[7]

$$\varphi_{12} = \arctan\left(\frac{D - \left(\dfrac{L_{Va} - d_{Tx}}{2}\right) - \left(d_{Tx} - \dfrac{l_{Tx}}{2}\right) - \left(\dfrac{L_{Vb} - d_{Rx}}{2}\right) - d_{Rx}}{L}\right) \quad (6.18)$$

$$\varphi_{22} = \arctan\left(\frac{D - \left(\dfrac{L_{Va} - d_{Tx}}{2}\right) - \left(d_{Tx} - \dfrac{l_{Tx}}{2}\right) - \left(\dfrac{L_{Vb} - d_{Rx}}{2}\right)}{L}\right) \quad (6.19)$$

$$\varphi_{11} = \arctan\left(\frac{D - \left(\dfrac{L_{Va} - d_{Tx}}{2}\right) - \dfrac{l_{Tx}}{2} - \left(\dfrac{L_{Vb} - d_{Rx}}{2}\right) - d_{Rx}}{L}\right) \quad (6.20)$$

$$\varphi_{21} = \arctan\left(\frac{D - \left(\frac{L_{Va} - d_{Tx}}{2}\right) - \frac{l_{Tx}}{2} - \left(\frac{L_{Vb} - d_{Rx}}{2}\right)}{L}\right) \tag{6.21}$$

其中，D 为道路车道的宽度；L 为 Tx 和 Rx 之间的水平距离；d_{Tx}、d_{Rx} 分别为 Tx1 和 Tx2、Rx1 和 Rx2 之间的距离；L_{Va} 和 L_{Vb} 分别为两车辆宽度；l_{Tx} 为 Tx 的长度。此外，式(6.18)～式(6.21)可适用于不同车道上的车辆，其中 D 变为 $2D$ 或 $3D$，用于其中一辆车分别在下一条车道或下两条车道上的场景。

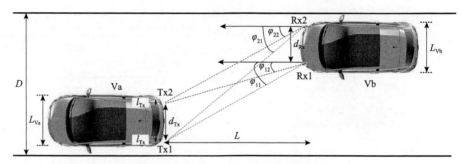

图 6.3 HS-FOV 的室外可见光通信配置

图 6.2(a)所示情况下所需的垂直半 FOV(vertical semi-FOV, VS-FOV)如下所示：

$$\varphi_v = \arctan\left(\frac{\Delta H}{L}\right) \tag{6.22}$$

其中，$\Delta H = \left|H_T - H_R\right|$ 为 Tx 和 Rx 的高度差，所需的 HS-FOV 和 VS-FOV 作为系统链路跨度 L 的函数，如图 6.4 所示。

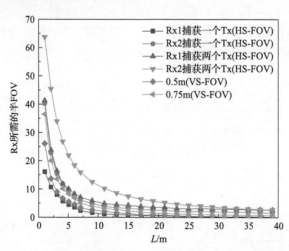

图 6.4 接收端所需的 HS-FOV 和 VS-FOV 与 L 的关系

图 6.4 表示同一车道上两辆车的 Rx 所需的 HS-FOV 和 VS-FOV 与链路跨度 L 的关系，该图是使用式(6.18)~式(6.22)和表 6.1 中给出的参数生成的。由图 6.4 可以看出，HS-FOV 随着链路跨度呈指数下降。例如，对于 Rx2，当链路跨度从 10m 减少到 3m 时，所需的 HS-FOV 增加了约 5 倍。对于 Rx1，所需的 HS-FOV 小于 Rx2 因为其更靠近 Tx。此外，对于 VS-FOV，在 20m 的链路跨度以下，对于更大的高度差 ΔH，也会显示更高的指数分布。

表 6.1　关键几何参数和模拟值

参数	符号	值
车道宽度	D	2.5m
Tx 车辆宽度	L_{Va}	1.7m
Rx 车辆宽度	L_{Vb}	1.7m
Rx1 和 Rx2 之间的距离	d_{Rx}	1.2m
Tx1 和 Tx2 之间的距离	d_{Tx}	1.2m
Tx 的长度	l_{Tx}	0.1m
水平连接跨度	L	1~50m
Tx 和 Rx 的高度差	ΔH	0.25~0.75m
透镜焦距	f	25.4~50.0mm
光电探测器表面积	A_{PD}	0.2~2cm^2

6.2.2　光电探测器和透镜与半视场角的关系

使用透镜将光聚焦到光电探测器上可以增加接收到的光功率，但会导致 Rx 处的半 FOV 减小，这需要根据光电探测器的尺寸和透镜的 f 进行研究，找到在不同光电探测器尺寸和透镜的 f 下满足车辆通信所需的半 FOV。由 f 和光电探测器尺寸 D_{PD} 表示的半 FOV 由式(6.23)和式(6.24)给出(图 6.5)[8]：

$$\phi_s = \arctan\left(\frac{D_{PD}}{2f}\right) \tag{6.23}$$

$$\phi_s = \begin{cases} \phi_h, & D_{PD} = w_{PD} \\ \phi_v, & D_{PD} = h_{PD} \\ \phi_d, & D_{PD} = \sqrt{h_{PD}^2 + w_{PD}^2} \end{cases} \tag{6.24}$$

其中，h_{PD} 和 w_{PD} 分别为光电探测器的高度和宽度；ϕ_h、ϕ_v 和 ϕ_d 分别为 Rx 的水平、垂直和半 FOV。

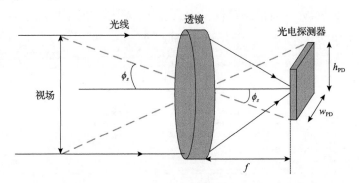

图 6.5　f、半 FOV 和光电探测器尺寸之间的关系

图 6.6 显示了在不同 f 下，ϕ_h 或 ϕ_v 与光电探测器表面积的关系。从图中可以看出，在光电探测器处使用会聚透镜，ϕ_h 或 ϕ_v 随 f 的增大而减小并且随着光电探测器表面积的增大而呈现对数增长。

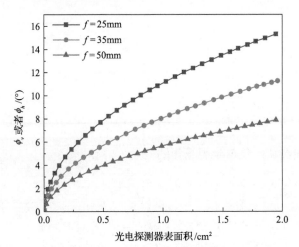

图 6.6　不同 f 下 ϕ_h 或 ϕ_v 与光电探测器表面积的关系

6.2.3　发射端视场

图 6.7 显示了 Tx 的波束覆盖情况，L_1 描绘了从 Tx 到 Tx1 和 Tx2 光束开始重叠的水平距离，其可以表示为

$$L_1 = d_{Tx}/\left(\tan\theta_{in} + \tan\theta_{out}\right) \tag{6.25}$$

其中，θ_{in} 和 θ_{out} 分别为 Tx 光束的内半功率角和外半功率角。如图 6.7 所示，L_2

为单个 Tx 的波束末端覆盖宽度；L_3 为两个 Tx 的波束末端覆盖宽度，可以表示为

$$L_2 = L\left(\tan\theta_{\text{in}} + \tan\theta_{\text{out}}\right) \tag{6.26}$$

$$L_3 = d_{\text{Tx}} + L\left(\tan\theta_{\text{in}} + \tan\theta_{\text{out}}\right) \tag{6.27}$$

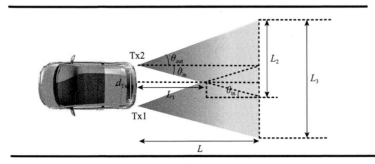

图 6.7　车辆发射机视场

来自 Tx1 和 Tx2 的光束可能不重叠，因此覆盖长度为 $2L_2 = 2L(\tan\theta_{\text{in}} + \tan\theta_{\text{out}})$。因此，由式(6.27)可知，半功率角(假设 $\theta_{\text{in}} = \theta_{\text{out}}$)与一定范围的链路跨度下的 L_3 关系如图 6.8 所示。

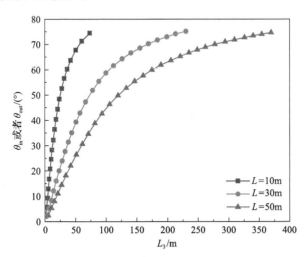

图 6.8　Tx 的半功率角与 L_3 的关系

从图 6.8 中可以看出，随着 L_3 的增大，Tx 的半功率角呈对数增长，并且 Tx 的半功率角随着链路跨度的增大而减小。L_3 达到约 65m、220m 和 370m 的饱和点，对应的 L 分别为 10m、30m 和 50m。

对于给定的发射功率 P_T，可以得到接收功率为

$$P_r(\mathrm{dBm}) = P_T(\mathrm{dBm}) + H_{\mathrm{LOS}}(\mathrm{dB}) - L_{\mathrm{sm}}(\mathrm{dB}) \tag{6.28}$$

其中，L_{sm} 为链路安全余量；H_{LOS} 为斜程直视(lone-of-sight, LOS)的信道直流增益，由式(6.29)给出：

$$H_{\mathrm{LOS}}(\mathrm{dB}) = 10\lg\big(A_{\mathrm{PD}}T_s(\varphi_h,\varphi_v)g(\varphi_h,\varphi_v)R_{\mathrm{Tx}}(\theta_h,\theta_v)\big)/D_v^2 \tag{6.29}$$

其中，A_{PD} 为光电探测器的表面积；$R_{\mathrm{Tx}}(\theta_h,\theta_v)$ 为 Tx 在水平和垂直辐照度角 θ_h 和 θ_v 下的辐射模式；D_v 为车辆间距；$T_s(\varphi_h,\varphi_v)$ 为光学滤波器的增益；$g(\varphi_h,\varphi_v)$ 为光学集中器的增益。

6.3　车联网可见光路径损耗模型

双车道路灯系统整体模型如图 6.9 所示，Vb 车位于 Va 车前方，两辆车位于同一车道内，Va 车前照灯为信号发射端，Vb 车作为可见光信号的接收端，Vc 车为相邻车道车辆表面信号反射端。Vc 车从 Va、Vb 车相邻车道经过，汽车前照灯光束在 Vc 车表面及路面发生反射，光束在车辆行驶经过所有位置点上的反射功率可以通过空间矩形模型刻画。

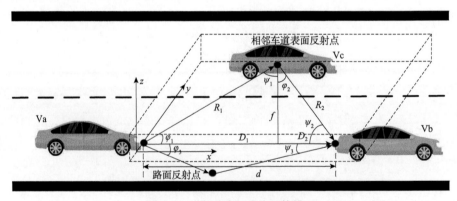

图 6.9　双车道路灯系统整体模型

6.3.1　直视传输分析

入射光线与接收器表面的法线成角度 ψ，则直视链路的信道脉冲响应如下所示[9]：

$$h(t) = \frac{A(m+1)}{2\pi d^\gamma}\cos^m\varphi \cdot T_s(\psi)g(\psi)\cos\psi \cdot \tau(d)\delta\left(t - \frac{d}{c}\right) \tag{6.30}$$

其中，γ 为路径损耗指数；t 为传播时间；A 为光功率计的有效面积；d 为车间距；φ 为辐照度角；ψ 为探测器处的入射角；c 为光速；$T_s(\psi)$ 为滤光片增益；$g(\psi)$ 为集中器增益；$\tau(d)$ 为不同天气条件下的衰减系数；d/c 为信号的传播延迟；$m = -0.6931 / \ln(\cos\psi_{1/2})$ 为朗伯阶，$\psi_{1/2}$ 为辐射的半功率角。

光在大气中的吸收和散射由比尔-朗伯定律计算：

$$\tau(d) = I_t / I_0 = \mathrm{e}^{(-\gamma(\lambda)d)} \qquad (6.31)$$

其中，I_0 为发射光强；I_t 为接收光强；d 为传播距离；$\tau(d)$ 为距离发射器 d 处的透射率；$\gamma(\lambda)$ 为单位长度的消光系数。

直流增益 $H(0)$ 由式 (6.32) 给出[10]：

$$H(0) = \int_{\infty}^{-\infty} h(t)\mathrm{d}t \qquad (6.32)$$

设式 (6.30) 中的滤光片增益 $T_s(\psi)$、集中器增益 $g(\psi)$ 具有单一增益，则直流信道增益 $H(0)$ 为[5]

$$H(0) = \begin{cases} \dfrac{(m+1)A}{2\pi d^{\gamma}} \cos^m \varphi \cos\psi \cdot \tau(d), & 0 \leqslant \psi \leqslant \psi_c \\ 0, & \psi > \psi_c \end{cases} \qquad (6.33)$$

由于通信链路 d、φ 和 ψ 的几何尺寸是随机的，任何时刻的信道脉冲响应和直流增益都是随机的。

如果车辆在一个稳定的队列中具有可忽略的侧向角偏差，那么考虑到 $\varphi = \psi = 0$ 是一个有效的假设。因此，式 (6.33) 可以改写为

$$H(0) = \frac{A(m+1)}{2\pi d^{\gamma}} \tau(d) \qquad (6.34)$$

以 dB 为单位的信道增益或路径损耗与车辆间距离 d 的函数关系如下：

$$P_L = 10\lg(A(m+1)) + 10\lg(\tau(d)) - 10\lg(2\pi) - 10\gamma\lg d \qquad (6.35)$$

前两项 $10\lg(A(m+1)) - 10\lg(2\pi)$ 是常数；车辆间距 d 是一个随机变量。

当交通流量超过 1000 辆/h 时，对数正态分布很好地拟合了车辆间距。其定义如下[11]：

$$f_d = \frac{1}{d\sqrt{2\pi}\sigma_s}\exp\left(-\frac{(\ln d - \mu_s)^2}{2\sigma_s^2}\right) \tag{6.36}$$

其中，f_d 为车辆间距函数；d 为车间距离；μ_s 和 σ_s 为均值和方差。

对数正态分布可用于说明两辆连续车辆之间间距的安全性和道路的速度限制。在车辆间距满足式 (6.36) 的情况下，式 (6.35) 中的路径损耗具有正态分布，如下所示：

$$P_L(x,\mu_m,\sigma_m) = \frac{1}{\sigma_m\sqrt{2\pi}}\exp\left(-\frac{(x-\mu_m)^2}{2\sigma_m^2}\right) \tag{6.37}$$

其中，标准偏差为 $\sigma_m = 10\gamma\sigma_s/\ln 10 + 10\lg e^{-\gamma(\lambda)}\sigma_s$，平均值为 $\mu_m = 10\frac{A(m+1)}{2\pi} - 10\gamma\frac{\mu_s}{\ln 10} + 10\lg e^{-\gamma(\lambda)}\mu_s$。

另外，当交通流量超过 1000 辆/h 时，车辆间角度偏差的影响变得显著[11]。假设车辆行驶之间保持对齐，则式 (6.33) 中的角度 $\varphi = \psi$。因此，路径损耗由式 (6.38) 给出：

$$P_L = 10\lg(A(m+1)) + 10\lg(\tau(d)) - 10\lg(2\pi) - 10\gamma\lg d + 10(m+1)\lg(\cos\varphi) \tag{6.38}$$

假设角 φ 是均匀分布的，即 $\varphi \sim U(0 \sim \varphi_0)$，那么余弦分布由式 (6.39) 给出[11]：

$$f_Z(z) = \frac{1}{\varphi_0\sqrt{1-z^2}}, \quad \cos\varphi_0 < z < 1 \tag{6.39}$$

利用随机变量变换原理，可以证明式 (6.38) 的最后一项具有以下分布：

$$f_Y(y) = \frac{1}{g\varphi_0\sqrt{e^{-2y/g}-1}}, \quad 0 < y < 10(m+1)\lg(\cos\varphi_0) \tag{6.40}$$

其中，$g = 10(m+1)e$，并且 e 为 Naperian 数。因此，式 (6.38) 中的路径损耗由式 (6.36) 中正态分布和式 (6.40) 中对数余弦项分布之间的卷积给出，该卷积由式 (6.41) 表示：

$$P_L(x;\mu_m,\sigma_m) = \frac{1}{g\varphi_0\sigma_m\sqrt{2\pi}}\int_\alpha^0 \frac{\exp\left(-\frac{(x-y-\mu_m)^2}{\sigma_m^2}\right)}{\sqrt{e^{-2y/g}-1}}\mathrm{d}y \tag{6.41}$$

其中，$\alpha = 10(m+1)\lg(\cos\varphi_0)$。

6.3.2　反射分量分析

考虑从车辆表面的反射是漫反射，图 6.9 中的车间距离$(d=D_1+D_2)$取决于 Vb 和 Vc 的相对速度。辐照度角φ_1和入射角ψ_2取决于 Vb 和 Vc 的相对位置。φ_2和ψ_1分别是相对于反射面法线的辐照度角和入射角。因此，第 i 个反射器的通道反射分量如下[12]：

$$h_\sigma(0) = \frac{\sum_{i=1}^{n} \dfrac{\zeta A(m+1)}{(2\pi)^2 R^2} \cos^m \varphi_1^i \cos\varphi_2^i \cos\psi_1^i}{\cos\varphi_2^i \tau(R^i)\delta\left(\dfrac{t-(R_1+R_2)}{c}\right)} \tag{6.42}$$

其中，n 为反射器总数；R_1 为发射机到反射器的距离；R_2 为反射器到接收机的距离；ζ 为反射面的反射指数。基于三角关系(图 6.9)，可以用以下形式表示单个反射器：

$$h_{\mathrm{eff}}(t) = \frac{\zeta A(m+1)f^2 D_1^m D_2}{(2\pi)^2 R_1^{(m+\gamma+1)} R_2^4} \tau(R_1)\tau(R_2) \tag{6.43}$$

其中，D_1 和 D_2 为纵向车间距；f 为横向车间距。对于单个反射，信道反射分量的路径损耗由式(6.44)给出：

$$\begin{aligned}
P_L = {} & 10\lg(\zeta A(m+1)) + 20\lg f + 10m\lg D_1 + 10\lg D_2 \\
& + 10\lg(\tau(R_1)) + 10\lg(\tau(R_2)) - 20\lg(2\pi) - 10(m+\gamma+1)\lg R_1 \\
& - 40\lg R_2
\end{aligned} \tag{6.44}$$

只考虑在交通高峰期的反射，因为当车辆间距的平均值为 250m 时，在低交通密度时的反射是可以忽略不计的。因此，假设 D_1 和 D_2 具有对数正态分布，均值为 μ_s，标准差为 σ_s，f 为常数。因此，R_1 和 R_2 的对数正态分布 μ_r 和 σ_r 为[12]

$$\mu_r = \frac{1}{2}\ln\left(\frac{E^2}{\sqrt{V+E^2}}\right) \tag{6.45}$$

$$\sigma_r = \frac{1}{2}\sqrt{\ln\left(\frac{V+E^2}{E^2}\right)} \tag{6.46}$$

其中

$$E = \exp(2(\mu_s + \sigma_s^2)) + f^2 \tag{6.47}$$

$$V = \exp(4(\mu_s + 2\sigma_s^2)) - \exp(4(\mu_s + \sigma_s^2)) \tag{6.48}$$

假定式(6.44)中的路径损耗具有正态分布,如下所示:

$$\mathrm{PL}_{\mathrm{dB}}(x; \mu_k, \sigma_k) = \frac{1}{\sigma_k \sqrt{2\pi}} \exp\left(-\frac{(x - \mu_k)^2}{2\sigma_k}\right) \tag{6.49}$$

其中

$$\begin{aligned}
\sigma_k^2 &= \left(10m\frac{\sigma_s}{\ln 10}\right)^2 + \left(10\frac{\sigma_s}{\ln 10}\right)^2 + \left[100(m + \gamma + 1)\frac{\sigma_r}{\ln 10}\right]^2 \\
&\quad + \left(40\frac{\sigma_r}{\ln 10}\right)^2 \mathrm{Cov}(d_1, r_1) - \mathrm{Cov}(d_2, r_2)
\end{aligned} \tag{6.50}$$

其中,$\mathrm{Cov}(d_1, r_1)$ 和 $\mathrm{Cov}(d_2, r_2)$ 为协方差,由式(6.51)和式(6.52)给出:

$$\mathrm{Cov}(d_1, r_1) = 100\mathrm{Corr}(d_1, r_1)[m^2 + (\gamma + 1)m]\frac{\sigma_s \sigma_r}{(\ln 10)^2} \tag{6.51}$$

$$\mathrm{Cov}(d_2, r_2) = 400\mathrm{Corr}(d_2, r_2)\frac{\sigma_s \sigma_r}{(\ln 10)^2} \tag{6.52}$$

其中,$\mathrm{Corr}(d_1, r_1)$ 和 $\mathrm{Corr}(d_2, r_2)$ 为相关系数,平均值如下所示:

$$\begin{aligned}
\mu_k &= 10\frac{\rho A_r(m+1)f^2}{(2\pi)^2} + \left(10m\frac{\mu_s}{\ln 10}\right) + \left(10\frac{\mu_s}{\ln 10}\right) \\
&\quad + \left[10(m + \gamma + 1)\frac{\mu_r}{\ln 10}\right] - \left(40\frac{\mu_r}{\ln 10}\right)
\end{aligned} \tag{6.53}$$

光功率计中的期望接收功率为

$$P_{\mathrm{rx}}(t) = P_{\mathrm{tr}}(t)P_L \tag{6.54}$$

6.3.3　路径损耗模拟

当车辆间距 D 为对数正态分布,即 $\mu_s = 2.95$、$\sigma_s = 0.30$,以及 $\psi_{1/2} = 30°$、降雨率为 15mm/h 时,路径损耗分布的概率密度函数如图 6.10 所示。此天气条件下的平均路径损耗为-82.46dB,标准偏差为 13.71dB。

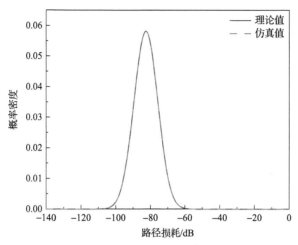

图 6.10　路径损耗分布的概率密度函数

6.4　可见光通信不同天气衰减

6.4.1　雨天衰减

降雨会对红外信号和光波产生衰减，严重时还会导致无线通信链路中断。因此，开展对降雨天气条件下室外可见光通信的研究十分有必要。本节在米氏散射理论的基础上研究雨滴的散射对光信号传播的影响，利用米氏散射理论和雨滴谱分布，研究单个粒子光散射强度分布以及不同波长对消光效率因子的影响，详细分析可见光在雨中衰减的计算方法，计算衰减与降雨率之间的关系。

雨滴尺寸分布也称为雨滴谱，是研究降雨特性、大气激光通信、雷达气象和无线电波传播的重要参数，得到了广泛的测量和模式化研究。Laws-Parsons 雨滴尺寸分布至今仍被认为是最典型的平均雨滴尺寸分布，并被广泛地使用。雨滴谱在全世界范围内得到广泛的测量，在不同地区测量数据的基础上得到了大量雨滴尺寸分布模型，如 Laws-Parsons 分布、Marshall-Palmer (M-P)分布、Joss 分布、Gamma 分布等，其中 Laws-Parsons 分布和负指数分布的 Marshall-Palmer 分布及 Joss 分布被广泛使用。

Laws-Parsons 雨滴尺寸分布(L-P 分布)是一种离散性的雨滴尺寸分布,雨滴的体积分布为[13]

$$f(D,R) \approx (33.44 \pm 1.8)R^{-1.28}D^{5.93}\exp(-0.538R^{-0.186}D) \tag{6.55}$$

其中, D 为雨滴直径; R 为降雨率。

雨滴的分布模型为[13]

$$N(D) = 6Vf(D)(\pi D^3)^{-1} \tag{6.56}$$

其中，$V = \dfrac{R}{3.6 \times 10^6 U}$，$U = \int_0^\infty f(D)V(D)\mathrm{d}D$，$V(D)$ 为雨滴直径为 D 时的雨滴末速度，R 为降雨率。

两种常用的直径为 D 时的雨滴末速度可以表示为[14]

$$V(D) = 9.65 - 10.3\mathrm{e}^{-0.6D} \quad \text{(m/s)} \tag{6.57}$$

$$V = \left(\frac{0.787}{r^2} + \frac{503}{\sqrt{r}}\right)^{-1} \times 10^{-6} = 10 \Big/ \left(\frac{0.3148}{D^2} + \frac{2.2495}{\sqrt{D}}\right) \quad \text{(m/s)} \tag{6.58}$$

在雨滴体积分布服从 Gamma 分布下，其分布形式为[14]

$$f(D) = aD^b \exp(-cD) \tag{6.59}$$

此时雨滴的速度经验公式为[14]

$$R(D) = p - q\exp(-sD) \tag{6.60}$$

$$U = \int_0^\infty f(D)R(D)\mathrm{d}D \tag{6.61}$$

将式 (6.59)、式 (6.60) 代入式 (6.61)，可得

$$U = \Gamma(b+1)\frac{a}{c^{b+1}}\left[p - q\Big/\left(1 + \frac{q}{c}\right)^{b+1}\right] \tag{6.62}$$

于是，将式 (6.55)、式 (6.57) 中有关系数代入式 (6.62) 得

$$U = \frac{\Gamma(6.93)}{1000} \times \frac{33.44}{5.38^{6.93}} \times \left[9.506 - \frac{10.15562}{(1 + 0.1115R^{0.186})^{693}}\right]R^{1.161} \tag{6.63}$$

其中，R 为以 mm 为单位每小时的降雨率。因此，式 (6.63) 可近似表示为

$$U \approx 0.000888R^{1.256} \tag{6.64}$$

将式 (6.64) 代入式 (6.56) 就可以得到 L-P 分布的表达式：

$$n(D)_{\mathrm{LP}} = 2.0 \times 10^7 R^{-0.384} D^{2.93} \exp(-5.38R^{-0.186}D) \tag{6.65}$$

其中，D 为雨滴直径；R 为降雨率。

应用米氏散射理论计算单球雨粒子对光的散射，对波长为 650nm 的光进行单球雨粒子散射计算和仿真，对应的水的复折射率为 $m=1.331-j1.64\times10^{-8}$ [10]，j 为虚数单位。当入射光强为 $I_0=1W$ 时，距离散射体 $r=0.1m$ 处的散射光强（取对数）与散射角的极坐标分布如图 6.11 所示[15]。

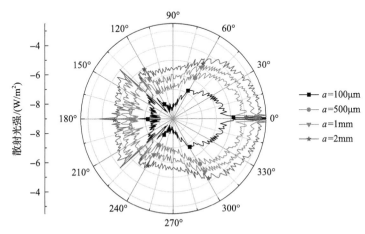

图 6.11　不同直径雨粒子的散射

分别取半径为 100μm、500μm、1mm、2mm 的单球型雨粒子，在满足上述条件下进行散射光强仿真。由图 6.11 可以看出，散射主要集中在前向和后向，小雨即雨滴尺寸较小时后向散射较大，随着雨滴尺度的增加前向散射越来越大。

雨天条件下光强的散射系数为[15]

$$\gamma_{\text{rain}}=\frac{I_i}{I_0}=\exp(-\rho\sigma_a d)-\exp(-\rho\sigma_t d) \tag{6.66}$$

其中，I_0 为发射光强；I_i 为散射光强；d 为传播距离；ρ 为粒子数密度；σ_a 为介质的吸收截面；σ_t 为总截面。

波长为 650nm 的可见光在降雨天气条件下，降雨率与散射衰减系数的关系如图 6.12 所示。

由图 6.12 可知，散射衰减系数在降雨率 0.1～45mm/h 范围内存在一个极值，在极值点时降雨对接收信号的影响最小。究其原因，是在小雨时，雨粒子的后向散射较大，此时散射衰减系数较大；随着雨势的增大，雨粒子的半径增大而数量几乎保持不变，前向散射会随着雨粒子的增大而增大，此时的散射衰减系数较小；当雨势持续增大时，雨粒子的半径就会保持在一定大小，此时雨粒子总的光学厚度增大，散射衰减系数较大。因此可见，光在小雨天比在中雨天和大雨天散射衰减系数大, 当降雨率超过 45mm/h 时, 散射衰减系数比小雨的要大, 并且随着降雨率增大散射衰减系数会持续增大。

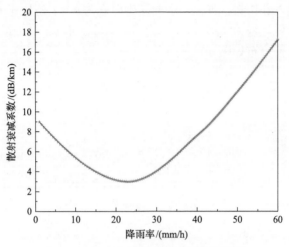

图 6.12　降雨率与散射衰减系数的关系

6.4.2　雾天衰减

　　雾是由悬浮在近地面空气中缓慢沉降的水滴或冰晶组成的一种胶体系统。根据能见度和含水量的不同将雾分成不同的类型, 能见度低于 50m 的为重雾, 能见度高于 50m 低于 200m 的为浓雾, 能见度高于 200m 低于 500m 的为大雾。一般来说, 薄雾的粒子数密度为 50～100 个/cm^3, 而浓雾的粒子数密度为 500～600 个/cm^3。单位体积空气小水滴或冰晶的质量称为雾的含水量, 以 $W(\text{g/m}^3)$ 表示。雾的含水量随雾的强度不同而不同, 雾的浓度越大, 含水量就越大。

　　雾的特征除了用含水量来描述, 通常用能见度来表示雾的大小, 雾的能见度和含水量的关系可以用式(6.67)表示[16]:

$$V = C\frac{r_{\text{ef}}}{W} \tag{6.67}$$

其中, r_{ef} 为雾的有效半径(μm), 通常取均方根半径; W 为含水量(g/m^3); C 为常数, 其取值 2.5; V 为能见度。

　　平流雾含水量的表达式为

$$W = (18.35V)^{-1.43} = 0.0156V^{-1.43} \tag{6.68}$$

　　辐射雾含水量的表达式为

$$W = (40.0V)^{-1.54} = 0.00316V^{-1.54} \tag{6.69}$$

雾滴粒子体积很小，一般温度下可看成小水滴，因此雾的复介电常数可用水的复介电常数代替。水在常用波长光中的折射率和吸收率列于表 6.2 中。

表 6.2　水在常用波长光中的折射率与吸收率表[10]

λ /nm	$n(\lambda)$	$k(\lambda)$	λ /nm	$n(\lambda)$	$k(\lambda)$
300	1.349	1.60×10^{-8}	550	1.333	1.96×10^{-9}
325	1.346	1.08×10^{-8}	575	1.333	3.60×10^{-9}
350	1.343	6.50×10^{-9}	600	1.332	1.09×10^{-8}
375	1.341	3.50×10^{-9}	625	1.332	1.39×10^{-8}
400	1.339	1.86×10^{-9}	650	1.331	1.64×10^{-8}
425	1.338	1.30×10^{-9}	675	1.331	2.23×10^{-8}
450	1.337	1.02×10^{-9}	700	1.331	3.35×10^{-8}
475	1.336	9.35×10^{-10}	725	1.330	9.15×10^{-8}
500	1.335	1.00×10^{-9}	750	1.330	1.56×10^{-7}
525	1.334	1.32×10^{-9}	800	1.329	1.25×10^{-7}

1. 雾的尺寸分布

广泛采用的一种雾滴谱模型是 Gamma 雾滴尺寸分布模型[17]：

$$n(r) = ar^2 \exp(-br) \tag{6.70}$$

其中，r 为雾滴半径；n 为单位体积内的雾滴数；a、b 为关于雾的能见度 V 和含水量 W 的函数。下面将以此模型为基础，导出雾滴谱分布与 V 和 W 的关系。

2. 雾滴尺寸分布参数的确定

在 Gamma 雾滴尺寸分布情况下，σ 表示为[17]

$$\sigma = \int_0^\infty 2\pi r^2 n(r)\mathrm{d}r = 2\pi\int_0^\infty ar^4 \mathrm{e}^{-br}\mathrm{d}r = \frac{2\pi a 4!}{b^5} \tag{6.71}$$

$$V = \frac{3.912}{\sigma} = \frac{3.912b^5}{2\pi a 4!} \tag{6.72}$$

$$W = 10^6\int_0^\infty \frac{4\pi}{3}\int_0^\infty ar^5 \mathrm{e}^{-br}\mathrm{d}r = \frac{4\pi 5! a}{3b^6}\times10^6 \tag{6.73}$$

化简可得

$$a = \frac{9.781}{V^6 W^5} \times 10^{15} \tag{6.74}$$

$$b = \frac{1.304 \times 10^4}{VW} \tag{6.75}$$

其中，V 为雾的能见度；W 为含水量。

将 a 和 b 代入 Khragian-Mazin 分布模型，利用式 (6.68) 和式 (6.69) 雾的含水量和能见度经验公式，可以得到以 μm 为半径单位的雾滴尺寸分布如下。

平流雾：

$$\begin{aligned}
n(r) &= 1.059 \times 10^7 V^{1.15} r^2 \exp(-0.8359 V^{0.43} r) \\
&= 3.37 \times 10^5 W^{-0.84} r^2 \exp(-0.2392 V^{-0.301} r)(\text{m}^{-3} \cdot \text{m}^{-1})
\end{aligned} \tag{6.76}$$

辐射雾：

$$\begin{aligned}
n(r) &= 3.104 \times 10^{10} V^{1.7} r^2 \exp(-4.122 V^{0.54} r) \\
&= 5.400 \times 10^7 W^{-1.104} r^2 \exp(-0.5477 W^{-0.351} r)(\text{m}^{-3} \cdot \text{m}^{-1})
\end{aligned} \tag{6.77}$$

应用米氏散射理论计算单球雾粒子对光的散射，对波长为 650nm 的光进行单球雾粒子散射计算和仿真，对应水的复折射率为 $m = 1.331 - j1.64 \times 10^{-8}$ [10]。当入射光强为 $I_0 = 1\text{W}$ 时，距离散射体 $r = 0.1\text{m}$ 处的散射光强（取对数）与散射角的极坐标分布如图 6.13 所示。

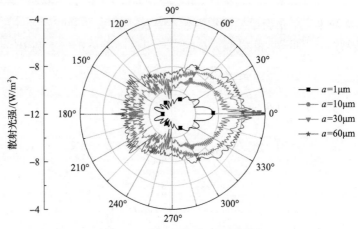

图 6.13　不同直径雾粒子散射图

雾粒子的半径在 $1 \sim 60\mu\text{m}$ 范围内，分别取半径为 $1\mu\text{m}$、$10\mu\text{m}$、$30\mu\text{m}$、$60\mu\text{m}$ 的单球雾粒子，在满足上述条件下进行散射光强仿真。由图 6.13 可以看出，雾粒

子散射光强分布都很复杂，且侧向有复杂的旁瓣，侧向明显小于前向散射。雾粒子前向散射光强随粒子尺寸增大而增大。

雾天条件下 LED 的衰减系数为[18]

$$\gamma_{\text{fog}}(\lambda) = \frac{17.35}{V}\left(\frac{\lambda}{550}\right)^{-\varphi} \tag{6.78}$$

其中，$\gamma_{\text{fog}}(\lambda)$ 为衰减系数(dB/km)；V 为能见度范围；λ 为 LED 光的波长；参数 φ 取决于能见度距离范围[18]，有

$$\varphi = \begin{cases} 1.6, & V > 50\text{km} \\ 1.3, & 6\text{km} < V \leqslant 50\text{km} \\ 0.16V + 0.34, & 1\text{km} < V \leqslant 6\text{km} \\ V - 0.5, & 0.5\text{km} < V \leqslant 1\text{km} \\ 0, & V < 0.5\text{km} \end{cases} \tag{6.79}$$

考虑了波长为 650nm 可见光在薄雾和浓雾两种天气条件下，雾浓度与衰减系数的关系如图 6.14 所示。

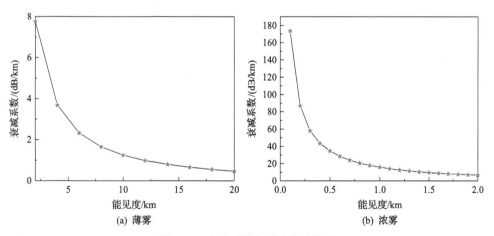

图 6.14　衰减系数与雾浓度的关系

图 6.14(a)和(b)分别为薄雾和浓雾衰减系数与能见度的关系。从图中可以看出，浓雾和薄雾的衰减系数曲线是相似的，但是浓雾天的雾粒子浓度高且能见度低，雾粒子对光的散射严重，所以浓雾和薄雾的衰减趋势虽然是相似的，但浓雾的衰减更严重。

在能见度为 800m 的雾天信道环境下，图 6.15 分析了不同波长的可见光对雾天衰减系数的影响。从图中可以看出，波长从 380nm 增加到 780nm，衰减系数呈

递减趋势，说明在可见光波段范围内，波长越短在雾天信道环境下衰减越大。

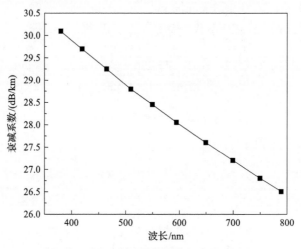

图 6.15　雾天衰减系数随波长变化的关系

6.4.3　雪天衰减

分别根据湿雪和干雪的实测数据进行线性拟合，得到湿雪和干雪的速度经验关系。湿雪的速度与等效直径的关系为[19]

$$v = 2.5 D_{\mathrm{eq}}^{0.2} \tag{6.80}$$

其中，v 为雪粒子的速度；D_{eq} 为雪粒子的等效半径。

干雪的速度与等效直径的关系为

$$v = 1.6 D_{\mathrm{eq}}^{0.14} \tag{6.81}$$

其中，v 为雪粒子的速度；D_{eq} 为雪粒子的等效半径。

总体上讲，雪粒子的水平运动速度介于 15m/s 和 −15m/s 之间，其中大多落在 ±2.5m/s 区间范围内。要说明的是，这一结论是在降雪时伴随着一定的风速条件下得出的，当环境风速不同时，雪粒子的水平运动速度的特征可能会有差异。

利用 Gamma 谱分布函数对实测谱分布进行拟合，拟合的 Gamma 谱分布函数为

$$N(D) = 1.864 \times 10^3 D^{1.24} \exp(-2.0D) \tag{6.82}$$

应用米氏散射理论计算单球雪粒子对光的散射，对波长为 650nm 的光进行单

球雪粒子散射计算和仿真，对应的水的复折射率为 $m = 1.331 - j1.64 \times 10^{-8}$ [10]。当入射光强为 $I_0 = 1W$ 时，距离散射体 $r = 0.1m$ 处的散射光强（取对数）与散射角的极坐标分布如图 6.16 所示。

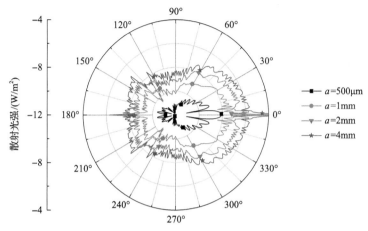

图 6.16　不同直径雪粒子散射图

　　分别取半径为 500μm、1mm、2mm、4mm 的单球雪粒子，可以看出散射主要集中在前向和后向，随着雪粒子尺度的增加前向散射越来越大。

　　由于雪粒子的横截面积大于雨滴，因此在相同的降水率下，雪的衰减大于雨的衰减。衰减系数 γ_{snow} (dB / km) 作为降雪率 S(mm/h) 的函数，由式 (6.83) 给出[20]：

$$\gamma_{\text{snow}} = a \cdot S^b \tag{6.83}$$

　　参数 a 和 b 是关于工作波长 λ (nm) 的函数，湿雪和干雪的估计值列于表 6.3。考虑了波长为 650nm 可见光在干雪和湿雪两种天气条件下，降雪率与衰减系数的关系，如图 6.17 所示。

表 6.3　降雪引起的衰减系数[20]

降雪形式	a	b
湿雪	0.000102 λ +3.79	0.72
干雪	0.0000642 λ +5.50	1.38

　　图 6.17(a) 和 (b) 分别为湿雪和干雪衰减系数与降雪率的关系。从图中可以看出，湿雪和干雪的衰减系数虽然都是随着降雪率的增大而增大，但是两条曲线的衰减趋势是不同的，降雪率增加同样多时，干雪的衰减幅度更大，在相同降雪率下干雪比湿雪的衰减更为严重。

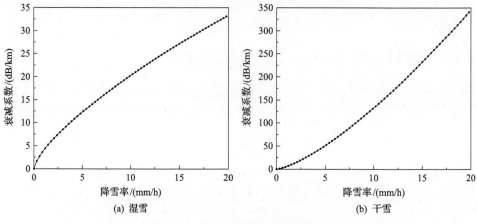

图 6.17　衰减系数与降雪率的关系

在降雪率为 2mm/12h 的信道环境下，图 6.18 分析了波长对雪天衰减系数的影响，从图中可以看出，波长从 380nm 增加到 780nm，衰减系数呈递增趋势，说明在可见光波段范围内，在雪天信道环境下波长越长可见光信号衰减越大。

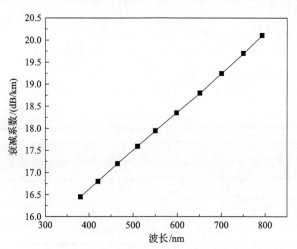

图 6.18　雪天衰减系数随波长变化的关系

6.4.4　沙尘天气衰减

沙尘天气中的沙尘粒子半径一般在 0.001～0.1mm 范围内，且粒子间的粒子数可以用尺度分布函数表示。对数正态分布可以很好地表示实际沙尘粒子尺度分布[21]：

$$n(r) = \frac{N}{2r\sigma\sqrt{2\pi}} \exp\left(-\frac{1}{2}\left(\frac{\ln(2r) - \mu}{\sigma}\right)^2\right) \tag{6.84}$$

其中，N 为单位体积内的平均粒子数；μ 和 σ 分别为 $\ln(2r)$ 的均值和标准方差；r 为粒子半径。自然沙尘天气中的粒子尺度参数 $\mu = -9.718$ 和 $\sigma = 0.405$。干沙的复介电常数是固定的，不随波长的变化而变化，干沙的复介电常数取为 $m = 1.55-\text{j}0.005^{[10]}$。

应用米氏散射理论计算沙尘粒子对光的散射，干沙的复介电常数不随光波波长变化而变化，光波波长取 650nm 对应的复折射率为 $m = 1.55 - \text{j}0.005$。入射光强为 $I_0 = 1\text{W}$，距离散射体 $r = 0.1\text{m}$ 处的散射光强（取对数）与散射角的极坐标分布如图 6.19 所示。

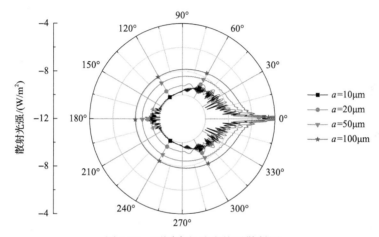

图 6.19　不同直径沙尘粒子散射图

分别取半径为 10μm、20μm、50μm、100μm 的单球干沙粒子，由图 6.19 可以看出，沙尘粒子散射光强分布随粒子尺寸增大变得更加复杂，侧向散射和后向散射相对于前向散射小得多，散射能量主要集中在前向。前向散射光强随粒子半径的增大而增大。

若只考虑单次散射，则服从对数正态分布球形沙尘粒子衰减系数[22]

$$\beta = N_0 \int_0^\infty \pi r^2 Q_{cu}(r) n(r) \mathrm{d}r \tag{6.85}$$

其中，N_0 为单位体积内悬浮粒子的个数；$Q_{cu}(r)$ 为气溶胶吸收截面；$n(r)$ 为粒子尺寸分布概率密度函数，如式 (6.84) 所示。

图 6.20 是沙尘对可见光的衰减系数随能见度的变化曲线。

由图 6.20 可以看出，随着沙尘天气条件下能见度的增大，衰减系数减小。在能见度低于 200m 时，随着能见度的增大，衰减系数减小得较快，在能见度高于 400m 时，随着能见度的增大，衰减系数减小得较慢。

在可见光波段范围内，沙尘粒子的复折射率为 $m = 1.55 - \text{j}0.005$，图 6.21 分析了波长对一定沙尘粒子数量浓度下衰减系数和传输功率的影响。从图中可以看出，取沙尘粒子数量浓度 $N_0=1.3596\times10^9\mathrm{m}^{-3}$，波长从 380nm 增加到 780nm，沙尘天气衰减系数呈递增趋势，说明在可见光范围内，波长越长沙尘粒子对光信号的衰减越大。

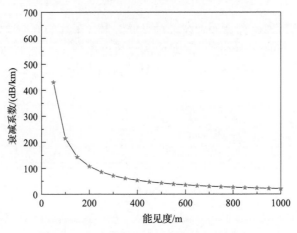

图 6.20　沙尘天气衰减系数与能见度的关系

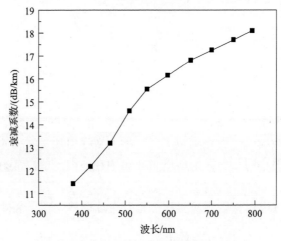

图 6.21　沙尘天气衰减系数随波长变化

6.5　不同路段和天气条件下的实验测量

6.5.1　不同路段实验测量数据及分析

图 6.22 是在西安市金花路和咸宁路不同时间段测量的实测数据。对测量到的光功率进行概率密度函数拟合，由图 6.22 可以看出，接收到的光功率概率密度函

数符合高斯模型。对接收光功率值进行归一化处理后，可以看出不同时间段接收光功率概率密度函数的方差有所不同，但相同时间段，不同道路的路径损耗相同。19 点到 20 点车流量较大，接收到的光功率概率密度函数的方差较大，在 1 点到 2 点车辆较少，接收到的光功率概率密度函数的方差较小，主要原因是车流量的不同，车流量较大时，接收信号受到的影响因素更多，如旁边车道车辆的反射光，这将造成信道路径损耗增大。表 6.4 列出了部分路段不同时间段晴天条件下的采样数据。

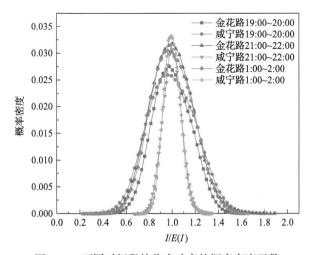

图 6.22　不同时间段接收光功率的概率密度函数

表 6.4　不同路段测量

时间	天气条件	测量路段	测量组数
2021-10-21	晴	咸宁路	6
2021-10-22	晴	咸宁路	8
2022-05-07	晴	咸宁路	9
2022-05-12	晴	咸宁路	8
2022-06-26	晴	咸宁路	5
2021-10-25	晴	金花路	9
2021-10-27	晴	金花路	7
2021-12-05	晴	金花路	9
2022-04-15	晴	金花路	8
2022-03-28	晴	金花路	10

6.5.2　雨天测量数据及分析

　　图 6.23 是在不同降雨量条件下，对测量到的光功率进行概率密度函数拟合。由图 6.23 可知，接收到的光功率概率密度函数符合高斯模型，对接收功率值进行归一化后，不同降雨量情况下概率密度函数的方差不同。发射端的发射光强经过雨天信道后，不同的降雨量对其衰减影响不同，路径损耗的大小也就不同。小雨和暴雨接收光功率的概率密度函数的方差更大，说明在小雨和暴雨天接收的光功率更不稳定，在实际通信过程中也会对通信质量造成更大的影响。图 6.24 是不同降雨条件下接收到的光功率均值，可以看出小雨和暴雨天气条件下接收到的光

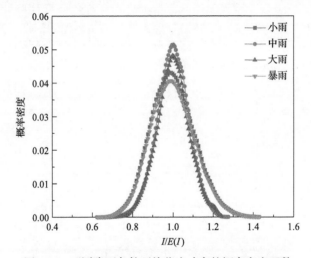

图 6.23　不同降雨条件下接收光功率的概率密度函数

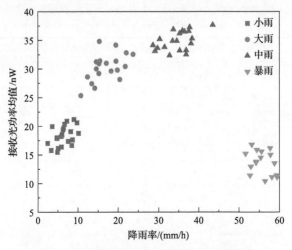

图 6.24　不同降雨条件下的接收光功率均值

功率均值比中雨和大雨接收到的均值小。也就是在雨衰减较大时，接收到的光功率均值较小，与图 6.12 对应，证明了图 6.12 的降雨率与散射衰减系数之间关系的正确性，两图是相互印证的。表 6.5 列出了部分降雨天气条件下的采样数据，降雨量是根据当天的气象站天气预报进行记录的。

表 6.5　不同降雨量天气条件测量

时间	天气条件	降雨量/mm	测量组数
2021-08-31	暴雨	66	10
2021-09-27	小雨	6	5
2021-09-27	大雨	29	6
2021-09-28	中雨	18	8
2021-10-03	小雨	5	6
2021-10-05	小雨	7	11
2021-10-19	中雨	15	13
2021-11-29	小雨	4	8
2021-12-10	中雨	16	12
2022-03-16	小雨	6	9
2022-04-11	大雨	32	11
2022-04-27	大雨	33	7
2022-04-28	小雨	5	9
2022-07-18	暴雨	57	9
2022-05-13	暴雨	56	8
2022-08-05	暴雨	62	7
2022-08-09	大雨	32	10
2022-08-28	中雨	18	8
2022-09-19	大雨	31	11
2022-11-11	中雨	13	10
2022-11-27	小雨	6	9
2023-03-24	中雨	15	6
2023-04-02	大雨	28	12

6.5.3　雾天测量数据及分析

图 6.25 是不同雾浓度条件下,对测量到的光功率进行概率密度函数拟合。由图可知,接收到的光功率概率密度函数符合高斯模型,对接收功率值进行归一化处理后,不同雾天浓度条件下概率密度函数的方差不同。发射端的发射光强经过雾天信道后,不同的雾浓度对其衰减影响不同,浓雾的光功率的概率密度函数的方差更大,说明在浓雾天接收的光功率更不稳定,在实际通信过程中也会对通信质量造成更大的影响。图 6.26 是不同雾浓度天气条件下接收光功率均值,可以看出,浓雾天气条件下接收到的光功率均值比薄雾天接收到的均值小。也就是

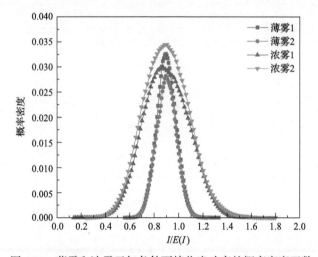

图 6.25　薄雾和浓雾天气条件下接收光功率的概率密度函数

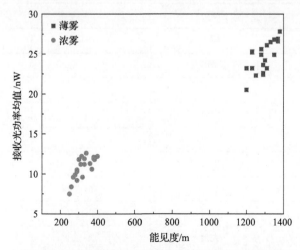

图 6.26　不同雾浓度天气条件下的接收光功率均值

在雾衰减较大时，接收到的光功率均值较小，证明了图 6.14 的雾天能见度与散射衰减系数之间关系的正确性，两图是相互印证的。

表 6.6 列出了部分不同雾浓度天气条件下的采样数据，雾浓度是根据当天的气象站天气预报进行记录的。

表 6.6　不同雾浓度天气条件下测量结果

时间	天气条件	能见度/m	测量组数
2021-09-25	浓雾	400	11
2021-10-27	浓雾	330	13
2021-11-27	薄雾	1600	10
2022-11-10	浓雾	350	12
2022-11-24	浓雾	210	9
2022-11-25	浓雾	330	11
2022-12-26	薄雾	1200	8
2023-03-16	薄雾	1300	11
2023-03-17	薄雾	1500	10

6.5.4　雪天测量数据及分析

图 6.27 是不同湿度雪天条件下，对测量到的光功率进行概率密度函数拟合。由图可知，接收到的光功率概率密度函数符合高斯模型，对接收功率值进行归一化后，不同湿度雪天情况下概率密度函数的方差不同。发射端的发射光强经过雪

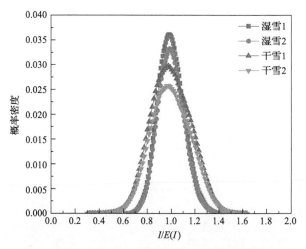

图 6.27　湿雪和干雪天气条件下接收光功率的概率密度函数

天信道后, 不同的降雪形式对其衰减影响不同, 干雪天光功率概率密度函数的方差更大, 说明在干雪天接收的光功率更不稳定, 在实际通信过程中也会对通信质量造成更大的影响。图 6.28 是不同降雪天气条件下接收到的光功率均值, 可以看出, 在相同降雪率的条件下, 湿雪天气接收到的光功率均值比干雪天接收到的均值大, 证明了图 6.17 的降雪率与衰减系数之间关系的正确性, 两图是相互印证的。

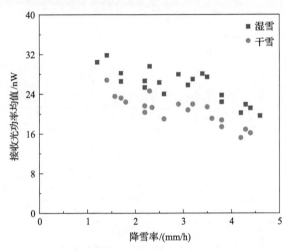

图 6.28　不同降雪天气条件下的接收光功率均值

表 6.7 列出了部分降雪天气条件下的采样数据, 降雪率是根据当天的气象站天气预报进行记录的。

表 6.7　不同降雪条件下测量结果

时间	天气条件	降雪率/(mm/h)	测量组数
2021-11-07	干雪	1.5	15
2021-12-25	干雪	1.8	15
2022-01-27	湿雪	2.5	15
2022-01-28	湿雪	2.3	15
2022-02-18	湿雪	1.5	14
2022-11-24	湿雪	2.5	16
2022-11-25	干雪	2.2	13
2022-11-30	干雪	1.6	15
2022-12-25	干雪	3.0	12

对不同天气条件下测得的光功率概率密度函数进行高斯拟合, 拟合后的高斯

模型参数如表 6.8 所示。在均值归一化处理后，不同天气下的均值相同，方差随着路径损耗增大而增大。

表 6.8　不同天气条件下高斯模型参数

天气条件	μ	σ
小雨	0.99	0.092
中雨	0.99	0.053
大雨	0.99	0.055
暴雨	0.99	0.098
湿雪	0.99	0.114
干雪	0.99	0.146
薄雾	0.99	0.133
浓雾	0.99	1.191

6.5.5　数据统计特性

　　信号序列的一阶矩表示信号的均值，二阶矩表示方差，三阶矩表示斜度，三阶矩是指接收信号概率密度函数关于中线对称的程度；四阶矩表示陡峭度，四阶矩是指接收信号在其数学期望附近的集中程度。分析表 6.5～表 6.7 样本中的实测数据,横坐标为方差,不同天气条件下的光强信号样本的偏斜度和陡峭度如图 6.29 和图 6.30 所示。

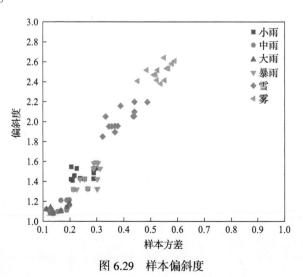

图 6.29　样本偏斜度

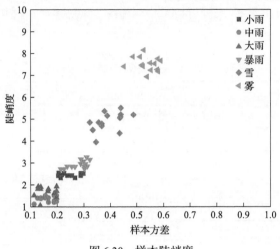

图 6.30　样本陡峭度

　　从图 6.29 和图 6.30 中可以看出,随着数据样本方差的增加,偏斜度和陡峭度的绝对值均增大。其中雾天的偏斜度和陡峭度明显高于其他天气,雪天的偏斜度和陡峭度高于雨天,小雨和暴雨的偏斜度和陡峭度高于大雨和中雨。信号链路受到天气条件影响越大,信号的方差也越大,同时信号数据样本的偏斜度和陡峭度越大。

6.6　不同天气条件下的通信性能分析

6.6.1　不同车辆距离接收光功率

　　车辆间可见光通信信道是一种特殊的动态介质,车辆的间距随着道路交通的变化随时发生变化,本节仿真不同车辆距离下的接收光功率,表 6.9 列出了所有数值分析参数。

表 6.9　数值分析参数

参数	符号	取值
传输光功率	P_t	314mW
探测器物理区域	A	0.79cm^2
滤光器增益	$T_s(\psi)$	1.0dB
集中器折射率	n	1.7
光电检波器响应度	r	0.35A/W

续表

参数	符号	取值
开环电压增益	G	10dB
场效应管沟道噪声因子	Γ	1.5
带通光学滤波器的带宽	$\Delta\lambda$	10nm
LED 波长	λ	550nm
车辆速度	V_s	60km/h
数据传输速率	T_d	20Mbit/s

　　图 6.31 分析了不同降雨形式下的接收光功率。显然，所有降雨形式下的接收光功率都随着距离的增加而降低。在相同的传输距离下，接收到的光功率从大到小依次是中雨、大雨、小雨、暴雨。

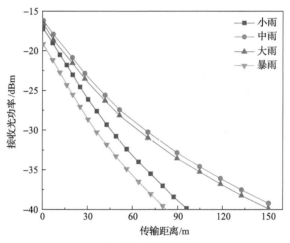

图 6.31　雨天接收功率与传输距离的关系

　　图 6.32 分析了不同雾天能见度下的接收光功率。显然，不同能见度下的接收光功率都随着传输距离的增加而降低。在相同的传输距离下，接收到的光功率随着能见度的减小而降低。

　　图 6.33 分析了不同降雪形式下的接收光功率。显然，所有降雪形式下的接收光功率都随着距离的增加而降低。对比相同降雪率下湿雪和干雪的影响可以看出，干雪对接收光功率的影响比湿雪大。在相同的传输距离下，接收到的光功率随着降雪率的增大而减小。

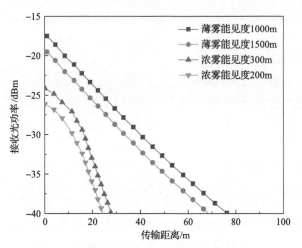

图 6.32　雾天接收光功率与传输距离的关系

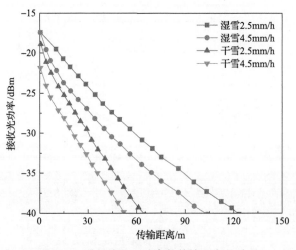

图 6.33　雪天接收光功率与传输距离的关系

图 6.34 分析了不同沙尘粒子浓度下的接收光功率。显然,所有沙尘天气下的接收光功率都随着传输距离的增加而降低。在相同的传输距离下,接收光功率随着沙尘粒子浓度的增大而减小。

图 6.35 分析了不同传输距离和不同道路宽度下的接收光功率。从图中可以看出,接收光功率从光源位置沿道路宽度方向和水平传输方向均呈现递减趋势。在相同传输距离下,道路宽度越宽接收到的光功率越小,在同样的道路宽度下,传输距离越远接收到的光功率越小。

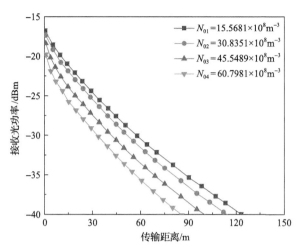

图 6.34　沙尘天接收光功率与传输距离的关系

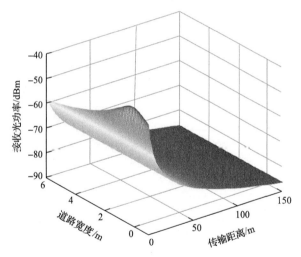

图 6.35　汽车前照灯的接收光功率分布

6.6.2　不同车辆距离接收信号误码率

图 6.36 对比分析了不同降雨形式下的室外可见光通信系统误码率性能，从图中可以看出，在不同天气条件下，系统误码率都随传输距离的增加而增加。雨天条件下，当系统误码率为 10^{-6} 时，室外可见光通信系统有效通信距离从小到大依次为暴雨、小雨、大雨、中雨。

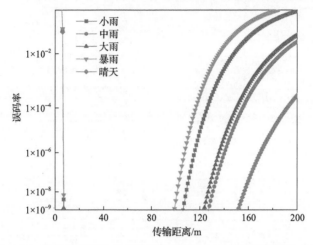

图 6.36 雨天室外可见光通信系统误码率与传输距离的变化关系

图 6.37 对比分析了湿雪和干雪天不同降雪率室外可见光通信系统误码率性能，从图中可以看出，系统误码率都随传输距离的增加而增加，并且随着降雪率的增大，在误码率为 10^{-6} 时，有效传输距离逐渐变短。对比了湿雪和干雪在不同降雪率条件下系统误码率的变化情况，可以看出在相同误码率和降雪强度下，相同天气条件下干雪室外可见光通信系统相比湿雪室外可见光通信系统信息传输距离分别减小了 3.6m、5.3m、13.9m、13.9m、21.4m、34.5m。

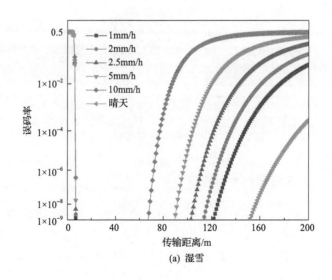

(a) 湿雪

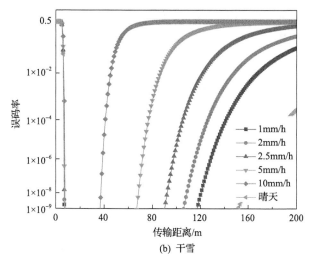

(b) 干雪

图 6.37　雪天室外可见光通信系统误码率与传输距离的变化关系

　　图 6.38 对比分析了不同雾天能见度下室外可见光通信系统误码率性能。从图中可以看出，不同雾天能见度下系统误码率都随传输距离的增加而增加，并且随着能见度的降低，在误码率为 10^{-6} 时，有效传输距离逐渐变短。室外可见光通信系统工作区间从大到小依次为晴天、能见度 2000m、能见度 1000m、能见度 500m、能见度 300m、能见度 100m。

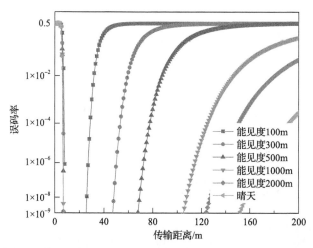

图 6.38　雾天室外可见光通信系统误码率与传输距离的变化关系

　　图 6.39 分析了四种不同沙尘粒子数量浓度下室外可见光通信系统误码率性能，其中 $N_{01}=15.5681\times10^{8}\text{m}^{-3}$、$N_{02}=30.8351\times10^{8}\text{m}^{-3}$、$N_{03}=45.5489\times10^{8}\text{m}^{-3}$、$N_{04}=60.7981\times10^{8}\text{m}^{-3}$。从图中可以看出，不同沙尘粒子数量浓度下系统误码率都随着传

输距离的增加而增加，并且随着单位立方体粒子数量浓度的增加，在误码率为 10^{-6} 时，有效传输距离逐渐变短。

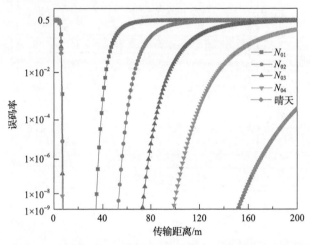

图 6.39　沙尘天室外可见光通信系统误码率与传输距离的变化关系

6.6.3　信噪比与误码率之间的关系

图 6.40 为在雨天条件下进行的误码率分析。可以看出，在不同降雨条件下，信噪比相同时，中雨和大雨的误码率接近，并且暴雨和小雨的误码率比中雨和大雨大。由图 6.40 可知，在雨衰减极值点的两端，虽然不同降雨量下的衰减是大致相同的，但是在相同信噪比下暴雨的误码率比小雨大，暴雨天气条件下雨滴的前向散射最为严重，因此在相同信噪比下暴雨的误码率更大。

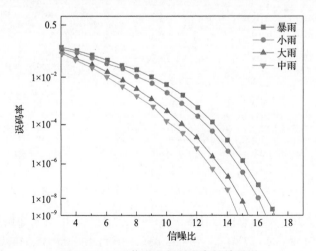

图 6.40　雨天信噪比与误码率的关系图

图 6.41 表示在雪天条件下进行的误码率分析。由图 6.41(a)可以看出，在相同信噪比下，随着降雪率的增大，接收误码率也逐渐增大。图 6.41(b)为在降雪率为 2.5mm/h 时对干雪和湿雪天气条件下的信噪比与误码率，可见，在相同信噪比下，干雪的误码率比湿雪的大。

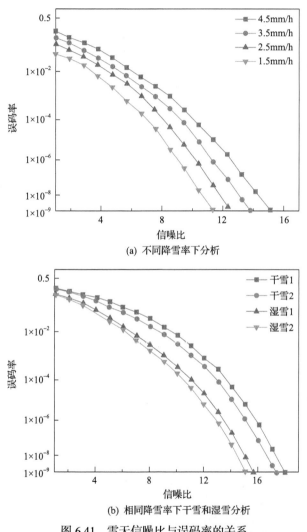

(a) 不同降雪率下分析

(b) 相同降雪率下干雪和湿雪分析

图 6.41 雪天信噪比与误码率的关系

图 6.42 为在雾天条件下进行的误码率分析，从图中可以看出，在相同信噪比下，随着雾浓度的增大，接收误码率也在增大，并且浓雾比薄雾的接收误码率大得多。

图 6.43 为在沙尘天气条件下进行的误码率分析，从图中可以看出，在相同信

噪比下，随着沙尘粒子浓度的增大，接收误码率也逐渐增大。

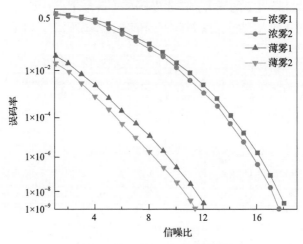

图 6.42　雾天信噪比与误码率的关系

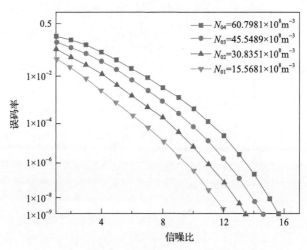

图 6.43　沙尘天信噪比与误码率的关系

6.7　总结与展望

6.7.1　总结

　　在车流量较高的情况下，目前车与车之间主流的射频通信信号受到干扰，频谱资源紧缺导致通信质量下降，无法满足车与车之间的有效通信。本章通过模拟分析与实验测量，建立了一个描述不同天气条件下室外可见光通信信道路径损耗模型，并对其系统性能进行了研究，具体研究内容如下：

(1)对室外可见光通信系统模型进行了分析，通过公式推导和理论仿真研究了室外可见光路径损耗模型，路径损耗模型符合高斯模型。对直视传输和反射分量进行了详细的研究，并仿真了降雨率为 15mm/h 时的路径损耗模型。

(2)仿真分析了可见光在雨天、雾天、雪天的衰减，雨天对可见光的衰减从大到小依次是暴雨、小雨、大雨、中雨；雪天对可见光的衰减是随着降雪率的增大而增大的，降雪率相同时，干雪的衰减比湿雪大；雾天对可见光的衰减是随着能见度的减小而增大的，浓雾比薄雾的衰减大；沙尘天气的衰减是随着粒子数浓度的增大而逐渐增大的。

(3)分别从接收光功率、接收信号误码率、信噪比与误码率之间的关系这三个方面对室外可见光通信进行了性能分析。在相同的传输距离下，雨天接收到的光功率均值从大到小依次是中雨、大雨、小雨、暴雨。雾天接收到的光功率随着能见度的减小而降低，雪天接收到的光功率随着降雪率的增大而减小，且相同降雪率下干雪比湿雪接收的光功率小。沙尘天接收到的光功率随着沙尘粒子浓度的增大而减小。在系统误码率为 10^{-6} 时，雨天室外可见光通信系统有效通信距离从小到大依次为暴雨、小雨、大雨、中雨。雾天有效通信距离随着能见度的减小而降低，雪天有效通信距离随着降雪率的增大而减小。沙尘天有效通信距离随着沙尘粒子浓度的增大而减小。

(4)道路实验测量结果表明，发射端的发射光强经过雨天信道后，不同的降雨率对其衰减影响不同，小雨和暴雨天接收的光功率概率密度函数的方差更大，也就是接收的光功率值更不稳定。不同的雾浓度对其衰减影响不同，浓雾天接收的光功率值更不稳定。不同的降雪形式对其衰减影响不同，在干雪天比湿雪天接收的光功率更不稳定。信道路径损耗越严重，接收到的光功率概率密度函数的方差越大，噪声数据样本的偏斜度和陡峭度也越大，衰减小时，每组数据接收光功率均值大；衰减大时，每组数据接收光功率均值小。

(5)对不同天气条件下实测数据的单层和双层星座图进行分析。雨天、雪天、雾天星座图的分布逐渐增大，星座点的弥散逐渐严重，对数据有效传输的影响逐渐严重。在雾天能见度为 500m 时部分星座点的弥散已经相接连，在实际通信过程中对接收星座图进行算法处理，才可以达到理想的通信性能。

6.7.2　展望

室外可见光通信系统的信道特性比较复杂，本章建立了室外可见光通信路径损耗模型，并通过对实测数据的分析，研究了不同天气条件对室外可见光通信的影响。在室外可见光通信技术的研究和发展方面，还需进一步研究的方面如下：

(1)技术标准的制定。由于室外可见光通信技术尚处于发展的初级阶段，目前还缺乏相关的标准规范。因此，未来需要制定相关的技术标准，以确保室外可见光通信技术能够被广泛应用。

(2)通信快速连接。在实际的道路上，车与车之间距离和方位变换得十分快速，因此需要快速的通信连接才能保证通信系统的稳定性。

(3)太阳光噪声。本书主要是针对夜间的道路环境进行研究和测量，对白天的太阳光辐射造成影响的研究比较缺乏。

(4)车灯的研发。车载可见光通信技术需要使用到车载灯具，因此灯具的研发也是关键，未来需要研发更加智能化且符合车辆安全标准的车载灯具，以保证车辆安全和通信质量。

总体而言，室外可见光通信技术有着广阔的应用前景，但在未来研究和应用中将面临诸多挑战。如果能够充分发挥可见光通信技术的优势，解决技术的相关问题，该技术有望为智能化、高效、安全的车载通信做出贡献。

参 考 文 献

[1] Carruthers J B, Kahn J M. Modeling of nondirected wireless infrared channels[J]. IEEE Transactions on Communications, 1997, 45(10): 1260-1268.

[2] Kruse P W, McGlauchlin L D, McQuistan R B. Elements of Infrared Technology[M]. New York: John Wiley & Sons, 1962.

[3] Liu J, Chan P W C, Ng D W K, et al. Hybrid visible light communications in intelligent transportation systems with position based services[C]//IEEE Globecom Workshops, Anaheim, 2012: 1254-1259.

[4] Gfeller F R, Bapst U. Wireless in-house data communication via diffuse infrared radiation[J]. Proceedings of the IEEE, 1979, 67(11): 1474-1486.

[5] Mohamed M A, Hranilovic S. Optical impulse modulation for indoor diffuse wireless communications[J]. IEEE Transactions on Communication, 2009, 57(2): 499-508.

[6] Bechadergue B, Chassagne L, Guan H Y. Simultaneous visible light communication and distance measurement based on the automotive lighting[J]. IEEE Transactions on Intelligent Vehicles, 2019, 4(4): 532-547.

[7] 丁德强, 柯熙政. 基于 VLC 的路车通信系统研究[C]//第六届全国信息获取与处理学术会议, 焦作, 2008: 802-805.

[8] Tebruegge C, Memedi A, Dressler F. Empirical characterization of the NLOS component for vehicular visible light communication[C]//IEEE Vehicular Networking Conference, Los Angeles, 2019: 1-4.

[9] Cheng L, Viriyasitavat W, Bohan M T, et al. Comparison of radio frequency and visible light propagation channels for vehicular communications[J]. IEEE Access, 2018, 6(1): 2634-2644.

[10] Hale G M, Querry M R. Optical constants of water in the 200-nm to 200-μm wavelength region[J]. Applied Optics, 1973, 12(3): 555-563.

[11] Yan G J, Olariu S. A probabilistic analysis of link duration in vehicular Ad Hoc networks[J]. IEEE Transactions on Intelligent Transportation Systems, 2011, 12(4): 1227-1236.

[12] Huang H Q, Yang A Y, Feng L H, et al. Artificial neural-network-based visible light positioning algorithm with a diffuse optical channel[J]. Chinese Optics Letters, 2017, 15(5): 50601-50605.

[13] 董群锋. 毫米波段脉冲波在雨雾媒质中传输效应研究[D]. 西安: 西安电子科技大学, 2006.

[14] 濮江平, 张伟, 姜爱军, 等. 利用激光降水粒子谱仪研究雨滴谱分布特性[J]. 气象科学, 2010, 30(5): 701-707.

[15] 柯熙政, 杨利红, 马冬冬. 激光信号在雨中的传输衰减[J]. 红外与激光工程, 2008, 37(6): 1021-1024.

[16] 邹进上. 大气物理基础[M]. 北京: 气象出版社, 1982.

[17] 吴振森, 王一平. 多层球电磁散射的一种新算法[J]. 电子科学学刊, 1993, 15(2): 174-180.

[18] Hu G Y, Chen C Y, Chen Z Q. Free-space optical communication using visible light[J]. Journal of Zhejiang University: A Science, 2007, 8(2): 186-191.

[19] 刘西川, 高太长, 刘磊, 等. 基于粒子成像测速技术的降雪微物理特性研究[J]. 物理学报, 2014, 63(19): 454-462.

[20] Zaki R W, Fayed H A, El Aziz A A, et al. Outdoor visible light communication in intelligent transportation systems: Impact of snow and rain[J]. Applied Sciences, 2019, 9(24): 5453.

[21] 吴振森, 由金光, 杨瑞科. 激光在沙尘暴中的衰减特性研究[J]. 中国激光, 2004, 31(9): 1075-1080.

[22] Ebrahim K, Al-Omary A. Effects of sandstorms on vehicular-to-road visible-light communication[J]. Journal of Optical Communications, 2021, 42(1): 165-175.

第 7 章　水下无线光通信信道模型

水下无线光通信是水下环境监测、深海探索以及国防军事领域中的重要技术支撑。研究海水光学信道传输特征是水下无线光通信的最大难题，需要对海水环境中复杂的物理、化学与生物系统进行全面的了解与分析。本章介绍海水信道特性，海洋湍流的基本理论、水下悬浮粒子的衰减特性以及激光水下传输，实验测量不同水域、不同条件下以及跨介质传输时的信道特性。

7.1　海水信道特性

海水是一种复杂且无规律的混合介质。海水中影响激光束传输特性的有：水分子运动导致的湍流以及水下浮游植物产生的叶绿素、各种鱼类藻类等产生的部分黄色物质(如黄腐酸以及腐殖酸)，同时也包括各类溶解盐及矿物质颗粒等。激光束在水下传输时，海洋湍流的随机起伏以及水下悬浮粒子的吸收和散射特性会导致激光束能量发生衰减，光束发生扩展、漂移和闪烁等现象，增大了通信的难度，影响系统通信性能。

7.1.1　海洋湍流谱模型

从 20 世纪 90 年代初开始，不同海洋湍流谱模型陆续出现，以 Nikishov 提出的海洋湍流谱模型应用最为广泛，该模型给出了能量的分布作为涡流大小的函数，同时考虑了温度和盐度的因素，且能够较好地适用于各向同性海洋湍流。该海洋湍流谱的表达式为[1]

$$
\begin{aligned}
E_n(\kappa) = &\, C_0 \chi_n \varepsilon^{-1/3} \kappa^{-11/3} [1 + C_1(\kappa\eta)^{2/3}] \\
&\cdot \frac{\omega^2\theta\exp(-A_T\delta) + \exp(-A_S\delta) - \omega(1+\theta)\exp(-A_{TS}\delta)}{\omega^2\theta + 1 - \omega(1+\theta)}
\end{aligned}
\tag{7.1}
$$

其中，$C_0 = 0.07$；$C_1 = 2.3$；$\chi_n = \alpha^2\chi_T + (\alpha^2/\omega^2)\chi_T - (2\alpha^2/\omega^2)\chi_T$；$\theta = K_T/K_S$，$K_T$ 为湍流热量耗散系数，K_S 为湍流盐度扩散系数。将 χ_n 代入式(7.1)得

$$E_n(\kappa) = C_0 \left(\alpha^2 \chi_T + \frac{\alpha^2}{\omega^2} \chi_T - \frac{2\alpha^2}{\omega} \right) \varepsilon^{-1/3} \kappa_{-11/3} [1 + C_1(\kappa\eta)^{2/3}]$$
$$\cdot \frac{\omega^2 \theta \exp(-A_T\delta) + \exp(-A_S\delta) - \omega(1+\theta)\exp(-A_{TS}\delta)}{\omega^2\theta + 1 - \omega(1+\theta)} \tag{7.2}$$

对于各向同性均匀的海洋湍流，$K_T = K_S$，则 $\theta = 1$，式 (7.2) 中海洋湍流标量谱模型可简化为[1]

$$E_n(\kappa) = C_0 \alpha^2 \varepsilon^{-1/3} \kappa^{-11/3} [1 + C_1(\kappa\eta)^{2/3}] \chi_T / \omega^2$$
$$\cdot \omega^2 \exp(-A_T\delta) + \exp(-A_S\delta) - 2\omega\exp(-A_{TS}\delta) \tag{7.3}$$

根据标量谱与功率谱函数的关系，海洋湍流中功率谱函数 $\Phi_n(\kappa)$ 可以写为

$$\Phi_n(\kappa) = (4\pi)^{-1} \kappa^{-2} E_n(\kappa)$$
$$= 0.388 \times 10^{-8} \varepsilon^{-1/3} \kappa^{-11/3} [1 + 2.35(\kappa\eta)^{2/3}] \frac{\chi_T}{\omega^2} \tag{7.4}$$
$$\cdot [\omega^2 \exp(-A_T\delta) + \exp(-A_S\delta) - 2\omega\exp(-A_{TS}\delta)]$$

其中，ε 为湍流动能耗散率，取值区间为 $(10^{-10} \sim 10^{-1})\mathrm{m}^2/\mathrm{s}^3$；$\eta$ 为 Kolmogorov 尺度，取值为 $(6\times10^{-5} \sim 0.01)\mathrm{m}$；$\chi_T$ 为温度方差耗散率，从海面到深海区域的取值区间为 $(10^{-4} \sim 10^{-10})\mathrm{K}^2/\mathrm{s}$；$\omega = [-5, 0]$ 是温度诱导和盐度诱导的比值，$\omega = 0$ 表示盐度变化起主要作用，$\omega = -5$ 表示温度变化起主要作用；其他参数为 $A_T = 1.863 \times 10^{-2}$，$A_S = 1.9 \times 10^{-4}$，$A_{TS} = 9.41 \times 10^{-3}$，$\delta = 8.284(\kappa\eta)^{4/3} + 12.978(\kappa\eta)^2$。

各向异性海洋湍流折射率功率谱 $\Phi_n(\kappa_x, \kappa_y)$ 表达式为

$$\Phi_n(\kappa_x, \kappa_y) = 0.388 \times 10^{-8} \mu_x \mu_y \varepsilon^{-1/3} [(\mu_x\kappa_x)^2 + (\mu_y\kappa_y)^2]^{-11/6}$$
$$\cdot \{1 + 2.35[(\mu_x\kappa_x)^2 + (\mu_y\kappa_y)^2]^{1/3}\eta^{2/3}\}(\chi_T/\omega^2) \tag{7.5}$$
$$\cdot [\omega^2 \exp(-A_T\delta) + \exp(-A_S\delta) - 2\omega\exp(-A_{TS}\delta)]$$

其中，μ_x 和 μ_y 分别为 x 和 y 方向的各向异性因子；参数 ε、η、χ_T、ω 的意义如前所述；δ 的表达式为

$$\delta = 8.284\eta^{4/3}[(\mu_x\kappa_x)^2 + (\mu_y\kappa_y)^2]^{2/3} + 12.978\eta^2[(\mu_x\kappa_x)^2 + (\mu_y\kappa_y)^2] \tag{7.6}$$

7.1.2　水下粒子衰减特性

为了便于研究光在海水中的信息传输，根据水体的浑浊程度将海水进行分

类，具体可分为以下四类：Ⅰ类为纯海水，即海洋深处的海水，衰减系数一般为
0.056m⁻¹；Ⅱ类为清澈海水，即海洋表层海水，由于降雨和海洋生物活动的影响，
含有叶绿素的颗粒(浮游植物)和有机物分解的颗粒含量较高，衰减系数一般为
0.151m⁻¹；Ⅲ类为沿海海水，含有大量的有机溶剂、浮游植物和较大的悬浮颗粒，
衰减系数一般为 0.398m⁻¹；Ⅳ类为浑浊的港口海水，由于人工作业的影响，悬浮
颗粒和有机溶剂的含量最高，对光有严重的衰减影响，衰减系数一般为 2.17m⁻¹。

1. 吸收特性

光在海水中传输时会被海水中的水分子、浮游生物和藻类等物质吸收而产生
衰减，这种现象称为海水对光的吸收特性。归纳起来影响海水吸收特性的因素可
分为四类，即海水本体、含有叶绿素的颗粒(浮游植物)、海水中的悬浮颗粒以及
有色的溶解有机物，这四类物质吸收效应的叠加就构成了海水对光的吸收效应。
因此，海水的吸收衰减系数可以表示为[2]

$$\alpha(\lambda) = \alpha_w(\lambda) + \alpha_{chl}(\lambda) + \alpha_{nap}(\lambda) + \alpha_y(\lambda) \tag{7.7}$$

其中，$\alpha_w(\lambda)$ 为纯海水对光的吸收衰减系数；$\alpha_{chl}(\lambda)$ 为含有叶绿素的颗粒(浮游
植物)对光的吸收衰减系数；$\alpha_{nap}(\lambda)$ 为悬浮颗粒对光的吸收衰减系数；$\alpha_y(\lambda)$ 为
黄色物质对光的吸收衰减系数。在同一片海域中，当盐度、深度和测量时间发生
变化时，海水的吸收特性也会发生变化。

1)纯海水对光的吸收特性

海水对光的吸收特性主要由水分子和海水中的溶解盐所引起，而海水中无机
盐包括 NaCl、KCl、$CaCl_2$ 等，质量分数为 3.8%左右。大量的实验表明，相比于
水分子，由于溶解盐对光的吸收作用很小，可以不考虑海水中溶解盐的影响[3]。
因此，海水对光的吸收作用主要由海水中水分子所引起。

Morel 等通过分光光度法对大量的纯海水进行测量，首先测得纯海水的光衰
减系数，然后通过从该数据中减去散射系数从而计算出纯海水对光的吸收系数，
得出纯海水对不同波长的吸收系数 $\alpha_w(\lambda)$ 与光波波长 λ 的关系[4]，如图 7.1 所示，
可以看出，当光波波长在 350~550nm 时，纯海水对光的吸收系数最小，这段波
长为蓝绿光波段。随着波长的逐渐增大，纯海水对光的吸收系数也增大，在 510nm
和 600nm 处各有一个小肩峰，随后吸收系数迅速增加。

2)浮游植物对光的吸收特性

与陆地上的植物一样，海水中浮游植物也是通过叶绿素来进行光合作用的，因
此浮游植物对光波吸收的能力取决于所含叶绿素的总量。不同种类的叶绿素对不同
波长的光的吸收能力不同，而浮游植物体内叶绿素 a 的占比是最高的，因此可以通

过叶绿素 a 的浓度来确定浮游植物对光的吸收系数，叶绿素 a 对光波的吸收系数为[5]

$$\alpha_{\mathrm{chl}}(\lambda)=\alpha_c^0(\lambda)\left(\frac{C_c}{C_c^0}\right)^{0.602} \tag{7.8}$$

其中，C_c 为叶绿素的浓度；$C_c^0 = 1\mathrm{mg/m^3}$；$\alpha_c^0(\lambda)$ 为浮游植物中叶绿素比的吸收系数。

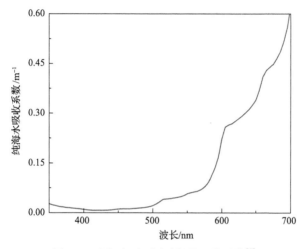

图 7.1　纯海水对不同波长的吸收系数[5]

将文献[6]中不同波长光波的叶绿素比的吸收系数 $\alpha_c^0(\lambda)$ 的数据代入式(7.8)，计算当叶绿素浓度为 $1\mathrm{mg/m^3}$ 时，叶绿素对不同光波波长的吸收系数 $\alpha_{\mathrm{chl}}(\lambda)$，并根据计算结果绘制浮游植物的吸收系数 $\alpha_{\mathrm{chl}}(\lambda)$ 与光波波长 λ 的关系图像，如图 7.2 所示。

从图 7.2 中可以看出，当光波波长在 550～650nm 时，浮游植物的叶绿素 a 对光的吸收系数最小，在波长为 440nm 和 670nm 处出现两个峰值，这表明浮游植物的叶绿素对青紫光和橙红光的吸收系数最大。

3) 黄色物质对光的吸收特性

海水中的黄色物质是指动植物腐烂生成的腐殖质形成的有色可溶性有机物，因其呈黄褐色，所以称为黄色物质。1977 年，Morel 等通过实验测量指出，光在海水传输时被黄色物质吸收而发生的衰减呈现指数型[6]。2002 年，吴永森等通过实验测量给出了光在海水中传输时受黄色物质吸收特性影响的数学模型[7]，为

$$\alpha_y(\lambda)=\alpha_y(\lambda_0)\times\exp\left(-S_y\times(\lambda-\lambda_0)\right) \tag{7.9}$$

其中，$\alpha_y(\lambda_0)$ 为参考波长为 λ_0 时海水中的黄色物质对光的吸收系数，是一个定常

数；S_y 为黄色物质对光的吸收光谱曲线的指数斜率，随水域的变化而变化，1977 年 Morel 等给出吸收系数曲线的指数斜率参数 S_y 值为 0.0140nm^{-1}[6]，1981 年 Bricaud 等在不同水域收集了 10^5 个水体样本，给出 S_y 值范围为 0.0100～0.0200nm^{-1}[8]，1995 年 Pegau 等通过对 26 个湖水样本进行测定得出 S_y 的平均值为 0.0170nm^{-1}[9]，2002 年吴永森等通过采集胶州湾等水域的样本给出了 S_y 值范围为 0.0131～0.0180nm^{-1}[7]。

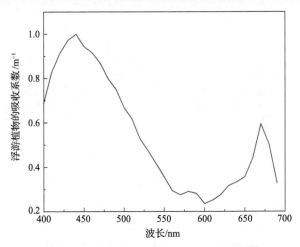

图 7.2　浮游植物对不同波长的吸收系数[5]

　　将吴永森等[7]的测量数据代入式(7.9)中计算黄色物质对光的吸收系数，此处取 λ_0 =400nm，$\alpha_y(400)$ =0.650m^{-1}，指数斜率 S_y=0.0141，通过仿真计算出黄色物质对光的吸收系数随波长变化的吸收系数，绘制黄色物质的吸收系数 $\alpha_y(\lambda)$ 与光波波长 λ 的关系图像，如图 7.3 所示。

　　由图 7.3 可以看出，在可见光波段 350～700nm，海水中黄色物质对光吸收的光谱图呈现指数变化形式，且随着波长的增加呈现单调递减的趋势。

　　4)悬浮颗粒对光的吸收特性

　　海水中的悬浮颗粒是指颗粒大小在几微米到几百微米的悬浮物质，主要指生物的排泄物、残落物和悬浮的泥沙颗粒等，它们同样对光波具有吸收作用。由于悬浮颗粒的不可溶解性，其主要分布在受河流排放、海岸侵蚀影响的沿海地区，离海岸较远的深海区域由于颗粒沉降和人为因素的影响较小，所以悬浮颗粒的总量较少。

　　Gilerson 等[10]通过在切萨皮克湾的马里兰州海岸和邻近河流及港口的 42 个站点进行了现场测量，通过海洋光学光谱仪测得海水中的悬浮颗粒的吸收光谱与黄色物质的吸收光谱相同，都被建模为随波长的增长而呈指数下降的幅度，则光在海水中传输时受悬浮颗粒吸收特性影响的函数关系表达式为

$$\alpha_{nap}(\lambda) = \alpha_{nap}(\lambda_0) \times \exp(-S_{nap}(\lambda - \lambda_0)) \tag{7.10}$$

$$\alpha_{nap}(\lambda_0) = C_{nap} \times \alpha_{nap}^*(\lambda_0) \tag{7.11}$$

其中，$\alpha_{nap}^*(\lambda_0)$ 为悬浮颗粒在参考波长 λ_0 处的比吸收率；C_{nap} 为非藻类悬浮颗粒浓度；S_{nap} 为悬浮颗粒对光吸收的光谱曲线的指数斜率。

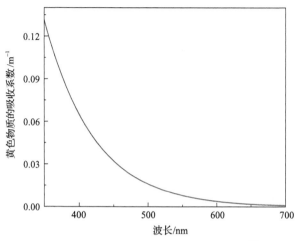

图 7.3　黄色物质对不同波长的吸收系数[7]

参考 Gilerson 等在 2007 年的研究数据[10]，通过式(7.10)计算悬浮颗粒对光的吸收系数，取参考波长 λ_0=400nm，则 $\alpha_{nap}^*(400)$=0.0375m²/g，C_{nap}=10g/m³，指数斜率 S_{nap}=0.015，通过仿真计算出悬浮颗粒对光的吸收系数 $\alpha_{nap}(\lambda_0)$ 随波长 λ 变化的吸收系数，绘制悬浮颗粒的吸收系数 $\alpha_{nap}(\lambda)$ 与光波波长 λ 的关系图像，如图 7.4 所示。

由图 7.4 可以看出，在可见光波段 350～700nm，海水中悬浮颗粒对光吸收的光谱图呈现指数变化形式，且随着波长的增加呈现单调递减的趋势，当光波波长大于 650nm 时悬浮颗粒对光吸收几乎趋近于零[10]。

2. 散射特性

海水对光束的影响除了吸收特性而造成的损耗，在靠近陆地水的区域发现大量的颗粒物和有机物，此处海水的衰减以散射为主，此时海水的最小衰减窗口从蓝色波段(470nm)移动到绿色波段(550nm)。海水中存在的水分子、含有叶绿素的颗粒(浮游植物)以及不同尺寸的悬浮颗粒对光的散射，同样会引起光在传输过程中发生能量损耗，这三类物质散射效应的叠加就构成了海水对光的散射效应。因此，上述三类物质对光的散射造成的衰减系数 $\beta(\lambda)$ 可以表示为[11]

$$\beta(\lambda)=\beta_w(\lambda)+\beta_{\text{chl}}(\lambda)+\beta_{\text{nap}}(\lambda) \tag{7.12}$$

其中，$\beta_w(\lambda)$ 为纯海水对光的散射作用而产生的衰减系数；$\beta_{\text{chl}}(\lambda)$ 为浮游生物对光的散射作用而产生的衰减系数；$\beta_{\text{nap}}(\lambda)$ 为悬浮颗粒对光的散射作用而产生的衰减系数。下面将分别对这三类影响进行说明。

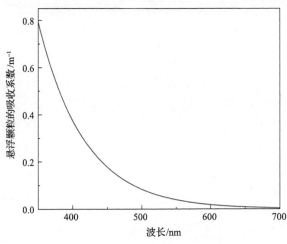

图 7.4　悬浮颗粒对不同波长吸收系数[7]

1) 纯海水对光的散射特性

海水水体中的水分子，不仅对光有吸收特性，同样也存在散射特性，这种散射特性服从瑞利分布。1977 年 Morel 等[6]通过实验测量得出纯海水对光散射模型的方程，纯海水的瑞利散射系数 $\beta_w(\lambda)$ 为

$$\beta_w(\lambda) = 0.005826 \times \left(\frac{400}{\lambda}\right)^{4.322} \tag{7.13}$$

将可见光波段的波长 $\lambda(350 \sim 700\text{nm})$ 代入式(7.13)中，可以得出纯海水的瑞利散射系数 $\beta_w(\lambda)$ 和可见光波段 $\lambda(350 \sim 700\text{nm})$ 的关系，如图 7.5 所示，纯海水对光的散射系数 $\beta_w(\lambda)$ 随着光波波长的增加呈现指数下降的规律。

2) 浮游植物对光的散射特性

浮游植物对光的散射特性，同样也与浮游植物中所含叶绿素的浓度有关。为了模拟浮游植物的散射，Roesler 等通过米氏散射理论计算和现场测量得出了浮游植物对光的散射系数 $\beta_{\text{chl}}(\lambda)$ 的方程为[12]

$$\beta_{\text{chl}}(\lambda) = 0.45\left(\frac{550}{\lambda}\right)C^{0.62} \tag{7.14}$$

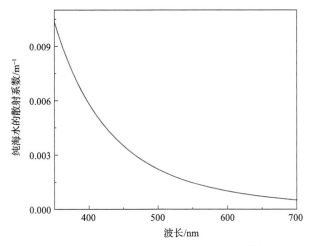

图 7.5　纯海水对不同波长的散射系数[12]

其中，C 为浮游植物叶绿素的浓度，Poulin 等通过改变粒子核心的折射率的实部，以光学的方式模拟了其内部碳浓度的变化，得到了叶绿素的后向散射比为[13]

$$\beta_{\mathrm{pc}} = 2\pi\chi_p(124°)\beta_p(124°) \tag{7.15}$$

其中，$\chi_p(124°)$ 和 $\beta_p(124°)$ 为比例常数，$\chi_p(124°)=1.076$，$\beta_p(124°)=0.00076$，因此叶绿素对光的后向散射系数为

$$\beta_{\mathrm{cb}}(\lambda) = \beta_{\mathrm{chl}}(\lambda) \times \beta_{\mathrm{pc}} \tag{7.16}$$

叶绿素的前向散射系数为

$$\beta_{\mathrm{cf}}(\lambda) = \beta_{\mathrm{chl}}(\lambda) - \beta_{\mathrm{cb}}(\lambda) \tag{7.17}$$

通过取不同浮游植物叶绿素的浓度值，$C=0.01\mathrm{mg/m^3}$、$0.05\mathrm{mg/m^3}$、$0.1\mathrm{mg/m^3}$、$0.5\mathrm{mg/m^3}$ 和 $1\mathrm{mg/m^3}$，代入式(7.16)和式(7.17)可得浮游植物对光的后向散射系数 $\beta_{\mathrm{cb}}(\lambda)$ 和前向散射系数 $\beta_{\mathrm{cf}}(\lambda)$，绘制浮游植物对光的后向散射系数 $\beta_{\mathrm{cb}}(\lambda)$ 和前向散射系数与光波波长 λ 的关系，如图 7.6 所示。

由图 7.6 可以看出，在叶绿素浓度不变的情况下，浮游植物对光的散射系数 $\beta_{\mathrm{chl}}(\lambda)$ 会随着波长的增大而逐渐减小，而当光的波长保持不变时，随着浮游植物所含叶绿素浓度的增加，浮游植物的散射系数也会增大。

3) 悬浮颗粒对光的散射特性

海水中的悬浮颗粒主要由生物残骸、排泄物和分解物、悬浮的泥沙颗粒等组成，但是由于海水中悬浮颗粒的形状和大小难以确定，为了便于计算散射系数，由米氏散射理论和瑞利散射模型简化了悬浮颗粒的散射模型，按照直径将悬浮颗粒分成小颗粒和大颗粒，悬浮颗粒的散射系数方程为[14]

$$\beta_{\text{nap}}(\lambda) = \beta_{\text{snap}}^0(\lambda)C_s + \beta_{\text{lnap}}^0(\lambda)C_l \tag{7.18}$$

其中，$\beta_{\text{snap}}^0(\lambda)$ 为悬浮颗粒中的小颗粒的特定散射系数；$\beta_{\text{lnap}}^0(\lambda)$ 为大颗粒的特定散射系数；C_s 为小颗粒的浓度；C_l 为大颗粒的浓度。

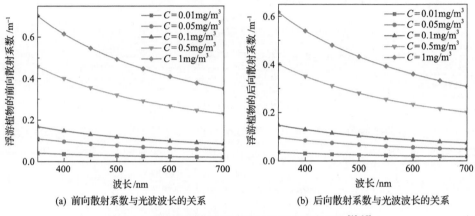

(a) 前向散射系数与光波波长的关系　　　　　　(b) 后向散射系数与光波波长的关系

图 7.6　浮游植物的散射系数与光波波长的关系[12-15]

(1)小颗粒对光的特定散射特性。

海水中的悬浮颗粒的直径小于 5μm 的粒子称为小颗粒，小颗粒的密度为 2g/cm³，小颗粒对光的特定散射系数 $\beta_{\text{snap}}^0(\lambda)$ 可由悬浮颗粒小颗粒物的光谱相关性得出[11]，为

$$\beta_{\text{snap}}^0(\lambda) = 1.151302\left(\frac{400}{\lambda}\right)^{1.7} \tag{7.19}$$

悬浮小颗粒的浓度 C_s 主要受海水中叶绿素浓度 C_c^0 的影响，其相关性的表达式为[11]

$$C_s = 0.01739C \exp\left(0.11631\left(\frac{C}{C_c^0}\right)\right) \tag{7.20}$$

其中，C 为影响悬浮颗粒的叶绿素浓度。由式(7.20)可计算出叶绿素浓度为 $C_c^0 = 1\text{mg/m}^3$ 时小颗粒的浓度 C_s，因此将可见光波段 $\lambda(350\sim700\text{nm})$ 代入式(7.20)可得悬浮小颗粒对光的散射系数关系图，如图 7.7 所示。从图 7.7 中可以看出，悬浮颗粒的散射特性随着波长的增大而减小，但从整个可见光波段来看，悬浮小颗粒的

散射系数变化幅度很小，仅降低了 0.009m^{-1}。

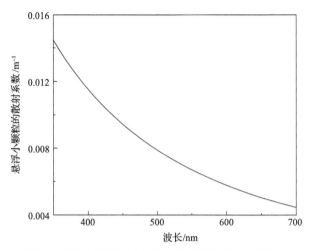

图 7.7　悬浮小颗粒与不同波长的散射系数关系图[11]

（2）大颗粒对光的特定散射特性。

海水中悬浮颗粒的直径大于 5μm 的粒子称为大颗粒，悬浮大颗粒的密度为 1g/cm^3，折射率为 1.03，大颗粒对光的特定散射系数 $\beta_{\text{lnap}}^0(\lambda)$ 可由悬浮颗粒大颗粒物的光谱相关性得出[11]，为

$$\beta_{\text{lnap}}^0(\lambda) = 0.341074\left(\frac{400}{\lambda}\right)^{0.3} \tag{7.21}$$

其中，悬浮大颗粒的浓度 C_l 主要受海水中叶绿素浓度 C_c^0 的影响，其相关性表达式为[11]

$$C_l = 0.76284C \exp\left(0.03092\left(\frac{C}{C_c^0}\right)\right) \tag{7.22}$$

其中，C 为影响悬浮颗粒的叶绿素浓度。由式（7.22）可计算出叶绿素浓度为 C_c^0 = 1mg/m^3 时大颗粒的浓度 C_l，因此将可见光波段 λ（350～700nm）代入式（7.22）得悬浮大颗粒对光的散射系数关系，如图 7.8 所示。

从图 7.8 中可以看出，海水中的悬浮大颗粒的散射特性随着光波波长的增大而降低，与图 7.7 中小颗粒的散射系数相比，当光波的波长一定时，海水中的悬浮大颗粒对光的散射作用明显高于悬浮小颗粒。

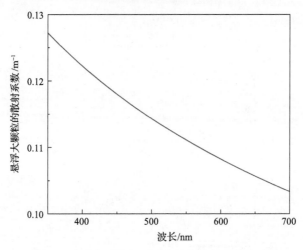

图 7.8　悬浮大颗粒与不同波长的散射系数关系图

7.2　水下光直视传输

不同深度海水的散射系数不同，使得蓝绿光在不同深度的海水传输的特性不同。本节使用蒙特卡罗方法模拟光子在海水中的散射传输，研究蓝绿光在不同深度的海水中水平、垂直和斜程直视(LOS)传输时光电探测器的归一化接收光功率和误码率。

7.2.1　接收光功率与误码率

1. 接收光功率

光子经过 n 次散射到达光电探测器，光电探测器的接收光功率为

$$P_s = \frac{Mh\nu P_r}{t} \tag{7.23}$$

其中，M 为激光器发出的光子数；h 为普朗克常量；ν 为光频率；t 为单位时间。光电探测器的归一化接收光功率为

$$P_N = 10\lg\frac{P_s}{P_T} \tag{7.24}$$

其中，P_T 为激光器的发射光功率，表达式为

$$P_T = \frac{Mh\nu}{t} \tag{7.25}$$

将式 (7.23) 和式 (7.25) 代入式 (7.24) 可得

$$P_N = 10 \lg P_r \tag{7.26}$$

2. 误码率

接收端光电探测器的输出信噪比为

$$\text{SNR} = \frac{P_s}{P_n} \tag{7.27}$$

其中，P_n 为噪声功率。假设接收端采用 PIN 光电探测器，其噪声主要包括热噪声、散粒噪声和暗电流噪声[16]。PIN 光电探测器的热噪声为[16]

$$i_t^2 = \frac{4 k_B T_{\text{PIN}} B}{R} \tag{7.28}$$

其中，B 为光电探测器的带宽，这里假设光电探测器的带宽是信息传输速率 R_b 的 2 倍，即 $B = 2 R_b$；R 为负载电阻，根据工程经验，$R = 50\Omega$；T_{PIN} 为 PIN 光电探测器工作时的热力学温度。PIN 光电探测器的散粒噪声为[16]

$$i_{\text{sh}}^2 = 2 e I_s B \tag{7.29}$$

式 (7.29) 中忽略了背景光产生的散粒噪声，I_s 为信号光到达光电探测器产生的光电流，表达式为

$$I_s = \frac{e \eta_0}{h\nu} P_s \tag{7.30}$$

其中，e 为电子电荷；η_0 为量子效率，取 $\eta_0 = 0.6$。PIN 光电探测器的暗电流噪声为[16]

$$i_{\text{dark}}^2 = 2 e I_D B \tag{7.31}$$

其中，I_D 为暗电流。基于 Si 的 PIN 光电探测器暗电流的典型值为 $1 \sim 10\text{nA}$，基于 Ge 的 PIN 光电探测器暗电流的典型值为 $50 \sim 500\text{nA}$，基于 InGaAs 的 PIN 光电探测器暗电流的典型值为 $1 \sim 20\text{nA}$[16]，取 $I_D = 10\text{nA}$。所以 PIN 光电探测器总的噪声为

$$i_n^2 = i_t^2 + i_{\text{sh}}^2 + i_{\text{dark}}^2 \tag{7.32}$$

PIN 光电探测器的输出信噪比为

$$SNR = \frac{e^2 \eta_0^2 P_s^2}{h^2 \nu^2 i_n^2} \tag{7.33}$$

设系统采用强度调制直接检测方式，则光电探测器的误码率为

$$P_e = \frac{1}{2} \mathrm{erfc}\left(\sqrt{\frac{e^2 \eta_0^2 P_s^2}{4h^2 \nu^2 i_n^2}} \right) \tag{7.34}$$

其中，erfc(·) 为互补误差函数。

7.2.2　仿真分析

本节使用蒙特卡罗方法模拟光子在海水中的散射传输，仿真研究 450nm 蓝光和 520nm 绿光在 24.5°N、23.8°W 海域 600～700m 深度的纯海水和叶绿素浓度为 0.25mg/m³ 的海水中水平、垂直和斜程 LOS 传输时光电探测器的归一化接收光功率和误码率。

1. 水平 LOS 传输

将激光器和光电探测器均置于 650m 深度处，设激光器的发射仰角和光电探测器的接收仰角为0°，研究 450nm 蓝光和 520nm 绿光在 24.5°N、23.8°W 海域纯海水和叶绿素浓度为 0.25mg/m³ 的海水中水平 LOS 传输光电探测器的归一化接收光功率，仿真结果如图 7.9 所示。

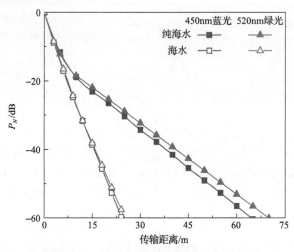

图 7.9　蓝绿光水平 LOS 传输光电探测器的归一化接收光功率[17]

由图 7.9 可知，传输距离小于约 10m 时，450nm 蓝光在纯海水中的传输衰减

小于 520nm 绿光，在海水中的传输衰减大于 520nm 绿光；传输距离大于约 10m 时，450nm 蓝光在纯海水和海水中的传输衰减均大于 520nm 绿光。

设激光器的发射光功率 $P_T = 0.1\text{W}$，以水平 LOS 传输 20m 为例，分析不同信息传输速率 R_b 下接收端的误码率，结果如图 7.10 所示。

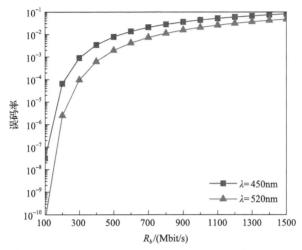

图 7.10　不同信息传输速率下蓝绿光水平 LOS 传输的误码率[17]

蓝绿光在海水中水平 LOS 传输 20m 时，接收端的误码率随信息传输速率的增大而增大，相同信息传输速率下 450nm 蓝光的误码率大于 520nm 绿光。根据仿真条件在误码率小于 10^{-6} 前提下，450nm 蓝光和 520nm 绿光均可在海水中实现传输距离为 20m、信息传输速率为 100Mbit/s 的水平 LOS 通信。

2. 垂直 LOS 传输

这里仿真研究蓝绿光在 24.5°N、23.8°W 海域的纯海水和叶绿素浓度为 0.25mg/m³ 的海水中，在 620m 深度处垂直从上往下 LOS 传输，在 680m 深度处垂直从下往上 LOS 传输，光电探测器的归一化接收光功率，仿真结果如图 7.11 所示。

450nm 蓝光和 520nm 绿光在纯海水中垂直 LOS 传输距离小于约 10m 时蓝光的衰减小于绿光，传输距离大于约 10m 时蓝光的衰减大于绿光；在海水中垂直 LOS 传输蓝光的衰减大于绿光。传输距离大于约 10m 时，蓝绿光在纯海水和海水中垂直从下往上传输的衰减小于从上往下传输。这是因为蓝绿光从上往下传输时光子的初始传输步长小于从下往上传输，使得从上往下传输 $|r_n' - r_r|$ 的值大于从下往上传输，即从上往下传输光子经散射后到达光电探测器的概率 p_{1n} 值和 p_{2n} 值小于从下往上传输。概率值越低意味着光子散射越大，因此从上往下传输光电探测

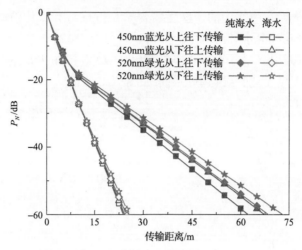

图 7.11　蓝绿光垂直 LOS 传输光电探测器的归一化接收光功率[17]

器接收光子的概率 P_r 小于从下往上传输。光子的传输步长 r_l 与海水第 n 次散射光子的散射点到光电探测器的距离 $|r'_n - r_r|$ 相比，r_l 远小于 $|r'_n - r_r|$。故经单次散射和多次散射后，蓝绿光垂直从上往下 LOS 传输光电探测器的归一化接收光功率小于垂直从下往上 LOS 传输。

　　设激光器的发射光功率 $P_T = 0.1\mathrm{W}$，将 P_T 和垂直 LOS 传输光电探测器的归一化接收光功率 P_N 代入式(7.23)中可得光电探测器的接收光功率 P_s，将 P_s 代入式(7.34)中可得接收端的误码率。以垂直 LOS 传输 20m 为例，分析不同信息传输速率 R_b 下接收端的误码率，结果如图 7.12 所示。

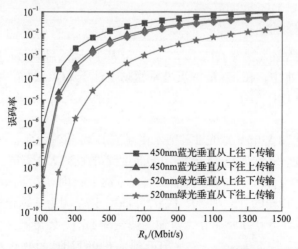

图 7.12　不同信息传输速率下蓝绿光垂直 LOS 传输的误码率[17]

由图 7.12 可知，蓝绿光在海水中垂直 LOS 传输接收端的误码率随信息传输速率的增大而增大，相同信息传输速率下蓝绿光垂直从下往上 LOS 传输的误码率小于从上往下传输。

3. 斜程 LOS 传输

在 620m 深度处斜程从上往下 LOS 传输，在 680m 深度处斜程从下往上 LOS 传输，光电探测器的归一化接收光功率仿真结果如图 7.13 所示。其中，激光器和光电探测器的连线与水平线的夹角为 30°。由图 7.13 可知，450nm 蓝光和 520nm 绿光在纯海水中斜程 LOS 传输距离小于约 10m 时蓝光的衰减小于绿光，传输距离大于约 10m 时蓝光的衰减大于绿光；在海水中斜程 LOS 传输蓝光的衰减大于绿光。传输距离大于约 10m 时，蓝绿光在纯海水和海水中斜程从下往上传输的衰减小于从上往下传输，原因与蓝绿光垂直 LOS 传输时相同。

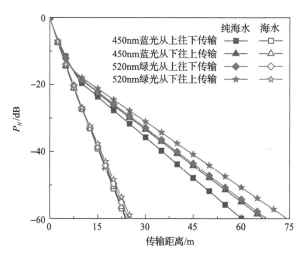

图 7.13　蓝绿光斜程 LOS 传输光电探测器的归一化接收光功率[17]

设激光器的发射光功率 $P_T = 0.1\text{W}$，将 P_T 和斜程 LOS 传输光电探测器的归一化接收光功率 P_N 代入式(7.23)中可得光电探测器的接收光功率 P_s，将 P_s 代入式(7.34)中可得接收端的误码率。以斜程 LOS 传输 20m 为例，分析不同信息传输速率 R_b 下接收端的误码率，结果如图 7.14 所示。

由图 7.14 可知，蓝绿光在海水中斜程 LOS 传输接收端的误码率随信息传输速率的增大而增大，相同信息传输速率下蓝绿光斜程从下往上 LOS 传输的误码率小于从上往下传输。

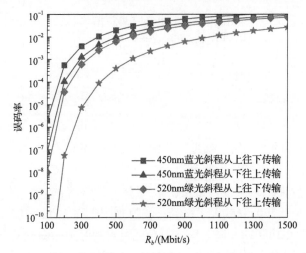

图 7.14　不同信息传输速率下蓝绿光斜程 LOS 传输的误码率[17]

7.3　光在海洋湍流中的传输

光在海水中传输，除受海水的吸收和散射作用外，还受海洋湍流的影响产生光强闪烁和光束漂移。本节研究高斯光束在海洋湍流中传输，高斯光束的闪烁指数、光束漂移与误码率。

7.3.1　闪烁指数的理论计算

弱起伏下，高斯光束的闪烁指数为[18]

$$\sigma_I^2(r,L) = \sigma_{I,r}^2(r,L) + \sigma_{I,l}^2(r,L) \tag{7.35}$$

其中，$\sigma_{I,r}^2(r,L)$ 为高斯光束径向分量的闪烁指数；$\sigma_{I,l}^2(r,L)$ 为高斯光束轴向分量的闪烁指数。$\sigma_{I,r}^2(r,L)$ 和 $\sigma_{I,l}^2(r,L)$ 的表达式分别为[18]

$$\sigma_{I,r}^2(r,L) = 8\pi^2 k^2 L \int_0^1 \int_0^\infty \kappa \Phi_n(\kappa) \exp\left(\frac{-\Lambda L \kappa^2 \xi^2}{k}\right) \left(I_0(2\Lambda r\xi\kappa) - 1\right) d\kappa d\xi \tag{7.36}$$

$$\sigma_{I,l}^2(r,L) = 8\pi^2 k^2 L \int_0^1 \int_0^\infty \kappa \Phi_n(\kappa) \exp\left(\frac{-\Lambda L \kappa^2 \xi^2}{k}\right) \left(1 - \cos\left(\frac{L\kappa^2 \xi(1-\bar{\Theta}\xi)}{k}\right)\right) d\kappa d\xi \tag{7.37}$$

其中，接收平面菲涅耳比 $\Lambda = \dfrac{2L}{kW^2}$，$W$ 为接收面的光斑半径；L 为光束的传输距离；r 为离轴距离；k 为波数；κ 为空间波数；$\Phi_n(\kappa)$ 为海洋湍流折射率起伏空间功率谱函数；$\bar{\Theta}$ 为高斯光束的归一化参数；$\xi = 1 - \dfrac{z}{L}$ 为归一化距离变量；$\mathrm{I}_0(\cdot)$ 为第一类修正零阶贝塞尔函数。对于高斯光束径向分量的闪烁指数 $\sigma_{I,r}^2(r,L)$，由于[19]

$$\mathrm{I}_0\left(2\varLambda r\xi\kappa\right)-1 = \sum_{n=1}^{\infty}\frac{(\varLambda r)^{2n}\kappa^{2n}\xi^{2n}}{(n!)^2} \tag{7.38}$$

则

$$\sigma_{I,r}^2\left(r,L\right) = 8\pi^2 k^2 L \int_0^1\int_0^\infty \kappa\Phi_n(\kappa)\exp\left(\frac{-\varLambda L\kappa^2\xi^2}{k}\right)\sum_{n=1}^{\infty}\frac{(\varLambda r)^{2n}\kappa^{2n}\xi^{2n}}{(n!)^2}\mathrm{d}\kappa\mathrm{d}\xi \tag{7.39}$$

将式 (7.4) 分别代入式 (7.39) 和式 (7.37) 中，得[19]

$$\sigma_{I,r}\left(r,L\right) \approx 1.949\varLambda^2 r^2 W^2 L\varepsilon^{-1/3}\frac{\chi_T}{\omega^2}\Big[\left(3.641\times10^{-6}\omega^2 - 2.323\times10^{-6}\omega\right.$$
$$\left.+6.728\times10^{-6}\right)k^2 W^2 - \left(\omega^2 - 5.421\omega + 770.381\right)L^2\Big] \tag{7.40}$$

$$\sigma_{I,l}{}^2\left(r,L\right) \approx 0.388\times10^{-8}\pi^2\varepsilon^{-1/3}\frac{\chi_T}{\omega^2}\bigg[4L^3\left(\frac{1}{3}-\frac{\bar{\Theta}}{2}+\frac{\bar{\Theta}^2}{5}\right)\left(7.245\times10^7\omega^2\right.$$
$$\left. -4.184\times10^8\omega + 8.136\times10^{10}\right) - 8k^{-2}W^{-2}L^5\left(\frac{1}{5}-\frac{\bar{\Theta}}{3}+\frac{\bar{\Theta}^2}{7}\right)$$
$$\times\left(3.457\times10^{14}\omega^2 - 4.16\times10^{15}\omega + 4.663\times10^{19}\right) + 8k^{-4}W^{-4}L^7$$
$$\times\left(\frac{1}{7}-\frac{\bar{\Theta}}{4}+\frac{\bar{\Theta}^2}{9}\right)\left(2.905\times10^{21}\omega^2 - 7.211\times10^{22}\omega + 4.513\times10^{28}\right)\bigg] \tag{7.41}$$

将式 (7.40) 和式 (7.41) 代入式 (7.35) 中可得高斯光束在海洋湍流中传输的闪烁指数。

7.3.2　闪烁指数的仿真分析

本节仿真弱起伏下高斯光束在海洋湍流中传输，不同传输距离下海洋湍流三个特征参数对闪烁指数的影响。仿真中，$r = 0.1\mathrm{m}$，$W = 0.1\mathrm{m}$，$\bar{\Theta}=1$。

1. 温度诱致与盐度诱致比值对闪烁指数的影响

仿真不同传输距离下温度诱致与盐度诱致比值对高斯光束在海洋湍流中传输

闪烁指数的影响时，取 $\varepsilon = 10^{-3}\,\mathrm{m^2/s^3}$，$\chi_T = 10^{-8}\,\mathrm{K^2/s}$，仿真结果如图 7.15 所示。

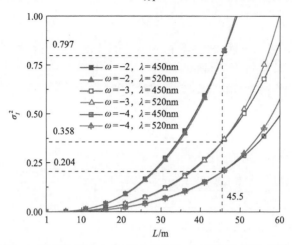

图 7.15　温度诱致与盐度诱致比值对闪烁指数的影响[17]

　　由图 7.15 可知,高斯光束在温度诱致与盐度诱致比值影响的海洋湍流中传输,蓝绿光的闪烁指数在传输距离为 45.5m 处相等,且不同温度诱致与盐度诱致比值下蓝绿光闪烁指数相等时的传输距离不变。当传输距离小于 45.5m 时,相同传输距离下蓝光的闪烁指数大于绿光;当传输距离大于 45.5m 时,相同传输距离下蓝光的闪烁指数小于绿光。由此可得, 近距离(传输距离小于 45.5m)通信时可以使用绿光来减小海洋湍流对通信系统性能的影响,远距离(传输距离大于 45.5m)通信时可以使用蓝光来减小海洋湍流对通信系统性能的影响。相同传输距离下高斯光束在温度诱致与盐度诱致比值影响的海洋湍流中传输,闪烁指数随温度诱致与盐度诱致比值的增大而增大,表明与温度变化相比盐度变化对高斯光束在海洋湍流中传输的影响大。

2. 动能耗散率对闪烁指数的影响

　　仿真动能耗散率对高斯光束在海洋湍流中传输闪烁指数的影响时,取 $\omega = -3$,$\chi_T = 10^{-8}\,\mathrm{K^2/s}$,仿真结果如图 7.16 所示。

　　由图 7.16 可知,高斯光束在不同动能耗散率影响的海洋湍流中传输,蓝绿光的闪烁指数也在传输距离为 45.5m 处相等,即动能耗散率的变化不会影响蓝绿光的闪烁指数相等时的传输距离。同样近距离(传输距离小于 45.5m)通信时可以使用绿光来减小海洋湍流对通信系统性能的影响,远距离(传输距离大于 45.5m)通信时可以使用蓝光来减小海洋湍流对通信系统性能的影响。相同传输距离下高斯光束在动能耗散率影响的海洋湍流中传输时,闪烁指数随动能耗散率的增大而减小,表明海水的动能越小对高斯光束在海洋湍流中传输的影响越小。

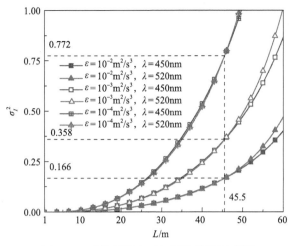

图 7.16　动能耗散率对闪烁指数的影响[17]

3. 温差耗散率对闪烁指数的影响

仿真温差耗散率对高斯光束在海洋湍流中传输闪烁指数的影响时，取 $\omega = -3$，$\varepsilon = 10^{-3}\,\mathrm{m}^2/\mathrm{s}^3$，仿真结果如图 7.17 所示。

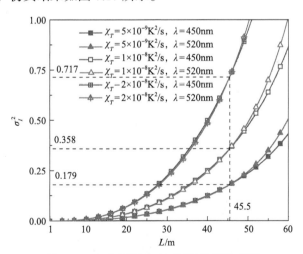

图 7.17　温差耗散率对闪烁指数的影响[17]

由图 7.17 可知，高斯光束在不同温差耗散率影响的海洋湍流中传输，蓝绿光的闪烁指数也在传输距离为 45.5m 处相等，即温差耗散率的变化不会影响蓝绿光闪烁指数相等时的传输距离。同样近距离（传输距离小于 45.5m）通信时可以使用绿光来减小海洋湍流对通信系统性能的影响，在远距离（传输距离大于 45.5m）通信时可以使用蓝光来减小海洋湍流对通信系统性能的影响。相同传输距离下高斯光束在温差耗散率影响的海洋湍流中传输时，闪烁指数随温差耗散率的增大而增大，表明海水的温差耗散越大对高斯光束在海洋湍流中传输的影响越大。

7.3.3　光束漂移与误码率

受海洋湍流影响，激光在海水中传输会发生光束漂移现象，基于 Andrews 提出的一般模型，光束漂移表示为[18]

$$\left\langle r_c^{\ 2}\right\rangle = W^2 T_{LS} = 4\pi^2 k^2 W^2 \int_0^L \int_0^\infty \kappa \Phi_n(\kappa) H_{LS}(\kappa,z)\left(1-\exp\left(\frac{-\Lambda L \kappa^2 \xi^2}{k}\right)\right)\mathrm{d}\kappa\mathrm{d}z \qquad (7.42)$$

其中，$\langle\cdot\rangle$ 表示统计平均；$H_{LS}(\kappa,z)$ 为大尺度滤波函数，表达式为[18]

$$H_{LS}(\kappa,z) = \exp\left(-\kappa^2 W^2(z)\right) = \exp\left(-\kappa^2 W_0^{\ 2}\left[\left(\Theta_0 + \bar{\Theta}_0 \xi\right)^2 + \Lambda_0^2 (1-\xi)^2\right]\right) \qquad (7.43)$$

其中，W_0 为高斯光束的束腰半径；$W(z)$ 为高斯光束传输至 z 点处的光斑半径；$\Theta_0 = 1 - \bar{\Theta}_0$，$\Theta_0$ 为光束在发射端的曲率参数；Λ_0 为发射端的菲涅耳比，为了强调光束漂移的折射性质，式(7.42)中最后一项可以忽略。使用几何光学近似有[18]

$$1 - \exp\left(\frac{-\Lambda L \kappa^2 \xi^2}{k}\right) \approx \frac{\Lambda L \kappa^2 \xi^2}{k}, \quad \frac{L\kappa^2}{k} \ll 1 \qquad (7.44)$$

对于准直高斯光束 $\Theta_0 = 1$，将式(7.5)、式(7.43)和式(7.44)代入式(7.42)中可得准直高斯光束的光束漂移为

$$\begin{aligned}
\left\langle r_c^{\ 2}\right\rangle = 1.552 \times 10^{-8}\, \frac{\pi^2 k W^2 \Lambda L \chi_T \varepsilon^{-1/3}}{\omega^2} \int_0^L \int_0^\infty \kappa^{-2/3}\xi^2 \exp\left(-\kappa^2 W_0^{\ 2}\right) \\
\times\left[1 + 2.35(\kappa\eta)^{2/3}\right]\left(\omega^2 \mathrm{e}^{-A_T \delta} + \mathrm{e}^{-A_S \delta} - 2\omega \mathrm{e}^{-A_{TS}\delta}\right)\mathrm{d}\kappa\mathrm{d}z
\end{aligned} \qquad (7.45)$$

对式(7.45)求解积分并进行整理可得[19]

$$\begin{aligned}
\left\langle r_c^{\ 2}\right\rangle = 0.517 \times 10^{-8}\pi^2 k W^2 L \Lambda \varepsilon^{-1/3}\frac{\chi_T}{\omega^2} \times \Bigg\{\omega^2\Big[37.9244\eta^4 A_T^2\left(W_0^{\ 2}+12.978 A_T\eta^2\right)^{-11/6} \\
+15.2043\eta^{8/3}A_T^2\left(W_0^{\ 2}+12.978 A_T\eta^2\right)^{-3/2} - 9.03014\eta^{8/3}A_T\left(W_0^{\ 2}+12.978 A_T\eta^2\right)^{-7/6} \\
-4.67544\eta^{4/3}A_T\left(W_0^{\ 2}+12.978 A_T\eta^2\right)^{-5/6} + 2.08263\eta^{4/3}\left(W_0^{\ 2}+12.978 A_T\eta^2\right)^{-1/2} \\
+2.78316\left(W_0^{\ 2}+12.978 A_T\eta^2\right)^{-1/6}\Big] - 2\omega\Big[37.9244\eta^4 A_{TS}^2\left(W_0^{\ 2}+12.978 A_{TS}\eta^2\right)^{-11/6}
\end{aligned}$$

$$+15.2043\eta^{8/3}A_{TS}^2\left(W_0^{\,2}+12.978A_{TS}\eta^2\right)^{-3/2}-9.03014\eta^{8/3}A_{TS}\left(W_0^{\,2}+12.978A_{TS}\eta^2\right)^{-7/6}$$

$$-4.67544\eta^{4/3}A_{TS}\left(W_0^{\,2}+12.978A_{TS}\eta^2\right)^{-5/6}+2.08263\eta^{4/3}\left(W_0^{\,2}+12.978A_{TS}\eta^2\right)^{-1/2}$$

$$+2.78316\left(W_0^{\,2}+12.978A_{TS}\eta^2\right)^{-1/6}\Bigg]+\left[37.9244\eta^4A_S^2\left(W_0^{\,2}+12.978A_S\eta^2\right)^{-11/6}\right.$$

$$+15.2043\eta^{8/3}A_S^2\left(W_0^{\,2}+12.978A_S\eta^2\right)^{-3/2}-9.03014\eta^{8/3}A_S\left(W_0^{\,2}+12.978A_S\eta^2\right)^{-7/6}$$

$$-4.67544\eta^{4/3}A_S\left(W_0^{\,2}+12.978A_S\eta^2\right)^{-5/6}+2.08263\eta^{4/3}\left(W_0^{\,2}+12.978A_S\eta^2\right)^{-1/2}$$

$$+2.78316\left(W_0^{\,2}+12.978A_S\eta^2\right)^{-1/6}\Bigg]\Bigg\}$$

$$\tag{7.46}$$

准直高斯光束传输到 z 点处，光束截面上的光强分布为

$$I(z,x)=I_0\frac{W_0^{\,2}}{W^2(z)}\exp\left(\frac{-2x^2}{W^2(z)}\right)\tag{7.47}$$

其中，x 为光束漂移 $\left\langle r_c^{\,2}\right\rangle$。假设激光器发出的高斯光束经外调制器调制后为 OOK 信号，并设发射"0"码时的光功率为 0，发射"1"码时的光功率为 P_1，发射天线的效率为 η_1，那么高斯光束经天线发出后的光功率 P_2 为[20]

$$P_2=P_1\eta_1=\eta_1\int_0^{W_0}\int_0^{2\pi}I(0,x)x\mathrm{d}x\mathrm{d}\varphi\tag{7.48}$$

将式(7.47)代入式(7.48)中可得[20]

$$I_0=\frac{2\eta_1P_1}{0.865\pi W_0^{\,2}}\tag{7.49}$$

假设接收天线的孔径半径 $R_2\ll W(z)$，接收天线的效率为 η_2，可以认为进入接收天线的光强为 $I(z,x)$，则通过接收天线进入光电探测器的光功率 $P_s(z)$ 为

$$P_s(z)=\pi\eta_2R_2^2I(z,x)=\pi\eta_2R_2^2I_0\frac{W_0^{\,2}}{W^2(z)}\exp\left(\frac{-2x^2}{W^2(z)}\right)\tag{7.50}$$

光电探测器的输出光功率 $P_{ss}(z)$ 为

$$P_{ss}(z)=\left(\frac{e\eta_0}{hv}\right)^2P_s^{\,2}(z)R\tag{7.51}$$

假设光电探测器仍采用 PIN 光电探测器，系统接收端的误码率为

$$P_{e2} = \frac{1}{2}\mathrm{erfc}\left(\sqrt{\frac{r_{\mathrm{SNR}}}{4}}\right) = \frac{1}{2}\mathrm{erfc}\left[\sqrt{\frac{e^2\eta_0^2 P_s^2(z)}{4h^2\nu^2 i_n^2}}\right] \tag{7.52}$$

7.3.4　光束漂移与误码率分析

本节仿真准直高斯光束在海洋湍流中传输,海洋湍流三个特征参数(温度诱致与盐度诱致比值 ω、动能耗散率 ε 和温差耗散率 χ_T)对光束漂移及误码率的影响。仿真中, $W_0 = 0.05\mathrm{m}$, $W = 0.5\mathrm{m}$, $\eta = 10^{-3}\mathrm{m}$, $\Lambda = 0.5\mathrm{m}$, $\eta_0 = 0.6$, $\eta_1 = 0.6$, $\eta_2 = 0.6$, $R_2 = 0.1\mathrm{m}$, $T = 288.15\mathrm{K}$, $B = 2\mathrm{GHz}$, $P_1 = 0.1\mathrm{mW}$, $R = 50\Omega$, $L = 60\mathrm{m}$。

1. 温度诱致与盐度诱致比值对光束漂移及误码率的影响

仿真温度诱致与盐度诱致比值对准直高斯光束在海洋湍流中传输的光束漂移与误码率的影响时, 取 $\varepsilon = 10^{-6}\mathrm{m}^2/\mathrm{s}^3$, $\chi_T = 10^{-6}\mathrm{K}^2/\mathrm{s}$, 仿真结果如图 7.18 所示。

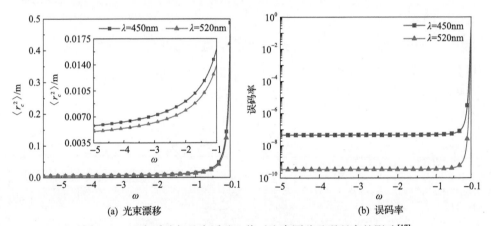

图 7.18　温度诱致与盐度诱致比值对光束漂移及误码率的影响[17]

由图 7.18 可知,准直高斯光束在温度诱致与盐度诱致比值影响的海洋湍流中传输时,光束漂移和误码率随温度诱致与盐度诱致比值的增大而增大。相同传输距离、动能耗散率和温差耗散率下, 450nm 蓝光的光束漂移和误码率大于 520nm 绿光,且准直高斯光束在盐度诱致占优势的海洋湍流中传输的光束漂移和误码率大。由此可得,与温度变化相比,盐度变化对准直高斯光束在海洋湍流中传输的影响更大。

2. 动能耗散率对光束漂移及误码率的影响

仿真动能耗散率对准直高斯光束在海洋湍流中传输的光束漂移和误码率的影

响时，取 $\omega = -3$，$\chi_T = 10^{-6}\,\mathrm{K}^2/\mathrm{s}$，仿真结果如图 7.19 所示。

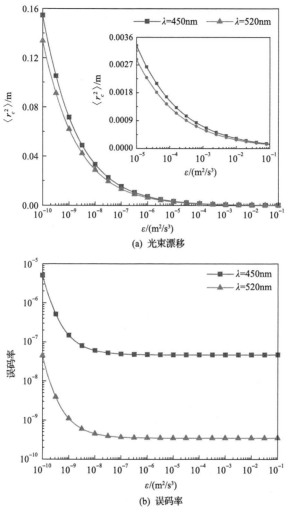

(a) 光束漂移

(b) 误码率

图 7.19　动能耗散率对光束漂移及误码率的影响[17]

由图 7.19 可知，准直高斯光束在动能耗散率影响的海洋湍流中传输时，光束漂移和误码率随动能耗散率的增大而减小。相同传输距离、温度诱致与盐度诱致比值和温差耗散率下，450nm 蓝光的光束漂移和误码率大于 520nm 绿光，且准直高斯光束在动能耗散率大的海洋湍流中传输的光束漂移和误码率小，表明海水的动能越小对准直高斯光束在海洋湍流中传输的影响就越小。

3. 温差耗散率对光束漂移与误码率的影响

仿真温差耗散率对准直高斯光束在海洋湍流中传输的光束漂移和误码率的影

响时，取 $\omega = -3$ ，$\varepsilon = 10^{-5}\,\mathrm{m}^2/\mathrm{s}^3$ ，仿真结果如图 7.20 所示。

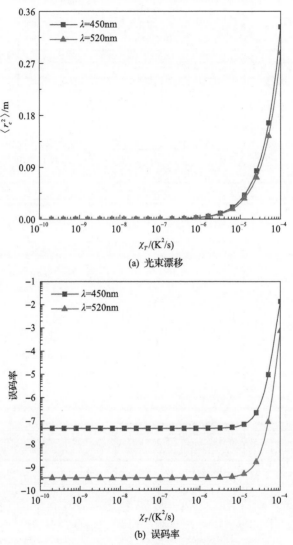

(a) 光束漂移

(b) 误码率

图 7.20　温差耗散率对光束漂移及误码率的影响[17]

　　由图 7.20 可知，准直高斯光束在温差耗散率影响的海洋湍流中传输时，光束漂移和误码率随温差耗散率的增大而增大。相同传输距离、温度诱致与盐度诱致比值和动能耗散率下，450nm 蓝光的光束漂移和误码率大于 520nm 绿光，且准直高斯光束在温差耗散大的海洋湍流中传输的光束漂移和误码率大，表明温差耗散越大对准直高斯光束在海洋湍流中传输的影响就越大。

7.4　水下无线光通信实验

水下湍流对激光传输所产生的影响，会导致激光通信的精确度和传输距离大幅下降，严重时甚至会造成通信的中断。本节分别在陕西西安的浐河、灞河以及烟台第一海水浴场进行测量，分析不同水域、不同水速与不同距离条件下水下光信号样本的偏斜度与陡峭度、水下结构常数、概率密度分布、闪烁指数、光功率损耗及误码率。

7.4.1　实验系统

实验系统如图 7.21 所示，发射端是波长为 532nm 的激光器，其输出功率为 1W，工作电压为 4.2V，激光器发出的激光经过水下信道传输后，首先经过双层复眼透镜[21]，双层复眼透镜第二层的曲面透镜将透镜阵列汇聚的光束进行汇聚叠加，使得通过各小透镜的光在探测器表面得到合并输出。再利用探测器结合滤光片完成瞬时光信号的测量，探测器将光信号转化成电信号，然后送到计算机进行数据采集和信号处理。探测器的型号为 PD300-UV，频率响应范围为 200～1100nm，孔径大小为 10mm×10mm，精确度为 ±1.1%。所用滤光片波段为 513～545nm，口径为 20mm。实验期间，采用探针式电子温度计测量水下温度，利用浮漂法多次测量当前水的流速求平均值。

PL-EPRO激光器　　　水下信道　　　双层复眼透镜　　PD300-UV探测器　　接收端计算机

图 7.21　实验系统图

实验时，首先进行发射端与接收端对准，激光通过双层复眼透镜，待激光器工作稳定后，接收端使用 PD300-UV 探测器采集光信号。与此同时，对实验期间的温度值进行记录，最后对光信号光功率值进行分析处理，得到光信号样本的起伏特性和不同湍流强度下的光功率损耗。

研究组于 2022 年 11 月～2023 年 6 月期间，在陕西省西安市浐河、灞河以及烟台第一海水浴场多地进行了水下激光传输实验，链路由发射端、信道和接收端组成，实验期间部分数据的参数测量如表 7.1～表 7.3 所示，同时为了忽略风速对所测结果造成的误差，该实验链路均保持在距离水表面 10cm 的位置[22]。在实验所测温度变化范围内对同一水速进行多组测量，光信号样本方差基本保持不变，所以以下实验均可忽略温度对结果的影响。

表 7.1　不同水速下实验基本条件

地点	测量样本	时间	链路距离/m	风速/(m/s)	水温/℃	水速/(m/s)
沪河	T1	2023-2-17	0.5	2	5～5.2	0.34
	T2	2023-2-17	0.5	2	5.2～5.4	0.47
	T3	2023-2-17	0.5	2	5.4～5.6	0.53
	T4	2023-2-17	0.5	2	5.6～5.8	0.64
灞河	T5	2023-3-5	1.5	2	7.9～8.1	0.43
	T6	2023-3-5	1.5	2	8.1～8.3	0.52
	T7	2023-3-5	1.5	2	8.3～8.5	0.61
	T8	2023-3-5	1.5	2	8.5～8.7	0.70

表 7.2　不同水向下实验基本条件

地点	测量样本	时间	链路距离/m	风速/(m/s)	水温/℃	水向
沪河	T9	2023-2-19	0.5	2	5～5.2	顺水
	T10	2023-2-19	0.5	2	5.2～5.4	逆水
	T11	2023-2-19	0.5	2	5.4～5.6	横向
灞河	T12	2023-3-6	1.5	1	8～8.2	顺水
	T13	2023-3-6	1.5	1	8.2～8.4	逆水
	T14	2023-3-6	1.5	1	8.4～8.6	横向

表 7.3　不同距离实验基本条件

地点	测量样本	时间	风速/(m/s)	水温/℃	链路距离/m
烟台第一海水浴场	T15	2023-4-2	3.3	8.5～8.8	1
	T16	2023-4-2	3.3	8.8～9.1	3
	T17	2023-4-2	3.3	9.1～9.4	5
	T18	2023-4-2	3.3	9.4～9.7	6.5

7.4.2　数据统计分析

矩估计是用样本矩估计总体矩，实测信号序列 X 的一阶原点矩表示实测信号序列的期望，实测信号序列 X 的二阶中心矩表示实测信号序列的方差，偏斜度统计数据分布偏斜方向和程度由三阶中心距与样本方差的 3/2 次方表示，表达式为[23]

$$S_X = \frac{\left\langle \left(X - \langle X \rangle\right)^3 \right\rangle}{\sigma_X^3} \tag{7.53}$$

陡峭度度量数据在中心的聚集程度，由四阶中心矩与方差表示，表达式为[23]

$$K_X = \frac{\left\langle \left(X - \langle X \rangle \right)^4 \right\rangle}{\sigma_X^4} \tag{7.54}$$

图 7.22 为不同水域测量样本的偏斜度和陡峭度与方差的关系，横坐标为实测光信号样本的方差，纵坐标为不同水域下实测光信号样本的偏斜度和陡峭度。图 7.22(a) 和 (b) 分别为浐河、灞河不同水速下所测光信号样本的统计分布图，图 7.22(c) 是烟台第一海水浴场不同距离下所测光信号样本的统计分布图。由图 7.22(a) 和 (b) 可以得到，所测光信号样本方差随着水速的增大而增大，由图 7.22(c) 可以得到，所测光信号样本方差随着距离的增大而增大。不同的水域，光信号样本方差分布范围不一样，导致偏斜度和陡峭度增大的范围也不一样。图 7.22 中，浐河、灞河及烟台第一海水浴场所测光信号样本的方差分别在 10^{-3}、10^{-2} 和 10^{-1} 数量级范围内，所以在对应所测光信号样本中，浐河光信号样本的偏斜度和陡峭度的最大值分别为 1.362 和 3.5，灞河光信号样本的偏斜度和陡峭度的最大值分别为 1.43 和 3.8，烟台第一海水浴场光信号样本的偏斜度和陡峭度的最大值分别为 1.49 和 4.3。

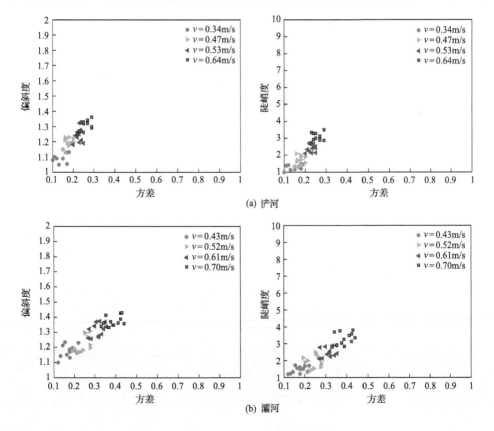

(a) 浐河

(b) 灞河

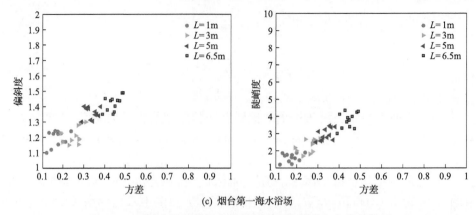

(c) 烟台第一海水浴场

图 7.22　不同水域测量样本的偏斜度和陡峭度与方差的关系

所以沪河光信号样本的偏斜度和陡峭度最小，灞河光信号样本的偏斜度和陡峭度次之，烟台第一海水浴场光信号样本的偏斜度和陡峭度最大。

光信号样本的偏斜度随着光信号样本方差的增大逐渐增大，意味着与正态分布相比，水速和距离越大，光信号样本功率值概率分布的对称性也越差。光信号样本的陡峭度逐渐增大，但由于光信号样本功率值的分布范围越来越大，与正态分布相比，光信号样本功率值的分布越来越分散。

7.4.3　水下折射率结构常数

水下折射率结构常数 C_n^2 定量描述了光学湍流强度。Baykal 通过改进 Rytov 理论用海洋湍流参数表征大气折射率结构常数 C_n^2，其表达式为[24]

$$C_n^2 = 16\pi^2 k^{-7/6} L^{-11/6} \int_0^L \int_0^\infty \kappa \phi_n(\kappa) \left(1 - \cos\left(\kappa^2 \zeta(L-\zeta)/(Lk)\right)\right) \mathrm{d}\kappa \mathrm{d}\zeta \quad (7.55)$$

其中，ζ 为高斯光束与激光发射端透镜镜面的距离；$k = 2\pi/\lambda$ 为波数，λ 为波长；$\Phi_n(\kappa)$ 为折射率功率谱密度函数，表达式为

$$\Phi_n(\kappa) = 0.388 \times 10^{-8} \varepsilon^{-1/3} \kappa^{-11/3} [1 + 2.35(\kappa\eta)^{2/3}] \times \omega^{-2} \chi_T (\omega^2 \mathrm{e}^{-A_T\delta} + \mathrm{e}^{-A_S\delta} - 2\omega \mathrm{e}^{-A_{TS}\delta})$$
$$(7.56)$$

其中，$\delta = 1.5 C_1^2 (\kappa\eta)^{4/3} + C_1^3 (\kappa\eta)^2$；动能耗散率 ε 定义为单位质量的湍流动能转化为分子热动能的速率，典型值为 $10^{-10} \sim 10^{-1} \mathrm{m}^2/\mathrm{s}^3$；均方温差耗散率 χ_T 定义为湍流通过分子热传导作用于温度场的量，典型值为 $10^{-10} \sim 10^{-4} \mathrm{K}^2/\mathrm{s}$；温度诱致和盐度诱致比值 ω 定义为由温度导致的海洋湍流和由盐度导致的海洋湍流的比值，典型值为 $[-5,0]$；κ 表示空间频率的大小；$A_T = 1.863 \times 10^{-2}$；$A_S = 1.9 \times 10^{-4}$；$A_{TS} = 9.41 \times 10^{-3}$。

随着水体、水速等的不同，其取值会发生改变，这里利用闪烁法来测量 C_n^2[25]，

表达式为

$$C_n^2 = 4.48CD_t^{7/3}L^{-3}\sigma_x^2 \tag{7.57}$$

其中，L 为链路长度；$C = D_r/D_t$，其中 D_t 和 D_r 分别为发送孔径尺寸和接收孔径尺寸；σ_x^2 为对数振幅方差，可以表示为[26]

$$\sigma_x^2 = \frac{1}{4}\ln\left(1 + \left(\frac{s}{\langle I \rangle}\right)^2\right) \tag{7.58}$$

其中，$\langle I \rangle$ 为光强均值；s 为光强标准差。

为了得到不同水域、不同水速、不同距离条件下 C_n^2 的变化规律，对接收的光信号进行了归一化处理，并将其分为 200 组。通过对每组 500 个光强值求均值 $\langle I \rangle$ 与标准差 s，利用式 (7.58) 得到 σ_x^2，进而利用式 (7.57) 得到 C_n^2 的变化曲线，如图 7.23 所示。

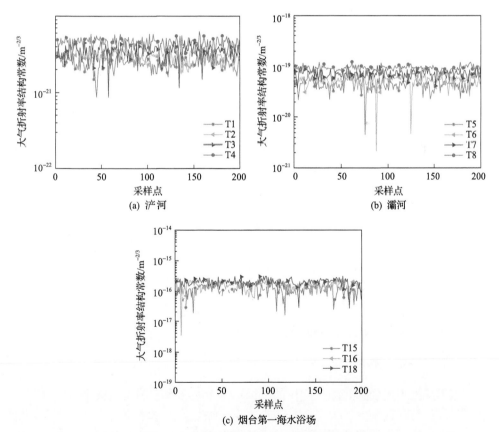

图 7.23 不同水域光信号测量样本的结构常数

为了从量化的角度描述不同水域、不同水速和不同距离下 C_n^2 取值的规律，同时计算了 C_n^2 的最大值、最小值和均值，如表 7.4 所示。

表 7.4　光信号样本的结构常数　　　　　　　　（单位：$\text{m}^{-2/3}$）

测量样本	最大值	最小值	均值
T1	3.9475×10^{-21}	7.5496×10^{-22}	2.5071×10^{-21}
T2	4.6414×10^{-21}	1.1592×10^{-21}	3.0325×10^{-21}
T3	5.1554×10^{-21}	8.8539×10^{-22}	3.51×10^{-21}
T4	6.7502×10^{-21}	2.1776×10^{-21}	4.5620×10^{-21}
T5	1.0438×10^{-19}	4.9211×10^{-21}	4.9773×10^{-20}
T6	7.3957×10^{-20}	2.3715×10^{-21}	5.5249×10^{-20}
T7	1.2376×10^{-19}	3.9042×10^{-20}	7.5235×10^{-20}
T8	1.5142×10^{-19}	4.3730×10^{-20}	9.5812×10^{-20}
T15	2.3255×10^{-16}	5.5792×10^{-19}	1.0531×10^{-16}
T16	3.1901×10^{-16}	3.4070×10^{-18}	1.4859×10^{-16}
T18	4.7438×10^{-16}	2.6121×10^{-17}	1.8970×10^{-16}

在实验 T1～T4 内，沪河测量样本的 C_n^2 随着水速的增大而增大；实验 T5～T8 内，灞河测量样本的 C_n^2 随着水速的增大而增大；实验 T15、T16 以及 T18 内，烟台第一海水浴场测量样本的 C_n^2 随着距离的增大而增大。即 C_n^2 随着水速的增大而增大，C_n^2 随着链路距离的增大而增大。

结合图 7.23 和表 7.4 可得，在所测样本中，沪河的 C_n^2 跨越了两个数量级，对于不同的水速变化，C_n^2 在 7.5496×10^{-22}～$6.7502\times10^{-21}\text{m}^{-2/3}$ 随机起伏，且大部分集中分布于 1.16×10^{-21}～$5.75\times10^{-21}\text{m}^{-2/3}$；灞河的 C_n^2 跨越了三个数量级，即在 2.3715×10^{-21}～$1.5142\times10^{-19}\text{m}^{-2/3}$ 随机起伏，且大部分集中于 5.65×10^{-20}～$1.21\times10^{-19}\text{m}^{-2/3}$；烟台第一海水浴场的 C_n^2 跨越了四个数量级，即在 5.5792×10^{-19}～$4.7438\times10^{-16}\text{m}^{-2/3}$ 随机起伏，且大部分集中分布于 3.41×10^{-18}～$2.93\times10^{-16}\text{m}^{-2/3}$。在此实验条件下，沪河、灞河的湍流均为弱湍流的情况，烟台第一海水浴场的湍流属于中度湍流的情况，湍流越强，信号越不稳定。烟台第一海水浴场所测光信号样本的 C_n^2 起伏程度相较于沪河和灞河最大，灞河次之，沪河最小。

7.4.4　概率密度函数

水下湍流中光强具有随机起伏的特征，对于实际水下湍流，概率密度分布是描述其统计特征最基本的方法。目前，关于光强起伏的概率密度分布已有大量研究。通常认为，在弱起伏区，光强起伏的概率密度函数服从对数正态分布，其概

率密度函数表达式为[27]

$$f_I(I) = \frac{1}{I\sigma_{\ln I}\sqrt{2\pi}}\exp\left(-\frac{\left(\ln I + 0.5\sigma_{\ln I}^2\right)^2}{2\sigma_{\ln I}^2}\right) \tag{7.59}$$

其中，$\sigma_{\ln I}^2$ 为光信号的对数光强方差，在弱湍流条件下，可以用闪烁指数 σ_I^2 来表示，其中 I 为光强。

Gamma-Gamma 光强起伏概率分布模型是一个双参数模型，经常用于描述中、强起伏区的光强起伏统计[28]。接收端的光强可以看成由大尺度光强起伏对小尺度光强起伏的乘性调制过程，当大尺度光强起伏和小尺度光强起伏均服从 Gamma 分布并且统计独立时，光强起伏服从 Gamma-Gamma 分布，此时，其概率密度函数为[29]

$$f_I(I) = \frac{2(\alpha\beta)^{(\alpha+\beta)/2}}{\Gamma(\alpha)\Gamma(\beta)}I^{(\alpha+\beta)/2-1}\mathrm{K}_{\alpha-\beta}\left(2\sqrt{\alpha\beta I}\right) \tag{7.60}$$

其中，I 为归一化辐照度；α 和 β 用来描述光强闪烁的外尺度参数和内尺度参数；$\Gamma(\cdot)$ 为 Gamma 函数；$\mathrm{K}_{\alpha-\beta}(\cdot)$ 为阶数为 $\alpha-\beta$ 的第二类修正贝塞尔函数，当采用高斯光束传输，接收端采用孔径接收时，α 和 β 由下面公式得到：

$$\alpha = \left(\exp\left(\frac{0.19\sigma_l^2}{\left(1+0.81d^2+0.186\sigma_l^{12/5}\right)^{7/6}}\right) - 1\right)^{-1} \tag{7.61}$$

$$\beta = \left(\exp\left(\frac{0.204\sigma_l^2(1+0.23\sigma_l^{12/5})^{-5/6}}{1+0.9d^2+0.207d^2\sigma_l^{12/5}}\right) - 1\right)^{-1} \tag{7.62}$$

其中，$d = \sqrt{kD^2/(4L)}$，D 为接收孔径尺寸；$\sigma_l^2 = 1.23C_n^2k^{7/6}L^{11/6}$ 为强湍流下的 Rytov 方差，$k = 2\pi/\lambda$，λ 为光波波长，C_n^2 为折射率结构常数。图 7.24 为不同水域测量样本的概率密度分布。

由图 7.24(a)和(b)可知，接收面上光强 I 归一化，I 的取值区间随着水流速的增大而增大，同时向左偏离，其湍流强度属于弱湍流，$P(I)$ 的分布符合对数正态分布的特征。由此可见，水速的增大会造成湍流强度的增大，造成大气折射率的随机起伏程度变大，使接收光信号更加不稳定。

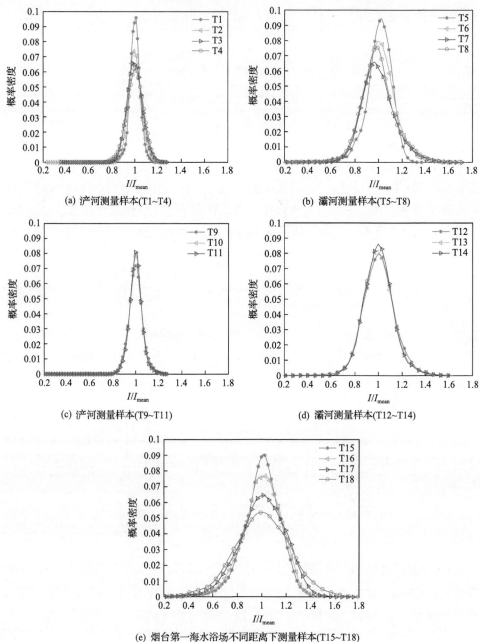

(a) 浐河测量样本(T1~T4)

(b) 灞河测量样本(T5~T8)

(c) 浐河测量样本(T9~T11)

(d) 灞河测量样本(T12~T14)

(e) 烟台第一海水浴场不同距离下测量样本(T15~T18)

图 7.24　不同水域测量样本的概率密度分布

　　由图 7.24(c)和(d)可知，不同水向下 I 的取值范围基本保持一致，概率密度分布曲线基本重合，水向对其概率密度函数的变化基本无影响。可见，激光在水下水平传输时，湍流强度的大小与水向基本无关。由烟台第一海水浴场不同距离下的测量结果发现，即图 7.24(e)，随着通信距离的增大，I 的取值范围也在增大，同时向左偏离，结合湍流强度属于中度湍流，符合 Gamma-Gamma 分布的特征。所以距离的延长使得湍流的强度增强，从而导致整个链路所接收的光信号更加不稳定。

7.5　实验结果分析

水下湍流会影响通信系统的性能，严重时甚至造成系统的中断。本节通过研究不同水域、不同水速以及不同距离下光信号的闪烁指数、光功率损耗以及不同信噪比下的误码率，对水下通信系统的性能做进一步的评估。

7.5.1　闪烁指数

光强闪烁通常用闪烁指数来表征光强在时间上的统计特征，表达式为[30]

$$\sigma_I^2 = \frac{\left(\langle I^2 \rangle - \langle I \rangle^2\right)}{\langle I \rangle^2} = \frac{\langle I^2 \rangle}{\langle I \rangle^2} - 1 \tag{7.63}$$

其中，$\langle \cdot \rangle$ 表示系综平均；I 为光束的强度。对水下激光传输实验测得的多组数据进行处理，得到的归一化光强如图 7.25 所示。

由图 7.25 可得，沪河的归一化光强值基本在 0.9～1.1 范围内随机起伏，灞河的归一化光强值基本在 0.8～1.2 范围内随机起伏，并且光强起伏的范围随着水速的增大而增大。水速增大导致水下湍流强度变大，同时造成接收光信号闪烁程度变大，接收的光信号更加不稳定。

烟台第一海水浴场的归一化光强值基本在 0.5～1.5 范围内随机起伏，起伏的范围随着通信距离的增大而增大。水下湍流的强度随着通信距离的增大而增大，同时造成接收光信号闪烁程度增大，使接收的光信号更加不稳定。

为了从量化的角度进一步说明大水速下的光强起伏程度大于小水速下的光强起伏程度，长距离下的光强起伏程度大于短距离下的光强起伏程度。通过每组样本的标准差计算了闪烁指数。可得，沪河由小到大不同水速下的闪烁指数分别为 0.0032、0.0041、0.0050、0.0065，均处于在 10^{-3} 数量级，灞河由小到大不同水速下的闪烁指数分别为 0.045、0.052、0.060、0.068，其均在 10^{-2} 数量级，由沪河、灞河的光强样本的量化闪烁指数均可以证实大水速下的光强起伏程度大于小水速下的光强起伏程度。烟台第一海水浴场不同距离下的闪烁指数分别为 0.27、0.38、0.52、0.61，其均在 10^{-1} 数量级，由烟台第一海水浴场光信号样本的量化闪烁指数可以证明水下湍流的强度随着通信距离的增大而增大。

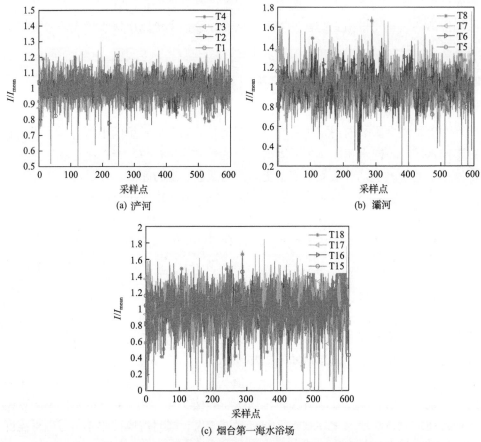

(a) 浐河

(b) 灞河

(c) 烟台第一海水浴场

图 7.25　不同水域所测光信号样本的光强起伏程度

7.5.2　光功率损耗

基于 Beer 定理，光在海水中传播时光功率的变化可简化为指数型衰减，即[31]

$$I(L) = I_0 \exp\left(-c(\lambda)L\right) \tag{7.64}$$

其中，L 为光在水中传播的距离；I_0 为初始光强；$I(L)$ 为接收光强；$c(\lambda)$ 为衰减系数。

图 7.26 为不同水域下湍流导致的光功率损耗。图 7.25(a) 和 (b) 分别为浐河、灞河接收光功率随着不同水速下闪烁指数变化的衰减曲线，图 7.25(c) 是接收光功率随着烟台第一海水浴场不同距离下闪烁指数变化的衰减曲线，光功率的损耗都

随着闪烁指数的增大而增大。对比浐河、灞河以及烟台第一海水浴场的测量情况可知，对于不同程度的闪烁指数，光信号的损耗程度也不一样，闪烁指数越大，光信号的损耗程度越大。浐河不同水速下的闪烁指数均在 10^{-3} 数量级，光信号的损耗最大为 1.9dB；灞河不同水速下的闪烁指数均在 10^{-2} 数量级，光信号的损耗最大为 5.9dB；烟台第一海水浴场不同通信距离下的闪烁指数均在 10^{-1} 数量级，光信号的损耗最大为 50dB。由此可得，水速增大和通信距离变远都会造成接收光信号的损耗增大。浐河、灞河以及烟台第一海水浴场能够允许传输的最大距离分别为 1m、1.5m 和 6.5m，烟台第一海水浴场对应的衰减系数为 2.13，浐河和灞河对应的衰减系数要远远大于 2.13。对比不同水质中能够允许激光传输的最远距离可以发现，激光在水中传输的最大距离由水的衰减系数，即浑浊度决定，激光在清澈的海水中能够传输很远的距离，而在浑浊水中传输距离较近。由此可得，浐河水质最差，灞河次之，烟台第一海水浴场的水质最好，这与实际也保持一致。

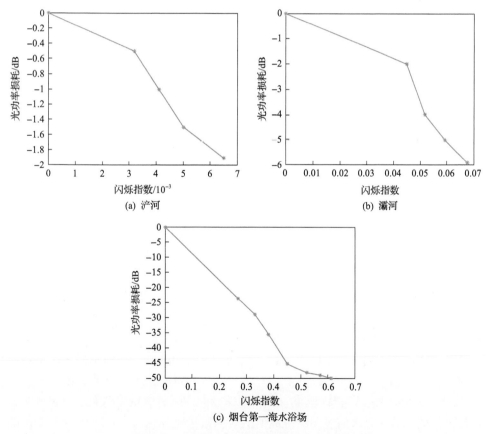

(a) 浐河

(b) 灞河

(c) 烟台第一海水浴场

图 7.26　不同水域下湍流导致的光功率损耗

7.5.3　不同信噪比下的误码率

接收信号瞬时信噪比的概率密度函数 $f_\mu(\mu)$ [32]可表示为

$$f_\mu(\mu) = \frac{1}{2\mu\sigma_I\sqrt{2\pi}}\exp\left(-\frac{\left(\ln(\mu/\overline{\mu}) + \sigma_I^2\right)^2}{8\sigma_I^2}\right) \tag{7.65}$$

通常衰落信道下平均误码率的计算可以通过将瞬时误码率与接收信号瞬时信噪比的概率密度函数 $f_\mu(\mu)$ 相乘求和得到[33]，即

$$\overline{P_e} = \int_0^\infty f_\mu(\mu)P_e\mathrm{d}\mu \tag{7.66}$$

其中，瞬时误码率表示为 $P_e = \dfrac{1}{2}\mathrm{erfc}\left(\dfrac{\sqrt{\mu}}{2}\right)$，可得出平均误码率的计算公式为[34]

$$\overline{P_e} = \int_0^\infty \frac{1}{2\mu\sigma_I\sqrt{2\pi}}\exp\left(-\frac{(\ln(\mu/\overline{\mu}) + \sigma_I^2)^2}{8\sigma_I^2}\right) \times \frac{1}{2}\mathrm{erfc}\left(\frac{\sqrt{\mu}}{2}\right)\mathrm{d}\mu \tag{7.67}$$

其中，μ 为瞬时信噪比；$\overline{\mu}$ 为平均信噪比。

将 Gamma-Gamma 分布概率密度函数代入式(7.67)，得[35]

$$\overline{P_e} = \frac{2^{\alpha+\beta-3}}{\pi^{3/2}\Gamma(\alpha)\Gamma(\beta)}G_{5,2}^{2,4}\left(\frac{4\overline{\mu}}{\alpha^2\beta^2}\left|\begin{array}{c}\frac{1-\alpha}{2},\frac{2-\alpha}{2},\frac{1-\beta}{2},\frac{2-\beta}{2},1\\0,\frac{1}{2}\end{array}\right.\right) \tag{7.68}$$

图 7.27 是不同水域不同信噪比下的误码率，由图可以得到，随着信噪比的增大，误码率在不断减小。同时由图 7.27(a)和(b)可以得到，当信噪比为 10dB 时，沪河四个水速由小到大对应的误码率分别为 0.0133、0.0134、0.0135、0.0139，灞河四个水速由小到大对应的误码率分别为 0.0154、0.0166、0.0184、0.0210。可见信噪比一定时，水速大的测量样本的误码率大于水速小的测量样本的误码率。图 7.27(c)中，当信噪比为 10dB 时，烟台第一海水浴场的通信距离为 1m、3m、5m、6.5m 时对应的误码率分别为 0.0297、0.0344、0.0390、0.0449，可见信噪比一定时，通信距离越大，误码率越高。当误码率为 10^{-2} 时，沪河不同水速所对应的信噪比分别为 11、11.05、11.1、11.15，灞河不同水速所对应的信噪比分别为 13.5、14、14.5、15，可得误码率一定，水速越大，所需信噪比越大。当误码率为 0.15 时，烟台第一海水浴场不同距离所对应的信噪比分别为 5、6、7、8，可得误

码率一定，距离越远，所需信噪比越大。

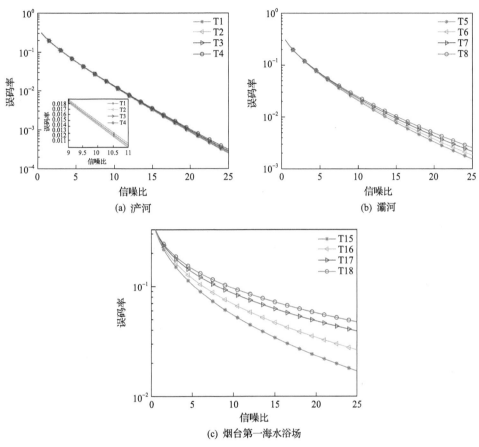

图 7.27　不同水域不同信噪比下的误码率

　　综合图 7.27 可以得到，灞河不同水速之间造成的误码率的差异大于浐河不同水速之间造成的误码率的差异。浐河不同水速对应的误码率曲线变化更小，灞河不同水速对应的误码率曲线变化较大。

7.6　跨介质光传输特性

　　气海界面处，激光从光密介质向光疏介质跨介质传输，海面的随机波动会导致接收面光斑的扩展、闪烁和漂移，致使通信性能产生变化。水下跨介质光通信不仅受到光斑质心水体吸收和散射的影响，其光斑质心偏移量还受海面风速的影响。本节采集不同水域的光斑图像，研究分析光斑空间强度分布以及跨介质传输光斑质心的偏移量。

7.6.1　跨介质光传输模型

　　由于海面风速的影响，海面随时间呈随机起伏状态。激光照射到海面时，大气和海水介质的不同折射率会引起传输激光发生折反射现象。图 7.28 为气海界面对光线的折反射，假设入射光所在介质的折射率为 n_1，折射光所在介质的折射率为 n_2。

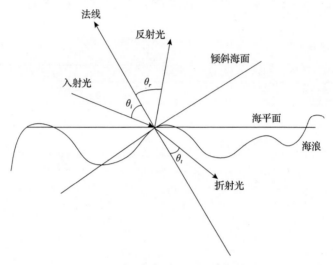

图 7.28　光线透过气海界面简易模型

　　海面本地坐标系下入射角 θ_i、反射角 θ_r 和折射角 θ_t 之间的关系满足反射定律和斯涅尔定律：

$$\theta_i = \theta_r \tag{7.69}$$

$$\frac{\sin\theta_i}{\sin\theta_t} = \frac{n_1}{n_2} \tag{7.70}$$

　　入射光被气海界面反射的功率占入射光功率的比例称为反射率 R，其中垂直偏振光的反射率为 R_s，平行偏振光的反射率为 R_p，则有

$$R_s = \frac{\sin^2(\theta_i - \theta_t)}{\sin^2(\theta_i + \theta_t)} \tag{7.71}$$

$$R_p = \frac{\tan^2(\theta_i - \theta_t)}{\tan^2(\theta_i + \theta_t)} \tag{7.72}$$

　　折射光功率占入射光功率的比例称为透射率 T，则有

$$R = \frac{1}{2}(R_s + R_p) \tag{7.73}$$

$$T = 1 - R \tag{7.74}$$

针对跨介质光传输背景，提出采用高斯函数进行拟合的水下跨介质湍流导致光斑中心偏移的模型，其概率密度函数定义如下：

$$f(I) = A \times \frac{1}{\sqrt{2\pi}\sigma} e^{\left|\frac{(x-\mu)^2}{2\sigma^2}\right|} \tag{7.75}$$

其中，A 为归一化修正系数，取值范围为 0～1，使得 $\int_0^\infty f(I) = 1$；μ 为当前湍流状态下光斑中心偏移量均值；σ 为当前湍流状态下光斑中心偏移量抖动方差。

采用高斯函数拟合跨介质湍流导致光斑中心偏移量的累积分布函数，表达式为

$$F(I) = \int_0^I f(x)\mathrm{d}x = \int_0^I A \frac{1}{\sqrt{2\pi}\sigma} e^{\left|\frac{(x-\mu)^2}{2\sigma^2}\right|} \mathrm{d}x \tag{7.76}$$

当跨介质传输光通信系统的信噪比小于 γ_{th} 时，通信系统发生中断，因此系统的中断概率可表示为

$$P_{\mathrm{out}} = F(\gamma_{\mathrm{th}}) = \int_0^{\gamma_{\mathrm{th}}} A \frac{1}{\sqrt{2\pi}\sigma} e^{\left|\frac{(x-\mu)^2}{2\sigma^2}\right|} \mathrm{d}x \tag{7.77}$$

因此，对于不同的二进制调制方式，通用的误码率表达式为

$$P_{\mathrm{BER}} = \frac{q^p}{2\Gamma(p)} \int_0^\infty \exp(-qx)x^{p-1}F(x)\mathrm{d}x \tag{7.78}$$

其中，参数 p 和 q 的不同取值代表不同调制方式，例如，$p=1$ 和 $q=1$ 代表差分相移键控。

7.6.2　跨介质光传输实验

1. 光斑光强空间分布

为了获得不同水域条件下光强空间分布的规律，分别在陕西省西安市的浐河、灞河以及陕西省商洛市柞水县的乾佑河上游开展了多次跨介质激光传输实验，实

验中采用电子温度计测量温度，采用浮漂法多次测量水速求平均值。选取其中部分实验结果，其实验条件如表 7.5 所示，为了得到不同水域下光强空间分布的规律，对使用 CCD(电荷耦合器件)相机所采集到的光斑图像进行灰度值归一化，实验测得的典型光斑图像如图 7.29 所示。

表 7.5　实验的环境条件

水域	时间	水温/℃	风速/(m/s)	水速/(m/s)
沪河	2023-5-9	20～21.5	1	0.45
灞河	2023-5-13	21.3～22.9	1	0.47
乾佑河	203-6-10	19.1～20.3	2	0.5

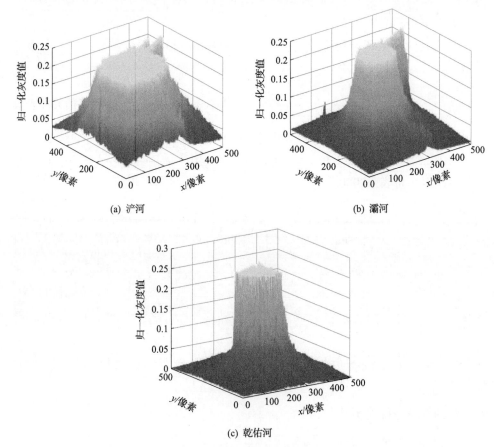

(a) 沪河　　　(b) 灞河

(c) 乾佑河

图 7.29　不同水域光斑光强三维图

由图 7.29 可知，不同水域水下无线光跨介质传输的光斑光强分布均服从高斯分布。光强的空间分布随着水质的不同而发生变化，由图可以看出，乾佑河的光斑图像更加聚集，而浐河的光斑图像比较分散。光斑的畸变与弥散程度由大到小分别为浐河、灞河、乾佑河，同时，这与实际中三个水域的水质相对应，水质由差到好分别为浐河、灞河、乾佑河。水质越差，吸收和散射的程度越大，随之光斑发生畸变与弥散的程度就越大。

　　为了进一步分析不同水域光斑光强分布的具体差异，对灰度图像分别沿着x/y轴投影可得到其光强二维分布，结果如图 7.30 所示。

　　由图 7.30 可以看出，光斑光强的空间分布具有随机起伏性，不同水域所接收光斑的形态和能量衰减的程度有所不同。乾佑河所得光斑光强分布陡峭度最大，灞河次之，浐河最为平滑。随着水质衰减系数的增加，水质变差，光子在海水中受到粒子的吸收和散射次数增多，最后到达接收面的光斑面积增大，光斑扩散严重。由于水质浑浊程度的增加，水质对光子的吸收和散射作用增强，光斑光强减弱。乾佑河、灞河以及浐河接收光斑所对应的最大归一化灰度值分别为 0.2550、0.2318 和 0.2125。可见乾佑河光强衰减最小，灞河次之，浐河水域下光强衰减最大。在光强分布曲线上可以看到光强分布的强弱交替出现，这是由于激光在传输过程中出现了衍射现象，而导致在接收面上出现一明一暗的光环。

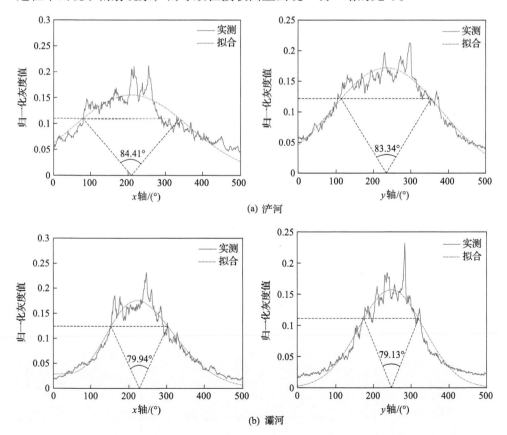

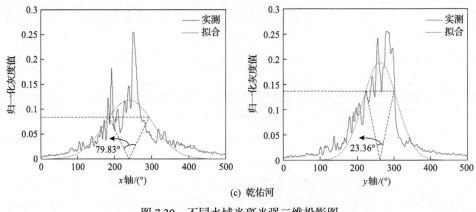

(c) 乾佑河

图 7.30　不同水域光斑光强二维投影图

2. 光斑中心偏移量

取不同水域条件下长时间测量的多幅光斑图像的质心作图，可得不同水域条件下光斑质心偏移量的概率密度分布如图 7.31 所示。

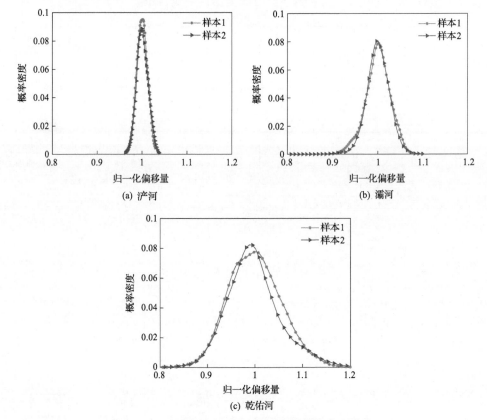

图 7.31　不同水域光斑质心偏移量的概率密度分布

　　图 7.31 分别为沪河、灞河、乾佑河上游测量光斑质心偏移量的概率密度分布，其均满足高斯分布。由图可知，沪河、灞河及乾佑河所测光斑质心归一化偏移量的范围分别为 0.96~1.04、0.92~1.08 和 0.85~1.15。

　　随着水面风速的加剧，水面随机波动更加剧烈，导致出现较大的海面倾斜角概率增加，光子在投射出海面时，方向更加偏离接收面中心位置，在光场分布上也就越发散，加之接收视场角限制，甚至落在接收视场角之外，接收面上的光子数量减少，从而不在统计结果内，造成接收面中心位置的权重在逐步下降。

　　根据以上测量模型可得出如下实验结果：①不同水域，光斑光强空间分布均服从高斯分布，水质差的水域所接收的光斑图像畸变和弥散程度更高；②跨介质光通信光斑质心偏移量符合高斯函数模型；③不同水域，光斑质心偏移量的概率密度分布不同，在实验条件下，风速越高、水速越快以及水面起伏越严重的水域所接收的光斑质心的偏移量越大。

参 考 文 献

[1] Nikishov V V, Nikishov V I. Spectrum of turbulent fluctuations of the sea-water refraction index[J]. International Journal of Fluid Mechanics Research, 2000, 27(1): 82-98.

[2] Smith R C, Baker K S. Optical properties of the clearest natural waters (200-800nm)[J]. Applied Optics, 1981, 20(2): 177-184.

[3] Morel A. Optical Properties of Pure Water and Pure Sea Water[M]. New York: Academic Press, 1974.

[4] Morel A, Maritorena S. Bio-optical properties of oceanic waters: A reappraisal[J]. Journal of Geophysical Research: Oceans, 2001, 106(C4): 7163-7180.

[5] Prieur L, Sathyendranath S. An optical classification of coastal and oceanic waters based on the specific spectral absorption curves of phytoplankton pigments, dissolved organic matter, and other particulate materialsl[J]. Limnology and Oceanography, 1981, 26(4): 671-689.

[6] Morel A, Prieur L. Analysis of variations in ocean color1[J]. Limnology and Oceanography, 1977, 22(4): 709-722.

[7] 吴永森, 张士魁, 张绪琴, 等. 海水黄色物质光吸收特性实验研究[J]. 海洋与湖沼, 2002, 33(4): 402-406.

[8] Bricaud A, Morel A, Prieur L. Absorption by dissolved organic matter of the sea (yellow substance) in the UV and visible domainsl[J]. Limnology and Oceanography, 1981, 26(1): 43-53.

[9] Pegau W S, Cleveland J S, Doss W, et al. A comparison of methods for the measurement of the absorption coefficient in natural waters[J]. Journal of Geophysical Research: Oceans, 1995, 100(7): 13201-13220.

[10] Gilerson A, Zhou J, Hlaing S, et al. Fluorescence component in the reflectance spectra from coastal waters. dependence on water composition[J]. Optics Express, 2007, 15(24): 15702-15721.

[11] Haltrin V I. Chlorophyll-based model of seawater optical properties[J]. Applied Optics, 1999, 38(33): 6826-6832.

[12] Roesler C S, Boss E. Spectral beam attenuation coefficient retrieved from ocean color inversion[J]. Geophysical Research Letters, 2003, 30(9): 1468-1469.

[13] Poulin C, Zhang X D, Yang P, et al. Diel variations of the attenuation, backscattering and absorption coefficients of four phytoplankton species and comparison with spherical, coated spherical and hexahedral particle optical models[J]. Journal of Quantitative Spectroscopy and Radiative Transfer, 2018, 217(1): 288-304.

[14] 孙宇. 水下蓝绿光通信系统实验研究[D]. 西安: 西安理工大学, 2022.

[15] Stramski D, Bricaud A, Morel A. Modeling the inherent optical properties of the ocean based on the detailed composition of the planktonic community[J]. Applied Optics, 2001, 40(18): 2929-2945.

[16] Xu F, Ali Khalighi M, Bourennane S. Impact of different noise sources on the performance of PIN- and APD-based FSO receivers[C]//Proceedings of the 11th International Conference on Telecommunications, Graz, 2011: 211-218.

[17] 李刚. 蓝绿光在海水中的传输特性分析[D]. 西安: 西安理工大学, 2023.

[18] Andrews L C, Phillips R L. Laser Beam Propagation through Random Media[M]. 2nd ed. Bellingham: SPIE Press, 2005.

[19] 陆璐. 海洋湍流对激光束传输的影响[D]. 合肥: 中国科学技术大学, 2016.

[20] 于坤. 无线激光通信系统误码率特性研究[D]. 新乡: 河南师范大学, 2008.

[21] Ke X Z, Yang S J, Sun Y, et al. Underwater blue-green LED communication using a double-layered, curved compound-eye optical system[J]. Optics Express, 2022, 30(11): 18599-18616.

[22] 李军, 罗江华, 元秀华. 水表面波扰动对无线光通信影响[J]. 光学学报, 2021, 41(7): 47-54.

[23] 蒋瑜, 陈循, 陶俊勇, 等. 指定功率谱密度、偏斜度和峭度值下的非高斯随机过程数字模拟[J]. 系统仿真学报, 2006, 18(5): 1127-1130.

[24] Baykal Y. Expressing oceanic turbulence parameters by atmospheric turbulence structure constant[J]. Applied Optics, 2016, 55(6): 1228-1231.

[25] Tunick A. Optical turbulence parameters characterized via optical measurements over a 2.33km free-space laser path[J]. Optics Express, 2008, 16(19): 14645-14654.

[26] Ke X Z, Bao J, Liang J Y. Experimental study of underwater wireless optical channel model[J]. Optical Engineering, 2023, 62(12): 124103.

[27] Pang W N, Wang P, Guo L X,et al.Performance investigation of UWOC system with multiuser diversity scheduling schemes in oceanic turbulence channels[J]. Optics Communications, 2019, 441(1): 138-148.

[28] 柯熙政, 邓莉君. 无线光通信[M]. 2 版. 北京: 科学出版社, 2022.

[29] 贺锋涛, 杜迎, 张建磊, 等. Gamma-Gamma 海洋各向异性湍流下脉冲位置调制无线光通信的误码率研究[J]. 物理学报, 2019, 68(16): 236-244.

[30] 季秀阳, 殷洪玺, 景连友, 等. 基于强波动理论的强湍流信道水下无线光通信系统性能分析[J]. 光学学报, 2022, 42(18): 9-16.

[31] 黄爱萍, 张莹珞, 陶林伟. 蒙特卡罗仿真的水下激光通信信道特性[J]. 红外与激光工程, 2017, 46(4): 226-231.

[32] Zhu X M, Kahn J M. Free-space optical communications through atmospheric turbulence channels[J]. IEEE Transactions on Communications, 2002, 50(8): 1293-1300.

[33] 陈泉润, 虞翔, 崔文楠, 等. 基于中短距离星间链路的可见光通信及性能分析[J]. 光学学报, 2019, 39(10): 102-112.

[34] 秦蕴仪, 谢孟桐, 徐智勇, 等. 基于艾里光的自由空间光通信系统性能分析[J]. 光通信技术, 2022, 46(4): 46-50.

[35] 傅玉青, 段琦, 周林. Gamma-Gamma 强海洋湍流和瞄准误差下水下无线光通信系统的性能研究[J]. 红外与激光工程, 2020, 49(2): 110-117.

第8章 紫外光通信噪声模型

近年来，随着紫外探测技术的快速发展，紫外光通信因其具有太阳背景噪声低、非直视、保密性强、无须捕获/跟踪/对准(acquisition, tracking, pointing)和隐蔽性好等固有优势，逐渐成为研究热点。紫外波段在大气中有着强散射特性，使其成为实现非直视(non-line-of-sight, NLOS)通信的理想选择。

8.1 紫外背景光理论模型

地球的表面存在一层气体，称为大气层或者大气圈，随着海拔的变化和地理位置的不同，大气层被分为对流层、平流层、中间层、热层、散逸层等。空气中包含气溶胶和各种分子，它们的存在影响了光的传输。由于臭氧层的吸收作用，在 200～280nm 波段的紫外光辐射强度很低，该波段称为"日盲区"[1]。在该波段利用紫外光进行通信称为"日盲紫外光通信"，背景噪声较低。为降低背景噪声对通信质量的影响，实现更稳定的紫外光通信和更宽的通信带宽，对"日盲区"紫外光背景噪声的研究十分必要。

8.1.1 太阳对地辐射理论模型

太阳总辐射计算模型可分为物理模型、经验模型和机器学习模型三大类[2]。其中，经验模型由于计算精度高、计算复杂度低，是目前应用最广的模型之一。Angstrom[3]根据日照百分率和总辐射/晴天辐射之间的关系建立了日总太阳辐射计算模型。但由于晴天辐射计算过程较为复杂，Prescott 在 Angstrom 模型的基础上，提出利用天文辐射代替晴天辐射建立模型，该模型又称 A-P 模型[4]。

1. 光子的能量

太阳以光的形式将能量传遍太阳系内外，太阳的光子携带有太阳的能量，光子即光量子(light quantum)。其静止质量为零，不带电荷，其能量为普朗克常量和电磁辐射频率的乘积，可以由式(8.1)表示[5]：

$$E = \frac{hc}{\lambda} = hf \tag{8.1}$$

其中，h 为普朗克常量，$h = 6.626 \times 10^{-34} \text{J·s}$；$c$ 为真空光速，$c = 3 \times 10^8 \text{m/s}$；$f$ 为

不同波段光的频率。高能光子组成的光具有较短的波长，低能光子组成的光具有较长的波长。

在描述光子能量时，除了用 J 为单位进行表征，还可以用 eV 为单位。1eV 表示将一个电子提升 1V 所需的能量，所以一个光子具有的能量为 $1eV = 1.602 \times 10^{-19} J$。因此，上述常量 hc 可以用 eV 重新表征为[6]

$$hc = (1.99 \times 10^{-25} J \cdot m) \times (1eV/1.602 \times 10^{-19} J) = 1.24 \times 10^{-6} eV \cdot m \quad (8.2)$$

将 hc 转化为 eV 和 μm 来表征光子能量方程，得到一个常用的表达式，它表示光子能量和波长的关系，如式(8.3)所示：

$$E(eV) = \frac{1.24}{\lambda(\mu m)} \quad (8.3)$$

不同波段的光子能量不同，表 8.1 给出了不同波段光子的频率、波长及光子能量。由表可以看出，随着波长的减小，光子所携带的能量逐渐增大，即波长越短，光子的能量越大。其中微波的能量最小，为 $1.2 \times 10^{-6} \sim 1.2 \times 10^{-2} eV$；γ 射线的能量最大，超过 $1.2 \times 10^{5} eV$。

表 8.1 不同波段光子的频率、波长及光子能量[7]

波段	频率 f/Hz	波长 λ/μm	光子能量 hf/eV
微波	$3 \times 10^{8} \sim 3 \times 10^{12}$	$10^{6} \sim 10^{2}$	$1.2 \times 10^{-6} \sim 1.2 \times 10^{-2}$
红外光	$8.8 \times 10^{11} \sim 4.3 \times 10^{14}$	$3.4 \times 10^{2} \sim 7 \times 10^{-1}$	$3.6 \times 10^{-3} \sim 1.7$
可见光	$4 \times 10^{14} \sim 7.5 \times 10^{14}$	$7.6 \times 10^{-1} \sim 4 \times 10^{-1}$	$1.6 \sim 3$
紫外光	$7.5 \times 10^{14} \sim 3 \times 10^{16}$	$4 \times 10^{-1} \sim 10^{-2}$	$3 \sim 120$
X 射线	$3 \times 10^{16} \sim 3 \times 10^{20}$	$10^{-2} \sim 10^{-6}$	$1.2 \times 10^{2} \sim 1.2 \times 10^{6}$
γ 射线	$>3 \times 10^{19}$	$>10^{-5}$	$>1.2 \times 10^{5}$

2. 黑体辐射模型

黑体辐射是一种热辐射现象，即物体在不同温度下发出的辐射光谱在强度和频率上的变化规律。其理论起源可追溯到 20 世纪初，由 Planck 和 Wien 分别提出黑体辐射的定律，为之后的研究奠定了基础[8]。

假设黑体是由许多不同振动频率和能级的简谐振子构成的，并且每个谐振子都可以发射或吸收一定频率(能量)的辐射。对于处于某个能态上的谐振子，其能量为 E，那么根据玻尔兹曼分布函数，该能态的简谐振子数目为[9]

$$n(E) = \frac{g(E)}{\exp\left(\dfrac{E}{k_B T}\right) - 1} \tag{8.4}$$

其中，$g(E)$ 为黑体内在每个能量水平上的简谐振子数目；k_B 为玻尔兹曼常量；T 为黑体的温度。可以看出在温度很高时，可以忽略分母的–1 项，得到

$$n(E) \approx \frac{g(E)}{\exp\left(\dfrac{E}{k_B T}\right)} \tag{8.5}$$

设在某一个频率范围内，位于能量 E 和 $E+\Delta E$ 之间的所有简谐振子数目可以全部发射能量为ΔE 的电磁波，因此这个频率范围内的所有电磁波应该具有能量ΔE。设这一频率范围为$\nu \sim \nu + \Delta\nu$，所以单位时间内通过这个波段处的能量流(即辐射通量密度)可以表示为

$$I_\nu(\nu, T) = \frac{g(E)}{\exp\left(\dfrac{E}{k_B T}\right) - 1} \frac{h\nu^2}{\lambda^3} \tag{8.6}$$

根据电磁波理论，将频率ν转换为波长 λ，可得

$$I_\lambda(\lambda, T) = \frac{hc^2}{\lambda^5 \exp\left(\dfrac{hc}{\lambda k_B T}\right) - 1} \tag{8.7}$$

其中，λ 为光的波长；T 为黑体温度(K)；h 为普朗克常量，$h = 6.626 \times 10^{-34} \text{J} \cdot \text{s}$；$c$ 为真空光速，为常数 $3 \times 10^8 \text{m/s}$。

该公式说明了不同温度下黑体各个频率上的辐射通量密度之间的关系，是目前研究宇宙学、天体物理和红外线技术等领域所必须使用的基础公式之一。

3. 太阳辐射模型

图 8.1 为太阳对地辐射示意图，其中 β 为黄赤交角。规定春分点方向为 0°黄经，α 称为太阳的黄经，是当前地日连线到地球和春分点连线的夹角。ν_0 是近日点的黄经。(x, y, z) 坐标轴表示赤道的坐标系。其可由黄道的坐标系 (x', y', z') 按照式(8.8)进行变换[10]：

$$\begin{bmatrix} x \\ y \\ z \end{bmatrix} = \begin{bmatrix} 1 & 0 & 0 \\ 0 & \cos\beta & -\sin\beta \\ 0 & \sin\beta & \cos\beta \end{bmatrix} \begin{bmatrix} x' \\ y' \\ z' \end{bmatrix} \tag{8.8}$$

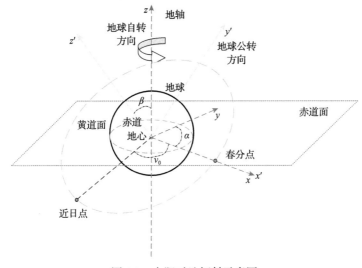

图 8.1　太阳对地辐射示意图

太阳的位置可表示为 P_s^y，可由当天的黄经 α 确定，即 $P_s^y = [r\cos\alpha \quad r\sin\alpha \quad 0]^{\mathrm{T}}$，$r$ 是日地距离，可表示为

$$r = A\left(1 - \frac{e\cos(\alpha + v_0)}{1 + e\cos(\alpha + v_0)}\right) \tag{8.9}$$

其中，A 为地球公转轨道的长半轴长度，为常数，即 $A=1.496\times10^{11}$m；e 为太阳轨道的偏心率，为常数，即 $e=0.016722$。给定日期的黄经 α 可由式(8.10)给出：

$$\frac{\int_0^\alpha \frac{1}{2}r^2 \mathrm{d}\alpha}{\pi A\sqrt{1-e^2}} = \frac{n}{365} \tag{8.10}$$

其中，n 为积日，即距离春分日的天数；$\int_0^\alpha \frac{1}{2}r^2 \mathrm{d}\alpha$ 为地日连线从春分点到当前日期扫过的面积；$\pi A\sqrt{1-e^2}$ 为黄道椭圆的面积。

当太阳辐射和地表水平面法线向量存在夹角 γ 时，如图 8.2 所示，总的地表太阳辐射强度可表示为[11]

$$E_0 = \frac{M_0}{4\pi r^2}\cos\gamma \tag{8.11}$$

其中，M_0 为太阳对外辐射功率，为常数 3.9×10^{26}W；$\cos\gamma$ 可由式(8.12)给出：

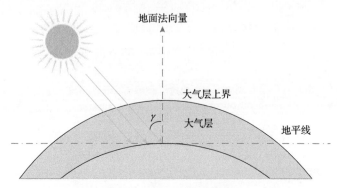

图 8.2　地面上的太阳辐射

$$\cos \gamma = \frac{P_s^r n_g^r}{\left\| P_s^r \right\|} \tag{8.12}$$

其中，P_s^r 为赤道系中太阳的位置，可由式(8.8)中的变换矩阵得出；n_g^r 为地表法向量，表示为 $n_g^r = [\cos\theta\cos\phi \quad \sin\theta\sin\phi \quad \sin\phi]^{\mathrm{T}}$，$\phi$ 为当地纬度，θ 为赤经。则此时太阳辐射强度可表示为[12,13]

$$E_0 = \frac{M_0}{4\pi r^2 \left\| P_s^r \right\|} P_s^r n_g^r \tag{8.13}$$

图 8.3 为晴朗天气条件下地球大气层表面和天顶角为 60°时地表的太阳光光谱[14]。

8.1.2　大气参数

大气透明度是辐射气候的重要特征,是地表获得紫外直接辐射的决定性因素,它不仅能客观地反映大气透明状况及有关光辐射的大气物理状态,而且是表征大气对紫外辐射衰减程度的一个重要参数[15]。在太阳高度角一定的情况下,大气透明度和云的变化是决定紫外辐射强度的主要因子[16]。云对直接辐射的影响主要是通过云的反射、吸收作用而使其受到强烈的削弱,其程度又与云状有关。但云对地面长波有效辐射的影响,主要是通过两个方面:其一是云对短波直接辐射的遮挡作用而使地表加热减小,从而削弱了地面长波辐射;其二则是由于云的存在增加了大气逆辐射,从而使地面有效辐射在更大程度上受到削弱[17]。

根据布格-朗伯(Bonquer-Lambert)定理,当波长为 λ 的太阳辐射 I 经过 $\mathrm{d}m$ 厚的大气层后,其辐射衰变减量为[18]

$$\mathrm{d}I_\lambda = -\alpha_\lambda I_0 \lambda \mathrm{d}m \tag{8.14}$$

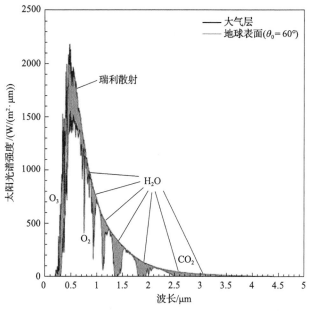

图 8.3　晴天下的太阳光光谱[14]

其中，α_λ 为大气消光系数。由于臭氧层的吸收作用，在 $200\sim280$nm 波段的紫外光辐射强度很低，该波段称为"日盲区"[1]。对于"日盲区"波段，应对整个波段从 200nm 到 280nm 积分，则有

$$S_m = \int_{0.2}^{0.28} \lambda S_0' P_\lambda^m \mathrm{d}\lambda \tag{8.15}$$

可简化为

$$S_m = S_0 P_\lambda^m \tag{8.16}$$

或者表示为

$$P_\lambda = \sqrt[m]{S/S_0} \tag{8.17}$$

其中，P_λ 为复合透明系数；m 为大气质量；S_0 为经日地距离修正后的太阳常数值，$S_0 = 1381.6$W/m^2；S_m 为大气质量 m 时地面上垂直于太阳光线面上的太阳辐射通量。

式(8.17)是一个精确的理论式，并非经验关系，在 m 增大时 P_λ^m 也会增大，这种现象称为福布斯效应[18]。这一效应使 P_λ 的应用受到很大的限制。为克服福布斯效应，需将大气透明度修正到给定的大气质量下，即在 $m=2$ 时，用计算出的积分透明度 P 进行描述。P 可以分为六级：很浑浊($P<0.625$)、浑浊(P 在 $0.625\sim0.675$)、

偏低(P 在 0.676～0.725)、正常(P 在 0.726～0.775)、偏高(P 在 0.776～0.825)和
很透明($P \geqslant 0.826$)[19]。

我国根据各地气象站测量数据，建立了将 P_λ 修正到 P 的经验查算表，查算表
推得的订正公式为

$$P = (1.91/S_0)^{1/2}(S_h/1.91)^{(\sin h + 0.15)/1.3} \tag{8.18}$$

其中，h 为太阳高度角；S_h 为相应高度角的垂直于太阳光线面的太阳直接辐射值。

8.1.3 "日盲区"紫外背景光辐射模型

太阳辐射的能量主要集中在波长 0.15～4μm。在这段波长范围内，又可分为
三个主要区域，即波长较短的紫外光区、波长较长的红外光区和介于二者之间的
可见光区。太阳辐射的能量主要分布在可见光区和红外光区，前者占太阳辐射总
量的 50%，后者占 43%。紫外光区只占能量的 7%。在波长 0.475μm 的地方，太
阳辐射的能力达到最高值。

太阳各个波段的辐射能力可由黑体辐射模型来描述，辐射能力 $w(\lambda)$ 可表
示为[20]

$$w(\lambda) = \frac{c^2 h}{\lambda^5}\left(\frac{1}{\exp(hc/(k_B \lambda T)) - 1}\right) \tag{8.19}$$

其中，c 为真空光速，为常数 3×10^8m/s；h 为普朗克常量，$h = 6.626 \times 10^{-34}$J·s；$T$ 为
热力学温度；k_B 为玻尔兹曼常量。则紫外某一波段占整体辐射能力的百分数
$F_{(\lambda_1 - \lambda_2)}$ 可以表示为[21]

$$F_{(\lambda_1 - \lambda_2)} = \frac{\int_{\lambda_2}^{\lambda_1} w(\lambda)\mathrm{d}\lambda}{\int_0^\infty w(\lambda)\mathrm{d}\lambda} = \frac{1}{\sigma T^4}\int_{\lambda_2}^{\lambda_1} w(\lambda)\mathrm{d}\lambda = \frac{1}{\sigma T^4}\left(\int_0^{\lambda_1} w(\lambda)\mathrm{d}\lambda - \int_0^{\lambda_2} w(\lambda)\mathrm{d}\lambda\right) \tag{8.20}$$

对于日盲紫外光通信系统，其背景噪声的敏感波长范围在 200～300nm，主要
来源为太阳光[22]。当太阳表面温度为 5800K 时，其黑体辐射如图 8.4 所示，灰色
区域为紫外的背景光辐射谱，其积分总和为该波段太阳光背景噪声的总和。

在纬度为 ϕ、经度 θ 的地点，接收器半径为 $D_r/2$、滤光片透过率为 η_B、接收
视场角为 $\theta_{r,\text{signal}}$ 的接收端的紫外光背景光功率为[23]

$$P_B = F_{(\lambda_1 - \lambda_2)}\eta_B \pi\left(\frac{D_r}{2}\right)^2 E_0\left[P^m + \frac{1 - P^m}{2(1 - 1.4\ln P)}\right]\frac{\pi}{4}\theta_{r,\text{signal}}^2 \tag{8.21}$$

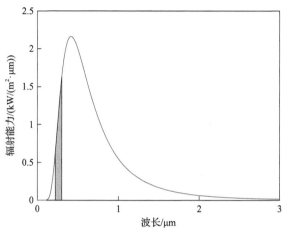

图 8.4　各波长太阳辐射能力

其中，$F_{(\lambda_1-\lambda_2)}$ 为某一波段占整体辐射能力的百分比；η_B 为滤光片透过率；D_r 为接收器直径；E_0 为地表太阳辐射强度；P 为大气透明度；m 为空气质量。

　　假设测量时间为晴天的早上 6 点到下午 6 点，测量地点为西安，测量波长为 300nm，接收器直径为 10mm，接收视场角为 20mrad，滤光片透过率 η_B 为 0.24，带宽为 -10～10nm。取西安的 2023 年春分 3 月 21 日、夏至 6 月 21 日、秋分 9 月 23 日，2022 年冬至 12 月 22 日进行仿真[24]，其晴天条件下的紫外光辐射强度日变化随节气变化的示意图如图 8.5 所示。可以看出，夏至的背景光辐射值最大，秋分和春分的背景光辐射值相近，冬至最小；并且随着季节变化，日辐射峰值的时刻也会逐渐改变。图 8.6 为冬至、春分和夏至实测值和理论值的对比，可以看出冬至、春分和夏至符合理论日中时刻变化情况。

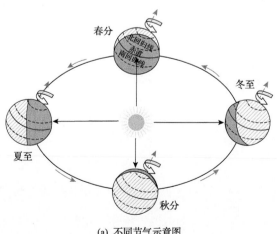

(a) 不同节气示意图

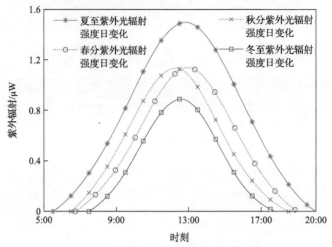

(b) 不同节气的紫外光辐射强度日变化理论值

图 8.5　不同节气示意图及其紫外光辐射强度日变化理论值

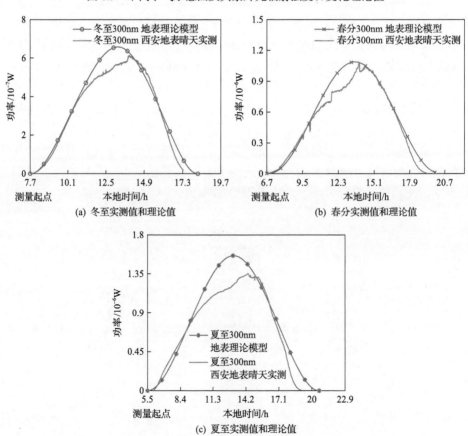

图 8.6　冬至、春分和夏至实测值和理论值

8.2　紫外光通信路径损耗模型

8.2.1　单次散射模型

单次散射模型由 Luettgen 等[25]在 1991 年提出，该模型是对 1979 年 Reilly 等[26]提出单次散射收发轴线共线模型的拓展，实质为单次散射共面直接积分模型，即收发轴线共面。为了便于计算，建立了如图 8.7 所示的椭球坐标系，图中每一点可由径量 ξ、径量对应角 η 及方位角 ϕ 唯一确定。

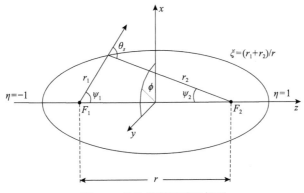

图 8.7　单次散射椭球坐标系

如图 8.7 所示，F_1、F_2 是椭球的两个焦点，r 是椭球的焦距，r_1、r_2 是椭球的两个焦半径，ψ_1、ψ_2 是椭球的两个焦角。直角坐标系 (x, y, z) 下任一点转化到椭球坐标系 (ξ, η, ϕ) 的转化关系为

$$\xi = (r_1 + r_2)/r, \quad \xi \geqslant 1 \tag{8.22}$$

$$\eta = (r_1 - r_2)/r, \quad -1 \leqslant \eta \leqslant 1 \tag{8.23}$$

$$\phi = \arctan(y, x), \quad -\pi \leqslant \xi \leqslant \pi \tag{8.24}$$

$$\theta_s = \psi_1 + \psi_2 \tag{8.25}$$

由式 (8.22) 和式 (8.23) 可以求解出 r_1、r_2 为

$$r_1 = \frac{r(\xi + \eta)}{2} \tag{8.26}$$

$$r_2 = \frac{r(\xi - \eta)}{2} \tag{8.27}$$

在椭球坐标系中，焦角及散射角可以表示为

$$\cos\psi_1 = (1 + \xi\eta)/(\xi + \eta) \tag{8.28}$$

$$\sin\psi_1 = \sqrt{(\xi^2 - 1)(1 - \eta^2)}\big/(\xi + \eta) \tag{8.29}$$

$$\cos\theta_s = (2 - \xi^2 - \eta^2)\big/(\xi^2 - \eta^2) \tag{8.30}$$

单次散射模型假设光子从发射端发出，到达接收端的过程中，只发生一次散射，从而简化了模型。单次散射 NLOS 模型如图 8.8 所示，接收器和发射器分别位于椭球的两个焦点 F_1、F_2 上，θ_R 为接收视场半角，θ_T 为发射视场半角，β_R 为接收仰角，β_T 为发射仰角，θ_s 为散射角，并且有 $\theta_s = \beta_T + \beta_R$。$r$ 为发射器和接收器之间的距离，r_1 为发射器到有效散射点处的距离，r_2 为有效散射点到接收器的距离。阴影部分为有效散射体积 V，即经过一次散射后，只有位于体积 V 内的大气光信号才能被接收器接收到。

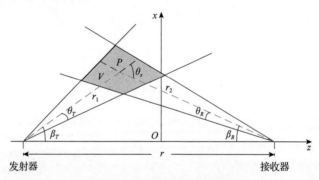

图 8.8　单次散射 NLOS 模型

假设发射光轴和接收光轴在同一平面，并且不考虑大气湍流的影响。在 $t=0$ 时刻，发射器发出脉冲响应能量为 E_T 的紫外光脉冲，并以发射仰角 β_T 离开发射器，经大气散射和吸收后到达距发射器距离为 r_1 的 $P=(\xi, \eta, \phi)$ 点处，在 $t = r_1/c$ 时，P 点处的能量密度为

$$H_p = \frac{E_T \exp(-k_e r_1)}{\Omega_r r_1^2} \tag{8.31}$$

其中，$\Omega_r = 2\pi(1 - \cos\theta_T)$ 为发射固有圆锥角；k_e 为大气消光系数。

微分体积元 dV 可以看成一个二级光源，并且可以看成一个球形点光源，其发射的能量为

$$dR_p = k_s \frac{E_T \exp(-k_e r_1)}{\Omega_r r_1^2} \frac{P\cos\theta_s}{4\pi} dV \tag{8.32}$$

能量 dR_p 在传输距离 r_2 后到达接收器，则接收器单位面积上接收到的能量为

$$\begin{aligned}
dH_R &= dR_p \frac{\cos\xi \exp(-k_e r_2)}{r_2^2} \\
&= \frac{E_T k_s \cos\xi \exp(-k_e(r_1+r_2))}{4\pi\Omega_r r_1 r_2} P(\cos\theta_s) dV
\end{aligned} \tag{8.33}$$

其中，k_s 为大气散射系数；ξ 为散射点 S 与接收端的接收面中心的连线与接收视场锥体中心轴的夹角；$P(\cos\theta_s)$ 为散射相函数；$\cos\xi$ 为探测的有效面积，可表示为

$$\cos\xi = \sin\beta_R \sin\psi_1 \cos\phi + \cos\beta_R \cos\psi_1 \tag{8.34}$$

在椭球坐标系中，dV 可以表示为

$$dV = \frac{r^3}{8}(\xi^2 - \eta^2) d\xi d\eta d\phi \tag{8.35}$$

将式 (8.26)、式 (8.27) 和式 (8.35) 代入式 (8.33) 中，可得

$$dH_R = \frac{E_T k_s \cos\xi \exp(-k_e r\xi)}{2\pi\Omega_r r(\xi^2 - \eta^2)} P(\cos\theta_s) d\xi d\eta d\phi \tag{8.36}$$

而紫外光脉冲到达接收器的时间为 $t = (r_1+r_2)/c$，并且 $\xi = (r_1+r_2)/r$。

$$dE = \frac{E_T c k_s \cos\xi \exp(-k_e r\xi)}{2\pi\Omega_r r^2(\xi^2 - \eta^2)} P(\cos\theta_s) d\eta d\phi \tag{8.37}$$

在 $t = \xi r/c$ 时刻，对式 (8.36) 进行积分，就可得到接收的辐照度，单位为 W/m^2，可表示为

$$E = \begin{cases} \dfrac{E_T c k_s \exp(-k_e r\xi)}{2\pi\Omega_r r^2} \displaystyle\int_{\eta_1(\xi)}^{\eta_2(\xi)} \int_{\phi_1(\xi,\eta)}^{\phi_2(\xi,\eta)} \dfrac{\cos\xi P(\cos\theta_s)}{\xi^2 - \eta^2} d\eta d\phi, & \xi_{\min} < \xi < \xi_{\max} \\ 0, & \text{其他} \end{cases} \tag{8.38}$$

由椭球坐标的对称性有 $\phi_2(\xi,\eta) = -\phi_1(\xi,\eta)$，对 ϕ 积分，式 (8.37) 可简化为

$$E = \begin{cases} \dfrac{E_T c k_s \exp(-k_e r\xi)}{2\pi\Omega_r r^2} \displaystyle\int_{\eta_1(\xi)}^{\eta_2(\xi)} \dfrac{2g(\phi_2(\xi,\eta))P\cos\theta_s}{\xi^2 - \eta^2}\mathrm{d}\eta, & \xi_{min} < \xi < \xi_{max} \\ 0, & \text{其他} \end{cases} \qquad (8.39)$$

其中，$g(\phi_2(\xi,\eta)) = \phi_2(\xi,\eta)\cos\beta_R\cos\psi_1 + \sin\psi_1\sin(\phi_2(\xi,\eta))$。对式(8.39)进行积分，可以得出接收处($\mathrm{J/m^2}$)的能量为

$$H_p = \int_{t_{min}}^{t_{max}} E(ct/r)\mathrm{d}t \qquad (8.40)$$

接收端接收的能量为

$$H = A_r H_R \qquad (8.41)$$

其中，A_r 为接收器的接收孔径面积。则路径损耗为

$$L = 10\lg\dfrac{E_T}{H} \qquad (8.42)$$

其中，E_T 为发射器发出的脉冲能量。

8.2.2 多次散射模型

非直视非共面紫外光多次散射传播模型如图 8.9 所示，将发射端(Tx)设在 (x,y,z) 坐标系的原点位置(0,0,0)，接收端(Rx)设于 x 轴的正半轴上，且 Rx 与 Tx 之间的距离为 d。C_t 和 C_r 分别为发射光束与接收视场所形成的锥体，θ_t 和 ϕ_t 分别为发射端仰角和发散半角；相应地，θ_r 和 ϕ_r 分别为接收端仰角和视场半角；α_t 为 C_t 的偏转角；α_r 为 C_r 的偏转角；S_n 为第 n 次散射的散射点；r_0 为 Tx 到 S_1 的距离，

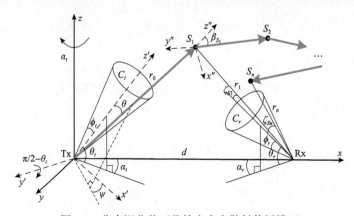

图 8.9　非直视非共面紫外光多次散射传播模型

r_1 为 S_1 到 Rx 的距离；r_n 为 S_n 到 Rx 的距离；ζ_{S_n} 为 S_n 与 Rx 的连线与 C_r 中心轴的夹角；β_{S_1} 为光子在 S_1 点入射方向与光子散射后传播方向的夹角。

　　为了更方便地描述光子的传输方向和传输距离，需要对 (x,y,z) 坐标系进行变换。基于 (x',y',z') 坐标系的点坐标和基于 (x,y,z) 坐标系的点坐标按照式(8.43)进行变换：

$$\begin{bmatrix} x' \\ y' \\ z' \end{bmatrix} = R_{y'}\left(\frac{\pi}{2}-\theta_t\right)R_z(\alpha_t)\begin{bmatrix} x \\ y \\ z \end{bmatrix} \tag{8.43}$$

其中，$R_{y'}\left(\dfrac{\pi}{2}-\theta_t\right)R_z(\alpha_t)$ 为

$$R_{y'}\left(\frac{\pi}{2}-\theta_t\right)R_z(\alpha_t) = \begin{bmatrix} \cos\left(\dfrac{\pi}{2}-\theta_t\right)\cos\alpha_t & \cos\left(\dfrac{\pi}{2}-\theta_t\right)\sin\alpha_t & -\sin\left(\dfrac{\pi}{2}-\theta_t\right) \\ -\sin\alpha_t & \cos\alpha_t & 0 \\ \sin\left(\dfrac{\pi}{2}-\theta_t\right)\cos\alpha_t & \sin\left(\dfrac{\pi}{2}-\theta_t\right)\sin\alpha_t & \cos\left(\dfrac{\pi}{2}-\theta_t\right) \end{bmatrix} \tag{8.44}$$

　　假设 Tx 在发射锥体内均匀发射光子，任取单个光子，在 (x',y',z') 坐标系中，该光了的传输方向与 z' 坐标轴正向的夹角设为 θ，该光子的传输方向在 (x',y') 平面中的投影与 x' 坐标轴正向的夹角设为 ϕ，(θ,ϕ) 唯一指定了该光子的传输方向，θ 在 $(0,\phi_t)$ 均匀分布，ϕ 在 $(0,2\pi)$ 均匀分布。可以求得 $\cos\theta$ 和 ϕ 为

$$\begin{aligned} \cos\theta &= 1-\xi^{(\theta)}(1-\cos\phi_t) \\ \phi &= 2\pi\xi^{(\phi)} \end{aligned} \tag{8.45}$$

其中，$\xi^{(\theta)}$ 和 $\xi^{(\phi)}$ 为在 $[0,1]$ 区间服从均匀分布的随机数。因此，在 (x',y',z') 坐标系中，发射光子传输方向的方向余弦可以表示为

$$\left(u_{x'},u_{y'},u_{z'}\right) = (\sin\theta\cos\phi,\sin\theta\sin\phi,\cos\theta) \tag{8.46}$$

　　由式(8.43)可得，在 (x,y,z) 坐标系中该光子传输方向的方向余弦可以表示为

$$\begin{bmatrix} u_x \\ u_y \\ u_z \end{bmatrix} = \left[R_y\left(\frac{\pi}{2}-\theta_t\right)R_z(\alpha_t)\right]^{-1}\begin{bmatrix} u_{x'} \\ u_{y'} \\ u_{z'} \end{bmatrix} \tag{8.47}$$

　　光子在信道传输过程中，瑞利散射和米氏散射均有发生，因而散射相函数采用瑞利散射和米氏散射的加权求和的相函数，可表示为

$$P(\cos \beta_s) = \frac{k_s^R}{k_s} P^R(\cos \beta_s) + \frac{k_s^M}{k_s} P^M(\cos \beta_s) \tag{8.48}$$

　　光子在传播过程中，经过 S_1 散射点散射后的传输方向与入射方向的夹角，也就是散射角记为 β_{S1}，β_{S1} 由散射相函数决定，可由式 (8.49) 求得：

$$\xi^{(s)} = 2\pi \int_{-1}^{\mu_{S1}} P(\mu) \mathrm{d}\mu \tag{8.49}$$

　　其中，$\mu_{S1} = \cos \beta_{S1}$，$\xi^{(s)}$ 是 $0 \sim 1$ 均匀分布的随机变量，$P(\mu)$ 可由式 (8.48) 求得。

　　一个光子到达 S_n 并且指向接收面的概率为

$$P_{1n} = \frac{A \cos \zeta_{S_n}}{4\pi r_n^2} P\left(\cos \beta_{S_n}\right) \tag{8.50}$$

　　其中，A 为 Rx 接收孔径的面积；$P(\cos \beta_{S_n})$ 为第 n 次散射的相函数。光子经过 S_n 点散射后能够传输 r_n 距离的概率为

$$P_{2n} = \mathrm{e}^{-k_e r_n} \tag{8.51}$$

　　因此，一个光子经过第 n 次散射后能够到达接收端接收面的概率为

$$P_n = W_n P_{1n} P_{2n} \tag{8.52}$$

　　其中，W_n 为光子到达 S_n 前存活的概率，W_n 可为

$$W_n = (1 - P_{n-1}) \mathrm{e}^{-k_a |S_n - S_{n-1}|} W_{n-1} \tag{8.53}$$

　　其中，$|S_n - S_{n-1}|$ 为散射点 S_{n-1} 到散射点 S_n 的距离。

　　光子散射 0 次直接到达接收端的概率 $P_0 = 0$，随着光子散射次数的增加，光子存活概率越小，因而设光子最大散射次数 $N \leqslant 5$。光子在运动过程中，发生的每一次散射都彼此不相干，则光子到达 S_n 且 S_n 在接收面内的概率为

$$P_N = \sum_{n=1}^{N} P_n \tag{8.54}$$

　　假设发射端总共发射 M 个光子，这里 $M = 10^6$，第 m 个光子最多经过 N 次散射能到达接收端接收面的总的概率是 $(P_N)_m$，那么发射端发射一个光子能到达接

收端接收面的平均概率为

$$P = \frac{\sum_{m=1}^{M} (P_N)_m}{M} \tag{8.55}$$

其中，$(P_N)_m$ 可由式 (8.54) 求得。P 反映了发射端发射一个光子能到达接收端的平均概率，发射端发射 M 个光子，光子之间相互独立，那么能到达接收端的光子数为 $M \cdot P$，则非直视紫外光通信系统的路径损耗可以计算为

$$\text{PL} = 10\lg\frac{M}{M \cdot P} = 10\lg\frac{1}{P} \tag{8.56}$$

8.2.3　紫外光通信路径损耗分析

如图 8.10 所示，非直视通信分为三种模式[27]。模式一：垂直收发模式（$\beta_T = \beta_R = 90°$）。模式二：垂直接收斜发射模式或垂直发射斜接收模式（$\beta_R = 90°$、$\beta_T < 90°$ 或 $\beta_T = 90°$、$\beta_R < 90°$）。模式三：斜收发模式（$\beta_R < 90°$，$\beta_T < 90°$）。

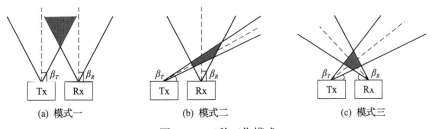

(a) 模式一　　　　　　　　(b) 模式二　　　　　　　　(c) 模式三

图 8.10　三种工作模式

假设发射光轴和接收光轴在同一平面，紫外光经过单次散射到达接收面，分别对以上三种模式进行仿真，其中参数设置为：发射端视场半角 $\theta_T = 45°$，接收端视场半角 $\theta_R = 30°$，波长 $\lambda = 260\text{nm}$，瑞利散射系数 $\kappa_s^{\text{Rsy}} = 0.24\text{km}^{-1}$，米氏散射系数 $\kappa_s^{\text{Mie}} = 0.25\text{km}^{-1}$，大气吸收系数 $\kappa_a = 0.9\text{km}^{-1}$，不对称因子 $g = 0.72$，散射相函数中的模型参数为 $f = 0.5$，$r = 0.017$。仿真结果如图 8.11 所示，在传输相同距离时，垂直收发模式的路径损耗最大，其次是垂直接收斜发射模式，而斜收发模式的路径损耗最小。因此，在设计收发系统时应选择斜收发模式，这样在相同条件下更有利于紫外光通信。

在第三种工作模式下，不同的收发仰角，其路径损耗也会有所不同，参数设置不变。设置发射端视场半角为 $\theta_T = 10°$，接收端视场半角为 $\theta_R = 30°$，在接收端角度固定为 $\beta_R = 45°$ 时，改变发射端仰角得到路径损耗。在发送端角度固定为 $\beta_T =$

45°时，改变接收仰角仿真路径损耗，其仿真结果如图 8.12 所示。

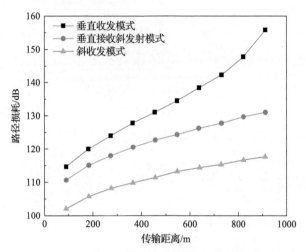

图 8.11　三种工作模式下对路径损耗的影响[27]

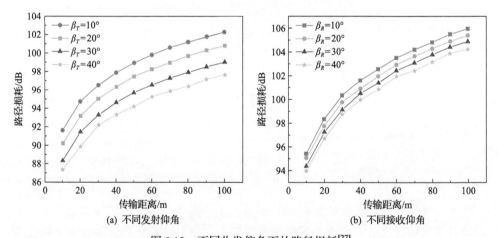

(a) 不同发射仰角　　　　　　　　　(b) 不同接收仰角

图 8.12　不同收发仰角下的路径损耗[27]

由图 8.12 可知随着收发仰角的增大，路径损耗也增大，改变发送端的仰角对路径损耗的影响明显大于改变接收仰角的影响。其中随着接收仰角的增大，路径损耗在增大，但是增大幅度很小，所以在设计紫外光收发系统时应尽量固定接收仰角，减少发射仰角来降低路径损耗。

在紫外光通信系统中，非直视共面单次散射模型为较为理想的情况，而非直视非共面多次散射模型更符合实际情况。下面通过遍历微元法和指向概率法分别计算紫外光非直视非共面多次散射模型的路径损耗，仿真参数设置为：紫外光波长为 266nm，收端接收面半径为 1.5×10^{-2}m，收发端之间距离 d=100m，发射仰角 $\beta_T = 30°$，接收仰角 $\beta_R = 60°$，发射端视场半角 $\theta_T = 10°$，接收端视场半角 $\theta_R =$

$20°$，发端偏轴角 $\alpha_t = 0°$，收端偏轴角 $\alpha_r = \{0°,5°,10°,15°,20°,25°,30°,35°,40°,45°,$
$50°\}$，指向概率法中发送的光子数设为 10^6 个，散射相函数中的模型参数 (γ, g, f)
分别设置为 $(0.017, 0.72, 0.5)$，大气吸收系数 $\kappa_a = 0.74 \times 10^{-3} \, \mathrm{m}^{-1}$，瑞利散射系数
$\kappa_s^{\mathrm{Ray}} = 0.24 \times 10^{-3} \, \mathrm{m}^{-1}$，米氏散射系数 $\kappa_s^{\mathrm{Mie}} = 0.25 \times 10^{-3} \, \mathrm{m}^{-1}$。其仿真结果如图 8.13
所示[27]。

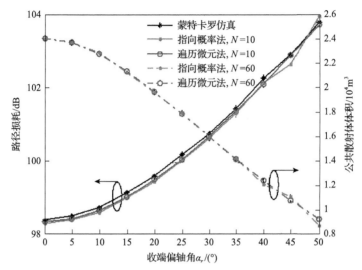

图 8.13　路径损耗和公共散射体体积与收端偏轴角关系[28]

图 8.13 可见，随着收端偏轴角 α_r 的增大，路径损耗逐渐增大，公共散射体
体积逐渐减小。通过指向概率法计算的路径损耗和通过遍历微元法计算的路径损
耗能很好地拟合。

8.3　不同天气下的紫外光散射信道特性

8.3.1　雨天的紫外光散射信道特性

在降雨环境中紫外光信号与雨滴粒子发生散射时，会对接收到的紫外光信号
造成不同程度的衰减，严重时还会导致紫外光通信链路中断。因此，为保证通信
链路的正常工作，需研究不同尺寸降雨粒子对紫外光的衰减影响。目前用来描述
雨滴粒子形状的模型主要有近似椭球模型、Beard-Chuang 雨滴形状模型和
Marshall-Palmer(M-P)形状模型[29]。

当雨滴粒子半径大于 0.5mm 时，适用于 Marshall 和 Palmer 建立的雨滴形状
近似模型。模型采用椭球体长短轴半径之比 a_r / b_r，可以近似表示雨滴粒子的形变
程度，椭球体形状示意图如图 8.14 所示。椭球体是根据其长轴半径 a_r 和短轴半径

b_r 旋转形成，对应的椭球体形状描述如下[30]：

$$r(\theta_p) = a_r \left(\sin^2 \theta_p + \frac{a_r^2}{b_r^2} \cos^2 \theta_p \right)^{-1/2} \tag{8.57}$$

其中，θ_p 为旋转角与纵轴的夹角。

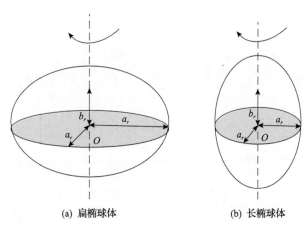

(a) 扁椭球体　　　　　　　(b) 长椭球体

图 8.14　旋转对称椭球体

对于形变的雨滴粒子，适用于 Beard 和 Chuang 提出的将通用的切比雪夫粒子应用于描述粒子形状的模型，其数学表达式为[30]

$$r(\theta_p) = r_0 \left(1 + \sum_{n_p=0}^{10} c_n \cos(\theta_p n_p) \right) \tag{8.58}$$

其中，$r(\theta_p)$ 为不同取向角 θ_p 所对应的粒子半径；r_0 为等面积球体半径；c_n 为常数；$\cos(\theta_p n_p) = T_n(\cos \theta_p)$，表示 n_p 级切比雪夫多项式。

下落过程中发生形变的雨滴粒子，可将计算雨滴形状的 Beard-Chuang 模型近似成椭球体形状，此模型称为近似椭球模型。通过考虑雨滴模型的截面对称性，利用体积相等将 Beard-Chuang 模型截面的面积进行近似，假设近似椭球模型截面的长轴半径为 a_{pr}，短轴半径为 c_{pr}。由于椭球截面沿横坐标轴和纵坐标轴对称，近似椭球的短轴 c_{pr} 求解即取 Beard-Chuang 模型中对应纵坐标轴长度的 1/2，可表示为[30]

$$c_{pr} = \frac{1}{2}(r(0°) + r(180°)) = r_v(1 + c_0 + c_2 + c_4 + c_6 + c_8 + c_{10}) \tag{8.59}$$

由于椭球模型截面的面积与 Beard-Chuang 模型近似相等，Beard-Chuang 模型垂直截面的面积表示为

$$
\begin{aligned}
A &= r_v^2 \int_0^\pi \left(1 + \sum_{n_p=0}^{10} c_n \cos(n_p \theta_p)\right)^2 \\
&= \pi r_v^2 \left(1 + 2c_0 + c_0^2 + \sum_{n_p=1}^{10} \frac{c_n^2}{2}\right)
\end{aligned}
\tag{8.60}
$$

近似椭球模型的长轴半径 a_{pr} 可以表示为

$$
a_{pr} = (1.05 - 0.131 r_v)^{-1/3} r_v
\tag{8.61}
$$

由于降雨环境中的雨滴粒子具有不同的尺度，因此需要结合粒子尺寸分布对不同粒径的雨滴粒子进行综合考虑。大量实测数据结果表明，雨滴粒子的尺寸可以用负指数 M-P 雨滴谱分布模型来描述，其表达式为

$$
N(D) = 8 \times 10^3 \exp(-4.1 R^{-0.21} D)
\tag{8.62}
$$

其中，$N(D)$ 为单位体积、单位半径间隔内的雨滴粒子数目；R 为降雨率(mm/h)；D 为雨滴粒子的半径。其仿真结果如图 8.15 所示，从图中可以看出，在相同的雨滴粒子半径条件下，降雨率越大，雨滴粒子越多，并且雨滴数目随着雨滴粒径的增大呈负指数分布。

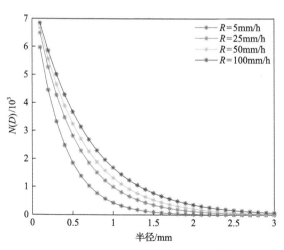

图 8.15　雨滴粒子的尺寸分布[30]

在实际应用中，雨滴粒子以不同尺寸和数密度随机分布在大气中，因此需要

考虑雨滴粒子群的散射作用。对于雨滴粒子群引起的衰减，可结合 M-P 谱分布计算。由图 8.15 雨滴尺寸分布与粒子数密度关系可确定雨滴粒子半径主要集中在 0.1～3mm。根据降雨强度的不同，可确定单位体积内粒子的数量。结合以上实验条件，对不同降雨条件下的波长 260nm 的紫外光路径损耗进行仿真分析。假设实验波长 $\lambda = 260$nm，非直视通信收发端仰角 $\beta_R = \beta_T = 10°$，发射端视场半角 $\theta_T = 30°$，接收端视场半角 $\theta_R = 60°$，接收孔径为 1.66cm³，发射光功率为 1mW。不同降雨条件下的降雨粒子尺寸、散射系数和吸收系数如表 8.2 所示。

表 8.2　不同降雨率下的衰减系数

降雨类型	粒子尺寸/mm	散射系数/10^{-3}m⁻¹	吸收系数/10^{-3}m⁻¹
毛毛雨	0.1<D<1.5	1.2	0.906
广布雨	0.5<D<2	3.4	2.3
雷暴雨	1<D<3	9.3	6.03

并且雨滴粒子对紫外光的散射作用主要考虑米氏散射，其接收端功率仿真结果如图 8.16 所示。

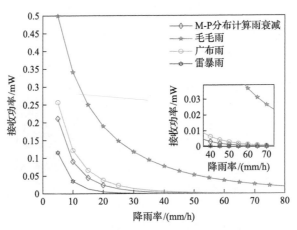

图 8.16　不同降雨条件下接收功率[30]

由图 8.16 可知，不同降雨条件下，接收功率都是随着降雨率的增加而减小的，呈现负指数减小的趋势。并且在相同的降雨率的情况下，雷暴雨对紫外光的传输衰减最大，广布雨其次，毛毛雨对其影响最小，主要原因是，雷暴雨中的雨滴粒子对紫外光的衰减作用较强，所以导致接收到的光功率较小。

8.3.2　雾天的紫外光散射信道特性

雾的存在使能见度降低，按照世界气象组织的标准，将能见度低于 1km 的天气归结为雾天，能见度在 1~10km 为轻雾或者霾，通常将水平能见度小于 10km 的天气称为霾。霾不同于雾，霾中的水汽含量较小且相对湿度不大，而雾中水汽含量基本饱和。雾天和霾天的区别如表 8.3 所示[31]。

表 8.3　雾和霾天气特征[31]

天气现象	组成成分	相对湿度	尺度	能见度	颜色	浓度分布
雾天	微小水滴，冰晶	≥ 90%	1~10μm	<1km	天空呈乳白色或青色	不均匀
霾天	细微干尘颗粒，含碳颗粒和可溶性盐	≤ 80%	0.001~1μm	<10km	天空呈现黄色或橙色	均匀稳定

降雨粒子和雾粒子的尺度对紫外光散射特性都有一定的影响，其中尺度参数取决于粒子形状、粒径大小及浓度分布。表 8.4 给出了部分大气粒子的半径与浓度[30]。

表 8.4　部分大气粒子的半径和浓度[31]

类型	半径/μm	浓度/(个/cm^3)
空气分子	10^{-4}	10^{19}
霾粒子	10^{-2}~1	10~10^3
雾粒子	1~10	10~10^2
雨粒子	10^2~10^4	10^{-5}~10^{-2}

常用的雾粒子谱分布模型有两种，分别是用来描述雾粒子处于稳定状态时的修正 Γ 函数和广义 Gamma 分布。修正 Γ 函数的参数需要实验数据确定，因此具有一定的拟合误差。广义 Gamma 分布的适用范围较大，不仅适用于大陆和海洋的雾粒子，而且适用于平流层的气溶胶粒子，Gamma 谱分布模型可表示为[32]

$$n(r_p) = a_d r_p^{\alpha_d} \exp(-b_d r_p^{\beta_d}) \tag{8.63}$$

其中，r_p 为雾粒子的半径；α_d 和 β_d 为 Gamma 分布指数；a_d 和 b_d 分别为 $a_d = [9.781/(V^6 W^5)] \times 10^{15}$，$b_d = [1.304/(VW)] \times 10^4$，其中 V 和 W 分别为能见度和液态水含量。基于这种谱分布模型，根据含水量与能见度的经验关系，将雾滴分为平流型雾滴和辐射型雾滴，这两种雾滴粒子的尺度谱分布经验公式分别为[32]

$$n(r) = 1.059 \times 10^7 V^{1.15} r^2 \exp(-0.8359 V^{0.43} r), \quad \text{平流型雾滴} \tag{8.64}$$

$$n(r) = 3.104 \times 10^{10} V^{1.7} r^2 \exp(-4.122 V^{0.54} r), \quad \text{辐射型雾滴} \tag{8.65}$$

其中，V 为能见度(km)；r 为雾粒子的半径(μm)；$n(r)$ 的单位为 $\mathrm{m}^{-1}\cdot\mu\mathrm{m}^{-1}$。

取能见度 V=0.05km 的厚雾、V=0.2km 的中雾和 V=2km 的薄雾进行分析。由式(8.64)和式(8.65)得到平流型雾滴粒子与辐射型雾滴粒子的尺度谱分布如图 8.17 所示。

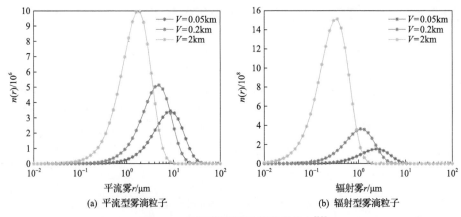

(a) 平流型雾滴粒子　　　　　　　　　　(b) 辐射型雾滴粒子

图 8.17　不同雾型粒子尺度谱分布[32]

由图 8.17 可知，在相同的能见度下，处于最高雾滴浓度下的平流型的雾滴粒子半径大于辐射型的雾滴粒子半径；平流型雾的粒子浓度比辐射型雾的粒子浓度低两个数量级。而能见度越低，最高雾滴浓度下的雾滴粒子半径越大，且随着能见度的降低，雾滴粒子的最高浓度逐渐降低。

在非直视紫外光通信系统性能分析过程中，光信号在大气信道中的衰减对通信性能有重要的影响，而如何精确又简便地分析紫外光衰减是关键。在雾天气下，由雾引起的光衰减通常用 Kim 模型、Kruse 模型和 Nabousi 模型等经验衰减模型进行分析[32]。

Kim 模型和 Kruse 模型使用的经验公式为[33]

$$\alpha = \frac{3.912}{V}\left(\frac{0.55}{\lambda}\right)^q \tag{8.66}$$

其中，V 为能见度(km)；λ 为入射光波波长(μm)；q 为和 V 有关的常数，Kim 模型和 Kruse 模型的 q 值取值不同，如下所示：

$$q_{\mathrm{Kim}} = \begin{cases} 1.6, & V \geqslant 50\mathrm{km} \\ 1.3, & 6\mathrm{km} \leqslant V < 50\mathrm{km} \\ 1.6V + 0.34, & 1\mathrm{km} \leqslant V < 6\mathrm{km} \\ V - 0.5, & 0.5\mathrm{km} \leqslant V < 1\mathrm{km} \\ 0, & V < 0.5\mathrm{km} \end{cases} \tag{8.67}$$

$$q_{\text{Kruse}} = \begin{cases} 1.6, & V \geqslant 50\text{km} \\ 1.3, & 6\text{km} \leqslant V < 50\text{km} \\ 0.585V^{1/3}, & V < 6\text{km} \end{cases} \tag{8.68}$$

Nabousi 模型将雾分为平流型雾与辐射型雾两类，其衰减模型分别为[34]

$$\alpha_{\text{adv}} = \frac{0.11478\lambda + 3.8367}{V} \tag{8.69}$$

$$\alpha_{\text{rad}} = \frac{0.18126\lambda^2 + 0.13709\lambda + 3.7502}{V} \tag{8.70}$$

其中，V 为能见度(km)；λ 为入射光波波长(μm)。在入射光波波长为 260nm 的条件下，三种经验公式的衰减系数仿真如图 8.18 所示。

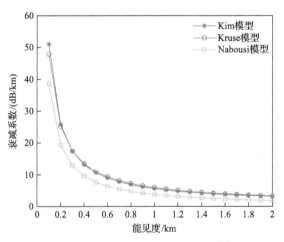

图 8.18　三种经验衰减模型对比[34]

总体来看，三种模型都随着能见度的增大衰减系数逐渐减小。由图 8.18 可以看出，Kim 模型和 Kruse 模型在能见度为 2km 内下的衰减系数曲线几乎一致，而 Nabousi 模型和前两者衰减系数的大小相差较远。但随着能见度的增大，三者的差距在逐渐减小。

8.3.3　沙尘天的紫外光散射信道特性

沙尘天气是由于大风将沙土、煤烟颗粒等卷入大气，并悬浮在大气中形成稳定形态的沙尘颗粒、煤烟颗粒气溶胶等，从而导致了大气能见度较低、空气质量下降。不同等级的沙尘天气，空气中的沙尘气溶胶粒子的尺度谱分布也不相同。沙尘天气中气溶胶粒子包含沙尘、煤烟等难溶于水的粒子。沙尘天气下气溶胶粒

子的粒径分布服从对数正态分布，其尺度谱分布函数为[35]

$$n(r) = \frac{N_0}{r\sqrt{2\pi}\lg\sigma}\exp\left(-\frac{1}{2}\left(\frac{\lg r - \lg r_m}{\lg\sigma}\right)^2\right) \tag{8.71}$$

其中，r 为气溶胶粒子的半径；r_m 为粒子平均半径；σ 为标准差；N_0 为粒子数密度。这种天气下气溶胶的尺度谱分布概率密度函数表示为

$$p(r) = \frac{1}{r\sqrt{2\pi}\lg\sigma}\exp\left(-\frac{1}{2}\left(\frac{\lg r - \lg r_m}{\lg\sigma}\right)^2\right) \tag{8.72}$$

表 8.5 给出了沙尘天气下几种常见类型气溶胶的相关参数[36]。

表 8.5　不同类型气溶胶的尺度分布模型参数

参数	沙尘型	煤烟型
r_m	0.5	0.0118
σ	2.99	2.00

N_0 是一个非常难测定的物理量，因此在研究沙尘天气下紫外光传输衰减时，通常借助能见度 V 来描述沙尘气溶胶的浓度。

$$N_0 = \frac{15}{8.686\times10^3\,\pi V\displaystyle\int_{r_1}^{r_2} r^2 p(r)\mathrm{d}r} \tag{8.73}$$

根据不同类型气溶胶参数，结合对数正态分布的气溶胶尺度谱分布函数，得到不同能见度沙尘天气下气溶胶粒子的尺度谱分布，如图 8.19 所示。

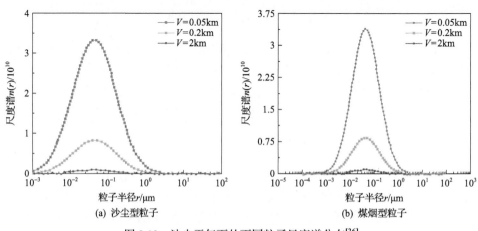

(a) 沙尘型粒子　　　　　　　　　　　(b) 煤烟型粒子

图 8.19　沙尘天气下的不同粒子尺度谱分布[36]

由图 8.19 可知，沙尘天气下不同类型气溶胶粒子的粒子半径不同。沙尘型气溶胶的粒子半径大多在 $10^{-2}\sim1\mu m$ 附近，而煤烟型气溶胶的粒子半径大多在 $10^{-3}\sim10^{-1}\mu m$ 附近。表 8.6 为不同能见度下沙尘型粒子和煤烟型粒子的粒子数密度。从表中可知，能见度越高，气溶胶粒子数密度越小。由式(8.72)可以得到同一气溶胶粒子的尺度谱分布概率密度函数相同，在相同的尺度谱分布概率密度函数下，能见度是影响气溶胶粒子数密度的唯一变量，因此能见度与气溶胶粒子的粒子数密度呈反比关系。

表 8.6　不同能见度下气溶胶粒子数密度

粒子类型	能见度 0.05km	能见度 0.2km	能见度 2km
沙尘型粒子	1.1×10^{7}	2.75×10^{6}	2.64×10^{5}
煤烟型粒子	1.1×10^{10}	2.75×10^{9}	2.67×10^{8}

在沙尘天气中，能见度影响气溶胶粒子的粒子数浓度从而影响光衰减系数，因此这里将能见度作为沙尘天气经验衰减模型的自变量。由米氏散射理论可知，紫外光通过单位距离的衰减能力为

$$A = 4.343\times10^{3}\int_{r_1}^{r_2} N_0 C_{\text{ext}}(m,x)P(r)\mathrm{d}r \tag{8.74}$$

其中，$x = 2\pi r/\lambda$ 为气溶胶粒子尺度参数；A 的单位为 dB/km。式(8.74)可简化为

$$A = 4.343\times10^{3}\int_{r_1}^{r_2} N_0 C_{\text{ext}}(m,x)P(r)\mathrm{d}r$$
$$= \frac{15\int_{r_1}^{r_2} C_{\text{ext}}(r)p(r)\mathrm{d}r}{2\pi V\int_{r_1}^{r_2} r^2 p(r)\mathrm{d}r} \tag{8.75}$$

在入射波长为 260nm 的条件下，上述沙尘天气下的衰减系数和雾天的衰减系数仿真如图 8.20 所示。

由图 8.20 可知，在紫外光波段下，雾天两种类型气溶胶环境下的光衰减远大于沙尘天气的两种类型气溶胶环境下的光衰减；都是呈现出指数型的衰减。三种气溶胶类型下紫外光衰减能力强弱依次是雾型、沙尘型和煤烟型。

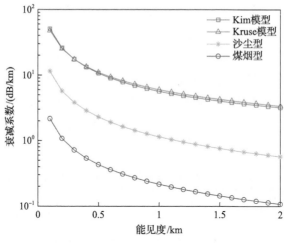

图 8.20 四种衰减模型的衰减系数[36]

8.4 噪声模型实验测量

8.4.1 近地背景光噪声模型

太阳光经过大气时，大气分子和气溶胶粒子等散射元的作用会使太阳光发生散射，形成天空背景光。大气信道的复杂性使天空背景光的辐射强度不断变化，增加了理论计算的难度，不同天气下的测量值和理论值差别也有所不同。

1. 晴天实测数据分析

为直观地看出不同日期的峰值变化情况，分别选取西安 2023 年 1 月和 2 月不同时期的晴天紫外光背景噪声的实测值和理论值进行对比。其中测量的条件为上述仿真条件，同时对 220nm±10nm 和 300nm±10nm 波段的紫外背景噪声进行测量，结果如图 8.21 所示，1 月 7 日的紫外光辐射峰值小且波峰在 12:41 左右；随着时间的推移，白昼时间变长，紫外背景辐射增强，峰值逐渐增大且出现的时间向 13:00 靠近，在 2 月 26 日峰值偏移达到最大，峰值大小仍持续增加。且晴天天气下，紫外辐射的总体趋势和理论模型相符合。

由图 8.21 可以看出，不同日期，不同波段的紫外辐射强度不同，在 1 月 7 日时，300nm 波段的日最大辐射值为 $6.14 \times 10^{-7} \mu W$，日平均紫外辐射值为 $3.46 \times 10^{-7} \mu W$；随着日期的延迟，日最大辐射值也增大，在 2 月 26 日时，300nm 波段的日最大辐射值为 $1.03 \times 10^{-6} \mu W$，日平均紫外辐射值为 $5.95 \times 10^{-7} \mu W$。300nm 波段 2 月 26 日测量数据最大值是 1 月 7 日最大值的 1.68 倍。1 月 7 日，220nm 波段的日最大辐

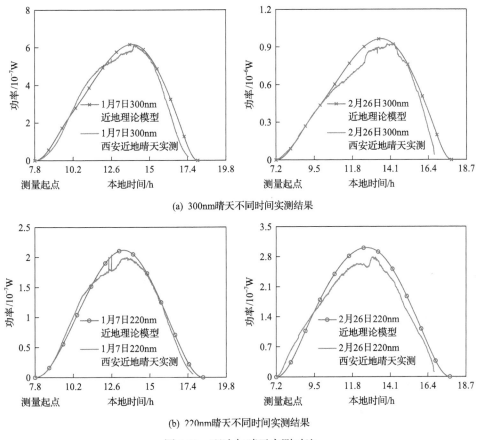

(a) 300nm晴天不同时间实测结果

(b) 220nm晴天不同时间实测结果

图 8.21　理论与晴天实测对比

射值为 $2.04×10^{-7}\mu W$，日平均紫外辐射值为 $1.13×10^{-7}\mu W$；在 2 月 26 日时，220nm 波段的日最大辐射值 $3.10×10^{-7}\mu W$，日平均紫外辐射值为 $1.87×10^{-7}\mu W$。220nm 波段 2 月 26 日测量数据最大值是 1 月 7 日最大值的 1.52 倍。

2. 阴天实测数据分析

晴天天气下的理论值和实测值图形变化基本一致，但阴天天气下，由于云量的增加，紫外辐射强度衰减严重，且由于大气湍流的影响，云层运动，紫外辐射的波动也较大，变化趋势也呈现出无规律。

由图 8.22 可以看出，实际测量值整体符合理论趋势，但是其数值波动较大，且有明显的衰减。其中阴天天气下，实测 300nm 波段的日最大辐射值为 $4.18×10^{-7}\mu W$，日平均紫外辐射值为 $2.48×10^{-7}\mu W$；220nm 波段的日最大辐射值为 $1.90×10^{-7}\mu W$，日平均紫外辐射值为 $6.84×10^{-8}\mu W$；两者较理论值相差较大，无法很好地表征阴天天气下的紫外辐射变化趋势。

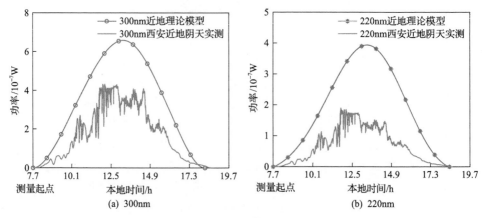

图 8.22　理论与阴天实测对比

3. 雨天实测数据分析

雨天天气下，云层更加密集，加之水汽的散射和吸收，衰减更为严重，紫外辐射的幅值更小。相较于阴天的剧烈波动，雨天天气下的波动更为平缓，波动范围更加集中，主要是由于雨天天气下的云层平坦密集，所以大气湍流对云层的影响不太显著。

由图 8.23 可以看出，实际测量值与理论趋势相似，在正午达到最大，但其幅值相差较大。其中阴天天气下，实测 300nm 波段的日最大辐射值为 $1.55 \times 10^{-7} \mu W$，日平均紫外辐射值为 $5.44 \times 10^{-8} \mu W$；实测 220nm 波段的日最大辐射值为 $7.00 \times 10^{-8} \mu W$，日平均紫外辐射值为 $2.56 \times 10^{-8} \mu W$；两者较理论值相差较大，无法很好地表征阴天天气下的紫外辐射变化趋势。

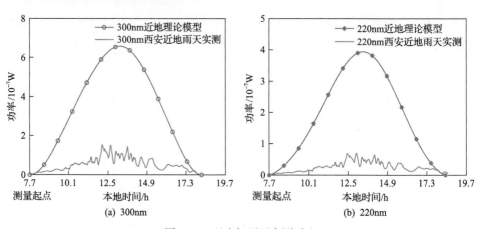

图 8.23　理论与雨天实测对比

4. 雾霾天实测数据分析

雾霾天气下云层加上地表雾霾悬浮颗粒的影响，使得紫外背景辐射的大小变化更为剧烈，其变化不再满足太阳高度角的变化，而是与空气的浑浊程度有关。在上午时分空气较为清澈，紫外辐射值较大，随着空气的浑浊程度增加，紫外辐射值不断减小，直到下午时分紫外辐射值开始回升，但此时太阳高度角已经开始减小，在空气浊度恢复之后，有着短暂的回升，之后紫外辐射值又开始缓慢减小。

由图 8.24 可以看出，实际测量值与理论趋势不相符合，其幅值相差较大。其中雾霾天天气下，实测 300nm 波段的日最大辐射值为 $1.35 \times 10^{-7} \mu W$，日平均紫外辐射值为 $4.44 \times 10^{-8} \mu W$；实测 220nm 波段的日最大辐射值为 $4.00 \times 10^{-8} \mu W$，日平均紫外辐射值为 $2.56 \times 10^{-8} \mu W$；两者较理论值相差较大，无法很好地表征雾霾天天气下的紫外辐射变化趋势。

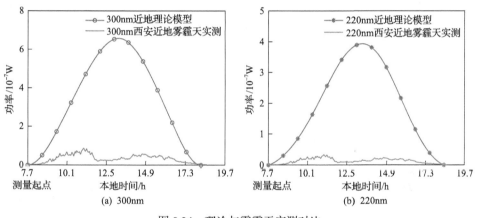

(a) 300nm　　　　　　　　　　(b) 220nm

图 8.24　理论与雾霾天实测对比

8.4.2　高空背景光噪声模型

本节在已有地表噪声模型的基础之上，测量高空的紫外光背景噪声，以还原高空噪声模型。为确保高空模型的准确性，由西安出发，分别对乌鲁木齐 10km、北京 8km、南京 8km、烟台 7km 的高空紫外光背景噪声进行了测量。并使用三次样条插值对模型进行还原。其原理为将区间 $[a,b]$ 分成 n 个区间 $[((x_0, x_1), (x_1, x_2), \cdots, (x_{n-1}, x_n))]$，共有 $n+1$ 个点，其中两个端点 $x_0 = a$，$x_n = b$。三次样条插值就是将每个区间的曲线作为一个三次方程，其三次方程满足的条件为：在每个区间 $[x_i, x_{i+1}]$ 上，$S(x) = S_i(x)$ 都是一个三次方程，满足 $S_i(x) = y_i \ (i = 0,1, \cdots, n)$，且 $S(x)$、$S'(x)$、$S''(x)$ 连续。则这三个条件可构造方程 $S_i(x) = a_i + b_i x + c_i x^2 + d_i x^3$，通过求解 a_i、b_i、c_i、d_i，可以得到完整的插值函数。

1. 西安—乌鲁木齐 10km 高空

图 8.25 为西安—乌鲁木齐 10km 高空航线还原的噪声模型。其中去往乌鲁木齐的往返航班为 HU7898 和 GS7525，往返时间为 3 月 11 日的 12:25～16:10 和 3 月 12 日的 7:45～11:15。如图 8.25 所示，高空噪声模型也符合太阳高度角的日变化规律，其中图 8.25(a)中西安—乌鲁木齐 300nm 波段的高空紫外光背景噪声模型最大值为 3.416μW，波峰出现在 13:48 左右，为地表同一时刻的 3.322 倍。图 8.25(b)中 220nm 波段被臭氧吸收更为严重，衰减也较为明显，其背景噪声最大值为 1.152μW，波峰时刻出现在 12:48，为地表同一时刻的 3.152 倍。

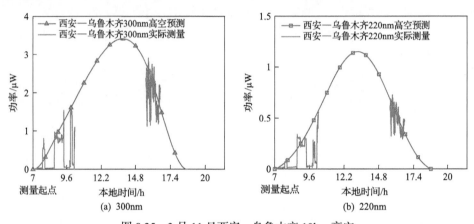

图 8.25　3 月 11 日西安—乌鲁木齐 10km 高空

2. 西安—北京 8km 高空

图 8.26 为西安—北京 8km 高空航线还原的噪声模型。去往北京的往返航班为 HU7238 和 HU7237，往返时间为 3 月 6 日的 15:30～18:00 和 3 月 7 日的 7:50～10:15。

如图 8.26(a)所示，西安—北京 300nm 波段的高空紫外光背景噪声随着海拔的降低，太阳光的传播路径增加，紫外光辐射降低。其中最大值为 2.631μW，波峰出现在 13:36 左右，为地表同一时刻的 2.623 倍。如图 8.26(b)所示，220nm 波段被臭氧吸收更为严重，衰减也较为明显，其背景噪声最大值为 0.967μW，波峰时刻出现在 12:36，为地表同一时刻的 2.696 倍。

3. 西安—南京 8km 高空

图 8.27 为西安—南京 8km 高空航线还原的噪声模型。去往南京的往返航班为 3U3259 和 MU2200，往返时间为 4 月 15 日的 7:00～9:05 和 4 月 16 日的 15:55～

17:50。

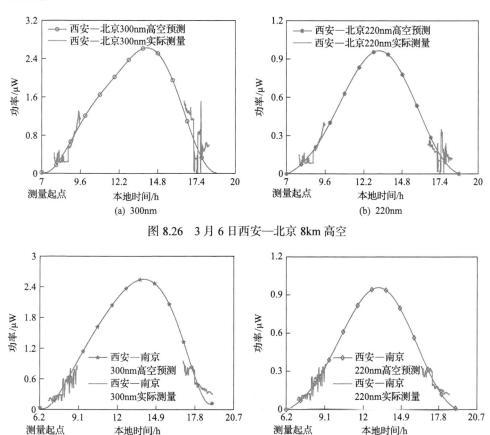

图 8.26　3 月 6 日西安—北京 8km 高空

图 8.27　4 月 15 日西安—南京 8km 高空

如图 8.27(a)所示，西安—南京 300nm 波段的高空紫外光背景噪声最大值为 2.551μW，与西安—北京 8km 高空的紫外辐射相近，波峰出现在 13:42 左右，为地表同一时刻的 2.552 倍。图 8.27(b)220nm 波段也与北京航线相近，其背景噪声最大值为 0.951μW，波峰时刻出现在 13:00 左右，为地表同一时刻的 2.58 倍。

4. 西安—烟台 7km 高空

图 8.28 为西安—烟台 7km 高空航线还原的噪声模型。去往烟台的往返航班为 9H8397 和 HU7506，往返时间为 3 月 31 日的 15:50～17:50 和 4 月 3 日的 9:40～12:00。

如图 8.28(a)所示，西安—烟台 300nm 波段的高空紫外光背景噪声随海拔的降低，太阳光的传播路径增加，紫外光辐射降低，其最大值为 2.324μW，波峰出

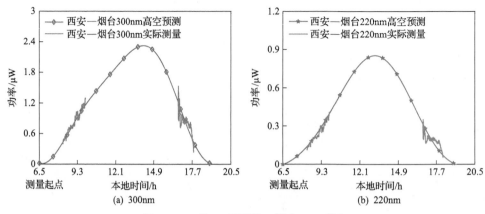

图 8.28　3 月 31 日西安—烟台 7km 高空

现在 14:00 左右,为地表同一时刻的 2.26 倍。如图 8.28(b)所示,220nm 波段紫外背景噪声最大值为 0.853μW,波峰时刻出现在 13:00 左右,为地表同一时刻的 2.33 倍。

表 8.7 给出了不同高空条件下,紫外光背景辐射的峰值时刻、最大峰值以及相较于地表的紫外光背景辐射强度的倍数。

表 8.7　不同城市高空背景噪声模型参数

区域/波长	海拔/km	峰值时刻	最大峰值/μW	倍数
乌鲁木齐/300nm	10	13:48	3.416	3.322
乌鲁木齐/220nm	10	12:48	1.152	3.152
北京/300nm	8	13:36	2.631	2.623
北京/220nm	8	12:36	0.967	2.696
南京/300nm	8	13:42	2.551	2.552
南京/220nm	8	13:00	0.951	2.58
烟台/300nm	7	14:00	2.324	2.26
烟台/220nm	7	13:00	0.853	2.33

实验结果表明,高空 220nm 波段的紫外光背景噪声均符合太阳高度角变化规律,在地球时 13:00 附近达到最大;但高空 300nm 波段的紫外光背景噪声波峰有些许偏移,波峰出现在 14:00 左右。其中 7km、8km、10km 高空的 300nm 波段紫外光背景噪声最大分别为 2.324μW、2.631μW 和 3.416μW,分别为地表噪声的 2.26 倍、2.623 倍和 3.322 倍。220nm 波段紫外光背景噪声最大分别为 0.853μW、0.967μW 和 1.152μW,分别为地表噪声的 2.33 倍、2.696 倍和 3.152 倍。在云层之上,随着海拔的增加,每增加 1000m,紫外光辐射增加 20%~23%。该噪声模型的建立,

对于全天候的紫外光通信系统，在晴天天气下可根据时间变化，灵活调整滤波器的阈值进行背景噪声的滤除，以提高紫外光通信系统的稳定性。

5. 数据相关函数分析

图 8.29 为各城市高空 300nm 和 220nm 波段的相关函数值，由结果可知两个波段强相关，在相同时刻两波段的相关性最强，随着时延增大，相关系数呈现指数型减小。

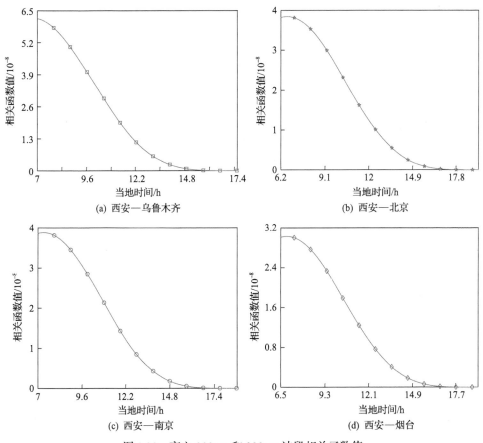

图 8.29　高空 300nm 和 220nm 波段相关函数值

8.5　紫外光非直视散射通信的光强分布特性

8.5.1　紫外光非直视模型

当紫外光通信链路存在大气湍流时，NLOS 紫外光单散射传输的几何草图如

图 8.30 所示。NLOS 传输路径分为两条 LOS 链路：第一条为从 Tx 到公共散射体 V(链路长度为 l)，另一条为从公共散射体 V 到 Rx(链路长度为 L)。假定 Tx 发射平面波，且 Tx 光束角较小，使得公共散射体 V 中湍流导致的闪烁为常数，为了便于处理，采用单散射原理计算接收光功率。

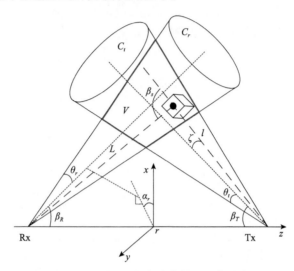

图 8.30　湍流大气中的紫外光通信链路

在考虑紫外光衰减时，不仅考虑由散射和吸收作用引起的光功率衰减，还考虑湍流引起的闪烁衰减从而得到更为准确的光功率概率密度函数。其中两条 LOS 链路的闪烁衰减分别为

$$\alpha_{\text{turb}\_l} = 2\sqrt{23.17 C_n^2 (2\pi/\lambda)^{7/6} l^{11/6}} \tag{8.76}$$

$$\alpha_{\text{turb}\_L} = 2\sqrt{23.17 C_n^2 (2\pi/\lambda)^{7/6} L^{11/6}} \tag{8.77}$$

采用式(8.76)对湍流导致的闪烁衰减进行仿真分析，如图 8.31 所示。可以看出，随着通信距离的增加或湍流强度的增强，闪烁衰减都将变大。同时，由式(8.76)和式(8.77)可知，随着光波波长的减小，闪烁衰减将变大，闪烁也变强烈。这意味着，相比于传统自由空间光通信，紫外光由于波长更小，受到的湍流影响更明显。

紫外光通信整条链路由发射端到散射点和散射点到接收端构成，则整条非直视紫外光通信链路的闪烁衰减为

$$\alpha_{\text{turb}} = \alpha_{\text{turb}\_l} + \alpha_{\text{turb}\_L} \tag{8.78}$$

对于散射前的链路，到达公共散射体 V 的光功率的对数正态分布概率密度

函数为

$$p(P_i) = \frac{1}{\sqrt{2\pi}\sigma_l P_l} \exp\left(-\frac{\left(\ln(P_l/P_{l0}) - \langle \ln(P_l/P_{l0})\rangle\right)^2}{2\sigma_l^2}\right) \tag{8.79}$$

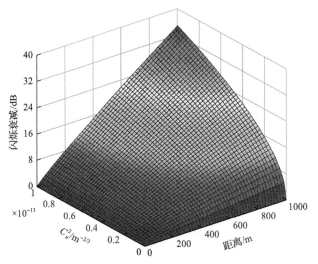

图 8.31　闪烁衰减随湍流强度和距离的变化

其中，P_i 为公共散射体 V 处的功率；σ_l^2 由平面波或者球面波确定；不考虑湍流时的平均光功率为 $P_{l0} = P_t k_s V \exp(-k_s l)/(\Omega_T l^2)$，其中 P_T 为发射光功率；$\langle P_l/P_{l0}\rangle$ 可表示为

$$\langle P_l/P_{l0}\rangle = \exp\left(\langle \ln(P_l/P_{l0}) + \sigma_l^2/2\rangle\right) \tag{8.80}$$

定义 α_{PL_l} 为由吸收和散射作用引起的路径损耗，则

$$\alpha_{\mathrm{PL}\_l} = 10\lg(P_l/P_{l0}) \tag{8.81}$$

考虑湍流闪烁导致的衰减时，总的路径损耗为

$$\alpha_{\mathrm{turb}\_l} + \alpha_{\mathrm{turb}\_L} = 10\lg\left(P_l/\langle P_l\rangle\right) \tag{8.82}$$

对式 (8.82) 进行几何变换，可以得到

$$\langle \ln(P_l/P_{l0})\rangle = -\sigma_l^2/2 - (\alpha_{\mathrm{turb}\_l}\ln 10)/10 \tag{8.83}$$

将式 (8.83) 代入式 (8.79)，有

$$p(P_l) = \frac{\exp\left(-\dfrac{\left[\ln\left(P_l/P_{l0}\right) + \sigma_L^2/2 + \left(\alpha_{\text{turb}\_l}\ln 10\right)/10\right]^2}{2\sigma_L^2}\right)}{\sqrt{2\pi}\sigma_l P_l} \tag{8.84}$$

类似地，对于散射后的链路，被 Rx 所接收的光功率的条件概率密度函数为

$$p(P_R|P_l) = \frac{\exp\left(-\dfrac{\left[\ln\left(P_R/P_{L0}\right) + \sigma_L^2/2 + \left(\alpha_{\text{turb}\_L2}\ln 10\right)/10\right]^2}{2\sigma_L^2}\right)}{\sqrt{2\pi}\sigma_L P_R} \tag{8.85}$$

其中，P_R 为接收到的光功率；方差 σ_L^2 由湍流强度计算而得。不考虑湍流时的平均接收光功率为 $P_{L0} = P_l P(\theta_s) A_R \cos\xi \exp(k_e L)/(4\pi L^2)$。于是，$P_R$ 的边缘概率密度函数为

$$p(P_R) = \int p(P_l, P_R)\mathrm{d}P_l = \int p(P_R \mid P_l)p(P_l)\mathrm{d}P_l \tag{8.86}$$

8.5.2　紫外光非直视概率密度函数实验测量

图 8.32 为不同收发仰角条件下，测量的紫外光光强的概率密度分布。

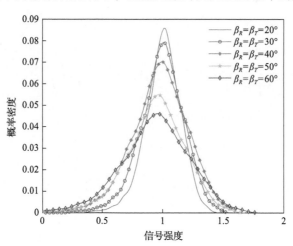

图 8.32　不同收发仰角条件下光强概率密度分布

由图 8.32 可知，接收到的光功率概率密度分布符合高斯模型，对接收功率值进行归一化后，不同收发仰角情况下概率密度分布的方差不同。发射端的发射光

强经过大气信道后，不同的收发仰角对其衰减影响不同，路径损耗的大小也就不同。其中当收发仰角 $\beta_R = 20°$、$\beta_T = 20°$ 增加到 $\beta_R = 40°$、$\beta_T = 40°$ 信号能量逐渐减小，信号强度的概率密度分布方差变化较小，但是收发仰角增大到 $\beta_R = 60°$、$\beta_T = 60°$ 时，信号能量衰减较为严重，即随着 β_R 和 β_T 的同步增大，信号强度概率密度分布方差变化增大，且能量衰减逐渐增大。

图 8.33 为发射端仰角固定为 $\beta_T = 80°$ 条件下，通过改变接收端的仰角所测量的紫外光光强的概率密度分布。

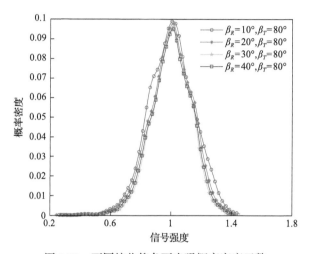

图 8.33　不同接收仰角下光强概率密度函数

由图 8.33 可知，接收到的光功率概率密度分布符合高斯模型，对接收功率值进行归一化后，不同收发仰角情况下概率密度分布的方差不同。发射端的发射光强经过大气信道后，不同的收发仰角对其衰减影响不同，路径损耗的大小也就不同。其中随着接收仰角 β_R 的增大，信号能量衰减很小，信号强度概率密度分布方差变化很小，说明 β_T 对通信信号能量衰减的影响比 β_R 的影响大。所以在之后设计紫外光收发系统时应尽量固定接收仰角，减小发射仰角来降低路径损耗。

参 考 文 献

[1] Chen G, Xu Z Y, Sadler B M. Experimental demonstration of ultraviolet pulse broadening in short-range non-line-of-sight communication channels[J]. Optics Express, 2010, 18(10): 10500-10509.

[2] 周勇, 刘艳峰, 王登甲, 等. 中国不同气候区日总太阳辐射计算模型适用性分析及通用计算模型优化[J]. 太阳能学报, 2022, 43(9): 1-7.

[3] Angstrom A. Report to the international commission for solar research on actinometric

investigations of solar and atmospheric radiation[J]. Quarterly Journal of the Royal Meteorological Society, 1924, 50(210): 121-126.

[4] Prescott J A. Evaporation from a water surface in relation to solar radiation[J]. Transactions of the Royal Society of South Australia, 1940, 46(1): 114-118.

[5] Chen S, Hinson J W, Lee J, et al. Branching fraction and photon energy spectrum for $b \rightarrow s\ \gamma$[J]. Physical Review Letters, 2001, 87(25): 13-15.

[6] 傅文标. 多光子过程[J]. 激光与光电子学进展, 1984, 21(1): 15.

[7] 黄志洵. 单光子技术理论与应用的若干问题[J]. 中国传媒大学学报(自然科学版), 2019, 26(2): 1-18.

[8] Einstein A. Concerning an heuristic point of view toward the emission and transformation of light[J]. American Journal of Physics, 1965, 33(5): 367.

[9] Kirchhoff G I. On the relation between the radiating and absorbing powers of different bodies for light and heat[J]. The London, Edinburgh, and Dublin Philosophical Magazine and Journal of Science, 1860, 20(130): 1-21.

[10] Reda I, Andreas A. Solar position algorithm for solar radiation applications[J]. Solar Energy, 2004, 76(5): 577-589.

[11] Grena R. An algorithm for the computation of the solar position[J]. Solar Energy, 2008, 82(5): 462-470.

[12] Emilio M, Kuhn J R, Bush R I, et al. Measuring the solar radius from space during the 2003 and 2006 Mercury transits[J]. The Astrophysical Journal, 2012, 750(2): 135.

[13] Ackermann A S E. The utilisation of solar energy[J]. Journal of the Royal Society of Arts, 1915, 63(3258): 538-565.

[14] Wong L T, Chow W K. Solar radiation model[J]. Applied Energy, 2001, 69(3): 191-224.

[15] 方先金, 翁笃铭. 我国大气透明度系数的时间变化[J]. 地理学报, 1988, 43(1): 52-59.

[16] 侯艳丽, 黄玉芳. 紫外线辐射量变化原因分析[J]. 菏泽师范专科学校学报, 2004, 26(4): 70-71.

[17] 刘晶淼, 丁裕国, 黄永德, 等. 太阳紫外辐射强度与气象要素的相关分析[J]. 高原气象, 2003, 22(1): 45-50.

[18] 王欣, 文军, 刘蓉, 等. 降水过程对巴丹吉林沙漠近地面太阳辐射的影响[J]. 干旱气象, 2011, 29(4): 427-432.

[19] 胡列群, 吉海燕. 新疆区域大气透明度研究[J]. 中国沙漠, 2008, 28(2): 332-337.

[20] Planck M. On the law of distribution of energy in the normal spectrum[J]. Annalen der Physik, 1901, 4(553): 1-2.

[21] Coskun C, Oktay Z, Dincer I. Estimation of monthly solar radiation distribution for solar energy system analysis[J]. Energy, 2011, 36(2): 1319-1323.

[22] Xu Z Y, Sadler B M. Ultraviolet communications: Potential and state-of-the-art[J]. IEEE Communications Magazine, 2008, 46(5): 67-73.

[23] Razavi M, Shapiro J H. Wireless optical communications via diversity reception and optical preamplification[J]. IEEE Transactions on Wireless Communications, 2005, 4(3): 975-983.

[24] 陈旸. 二十四节气[J]. 文史知识, 1987, (11): 46-49.

[25] Luettgen M R, Shapiro J H, Reilly D M. Non-line-of-sight single-scatter propagation model[J]. Journal of the Optical Society of American A, 1991, 8(12): 1964-1972.

[26] Reilly D M, Warde C. Temporal characteristics of single-scatter radiation[J]. JOSA, 1979, 69(3): 464-470.

[27] 柯熙政. 紫外光自组织网络理论[M]. 北京: 科学出版社, 2011.

[28] 宋鹏, 刘春, 朱磊, 等. 移动场景下无线紫外光通信单次散射路径损耗分析[J]. 光学学报, 2020, 40(4): 28-37.

[29] Hale G M, Querry M R. Optical constants of water in the 200-nm to 200-microm wavelength region[J]. Applied optics, 1973, 12(3): 555-563.

[30] 刘磊, 李浩, 高太长. 雨滴的近似椭球模型及其近红外散射特性研究[J]. 气象科学, 2008, 28(3): 271-275.

[31] 侯倩, 李晓毅, 侯志昊, 等. 不同天气对紫外光非视距传输的影响[J]. 通信对抗, 2011, (3): 13-15.

[32] 宋正方. 应用大气光学基础: 光波在大气中的传输与遥感应用[M]. 北京: 气象出版社, 1990.

[33] 林勇, 徐智勇, 汪井源, 等. 雾环境下非视距大气散射传输特性研究[J]. 光学学报, 2013, 33(9): 9-13.

[34] 刘博, 李鹏程, 李津, 等. 自由空间光通信系统在不同雾浓度情况下的误码率性能[J]. 电子信息对抗技术, 2019, 34(6): 44-47.

[35] Zhong H C, Zhou J, Du Z X, et al. A laboratory experimental study on laser attenuations by dust/sand storms[J]. Journal of Aerosol Science, 2018, 121: 31-37.

[36] 王红霞, 竹有章, 田涛, 等. 激光在不同类型气溶胶中传输特性研究[J]. 物理学报, 2013, 62(2): 324-333.

第 9 章　噪声模型分析示例

　　本章从激光器、信道和探测器三部分中噪声的产生机制和数学模型入手，根据图 1.2 所示的无线光通信系统，依据图 1.1 影响无线光通信的因果关系，分析影响无线光通信系统中噪声模型的各种因素；建立一个统一的无线光通信系统噪声模型，将各种噪声因素纳入其中进行统一考虑。本章是应用本书理论进行分析的一个示例。

9.1　噪　声　模　型

　　如图 1.2 所示，无线光通信系统的噪声模型可以表示为[1-4]

$$P(t) = f_\beta f_{h_p} f_A f_d \big(P_0(t) \big) + \big(P_b + P_n \big) \tag{9.1}$$

其中，$P(t)$ 为接收光功率；f_β 为与单位距离衰减系数 β 有关的光强衰减项；f_{h_p} 为瞄准误差项；f_A 为湍流引起的光强闪烁项；f_d 为光源为信号光带来的畸变项；$P_0(t)$ 为理想的信号光功率；P_b 为背景光噪声功率；P_n 为探测器噪声功率之和（具体可能包含散粒噪声、产生-复合噪声、光子噪声等）。f_β 为常数，且

$$f_\beta = \exp(-\sigma L) \tag{9.2}$$

其中，σ 为衰减系数；L 为传播距离。f_{h_p} 受瞄准误差的影响，接收到光斑功率的概率为

$$f_{h_p}(h_p) = \frac{\gamma^2}{A_0^{\gamma^2}} h_p^{\gamma^2 - 1} \tag{9.3}$$

其中，γ^2 为接收光束等效半径的平方与光斑抖动方差之比，A_0 表示 $r = 0$ 时天线所能接收到的最大光功率；h_p 为接收到的光斑功率。以弱湍流大气信道为例，f_A 可表示为（对数正态模型）[1]

$$f_A = f_I(I) = \frac{1}{2I} \frac{1}{\sqrt{2\pi\sigma_\chi^2}} \exp\left(-\frac{\left(\ln(I/I_0) + 2\sigma_\chi^2 \right)^2}{8\sigma_\chi^2} \right) \tag{9.4}$$

其中，I 为接收光强；I_0 为未经湍流影响的接收光强；σ_χ^2 为接收光强的对数方差（即 Rytov 方差 σ_R^2）。

9.2 光源噪声模型

9.2.1 激光器静态非线性失真

激光器的静态非线性失真是由激光器的腔内损耗、空间烧孔效应以及漏电流等因素引起的。对于理想的半导体激光器，当驱动电流大于阈值电流时，输出光功率与电流的关系满足：

$$\frac{P - P_{\text{th}}}{I - I_{\text{th}}} = \frac{\mathrm{d}P}{\mathrm{d}I} \tag{9.5}$$

其中，I_{th} 为阈值电流；P_{th} 为当驱动电流为阈值电流时激光器的输出光功率。将 P 在 P_{th} 附近用泰勒级数展开可写为

$$P = P_{\text{th}} + \sum_{k=1}^{\infty} \frac{1}{k!} \frac{\mathrm{d}^k P}{\mathrm{d}I^k} \left(I - I_{\text{th}}\right)^k \tag{9.6}$$

若对激光器采用副载波调制，则驱动电流可表示为

$$I(t) = I_{\text{dc}} + I_m \cos\left(2\pi f_{\text{sc}} + \theta_{\text{sc}}\right) \tag{9.7}$$

将式 (9.7) 代入式 (9.6) 中，并将其展开写为带佩亚诺余项的求和形式：

$$P = P_{\text{th}} + \frac{\mathrm{d}P}{\mathrm{d}I}\left(I - I_{\text{th}}\right) + \frac{1}{2}\frac{\mathrm{d}^2 P}{\mathrm{d}I^2}\left(I - I_{\text{th}}\right)^2 + o\left(I - I_{\text{th}}\right)^3 \tag{9.8}$$

其中，$o(\cdot)$ 为佩亚诺余项。由于激光器 P-I 曲线并不是一条理想的直线，因此激光器发出的光会包含许多高次谐波，这会使得调制信号产生失真。通常这类失真都发生在距离发光阈值较远的点，衡量调制信号与发光阈值之差，可引入调制指数 m：

$$m = \frac{I_m}{P_{\text{th}}} \frac{\mathrm{d}P}{\mathrm{d}I} \tag{9.9}$$

将式 (9.8) 变为

$$\frac{P}{P_{\text{th}}} = 1 + m\cos\left(\omega t + \theta_n\right)$$

$$+ \frac{1}{2} m^2 P_{\text{th}} \left[\frac{\mathrm{d}^2 P}{\mathrm{d}I^2} \middle/ \left(\frac{\mathrm{d}P}{\mathrm{d}I} \right)^2 \right] \left(\cos\left(\omega t + \theta_n\right) \right)^2 \qquad (9.10)$$

$$+ \frac{1}{6} m^3 P_{\text{th}}^2 \left[\frac{\mathrm{d}^3 P}{\mathrm{d}I^3} \middle/ \left(\frac{\mathrm{d}P}{\mathrm{d}I} \right)^3 \right] \left(\cos\left(\omega t + \theta_n\right) \right)^3$$

$$+ \cdots$$

相应地，二次谐波与基波分量之比为

$$\text{HD}_2 \approx \frac{1}{4} m P_{\text{th}} \left[\frac{\mathrm{d}^2 P}{\mathrm{d}I^2} \middle/ \left(\frac{\mathrm{d}P}{\mathrm{d}I} \right)^2 \right] \qquad (9.11)$$

同理，三次谐波与基波分量之比为

$$\text{HD}_3 \approx \frac{1}{24} m^2 P_{\text{th}}^2 \left[\frac{\mathrm{d}^3 P}{\mathrm{d}I^3} \middle/ \left(\frac{\mathrm{d}P}{\mathrm{d}I} \right)^3 \right] \qquad (9.12)$$

9.2.2　产生-复合噪声

光电导探测器与光生伏特探测器的不同之处，在于其内部电子-空穴的运动过程中存在随机复合过程。因此，光电导探测器的散粒噪声不仅有载流子产生的电流起伏，也会由载流子复合产生的起伏。因此，光电导探测器的散粒噪声是光生伏特探测器的 2 倍，称为产生-复合噪声。噪声电流和电压分别记为 $i_{\text{g-r}}$ 和 $u_{\text{g-r}}$，光电导增益记为 M，噪声电流和电压的计算公式为

$$i_{\text{g-r}} = \sqrt{4ei_d \Delta f M^2} \qquad (9.13)$$

$$u_{\text{g-r}} = \sqrt{4ei_d \Delta f M^2 R^2} \qquad (9.14)$$

9.2.3　激光器动态非线性失真

当调制电流为正弦波时，激光器内部电光耦合过程中的周期性变化也会导致激光器输出光强的非线性畸变。这种非线性畸变与调制频率有关，因此称为动态非线性噪声。从半导体物理知识出发，激光器发射光子随时间变化的过程可以用速率方程描述：

$$\frac{\mathrm{d}N}{\mathrm{d}t} = \frac{J}{qV} - g_0 \frac{(N - N_0)S}{1 + \varepsilon S} - \frac{N}{\tau_n} \tag{9.15}$$

$$\frac{\mathrm{d}S}{\mathrm{d}t} = \Gamma g_0 \frac{N - N_0}{1 + \varepsilon S} S + \frac{\Gamma \beta N}{\tau_n} - \frac{S}{\tau_p} \tag{9.16}$$

其中，N 为激光器有源层内载流子浓度；N_0 为零增益时的载流子浓度；S 为激光器腔内光子密度；J 为注入有源层的电流；q 为电子电荷；V 为有源层体积；$g_0 = \mathrm{d}g/\mathrm{d}N$（其中 g 为光子密度的增益系数），g_0 为 g 对 N 的导数；ε 为增益压缩因子；τ_n 为谐振腔内载流子寿命；τ_p 为谐振腔内光子寿命；Γ 为光限制因子；β 为自发辐射因子。

使用微扰法求解速率方程，将 J、N、S 分别表示为均值与扰动项之和：

$$\begin{cases} J = \bar{J} + j(t) \\ N = \bar{N} + n(t) \\ S = \bar{S} + s(t) \end{cases} \tag{9.17}$$

将其代入速率方程，可得

$$\begin{aligned}
\frac{\mathrm{d}n}{\mathrm{d}t} &= \frac{J}{qV} - \left(\frac{g_0 \bar{S}}{1 + \varepsilon \bar{S}} + \frac{1}{\tau_n} \right) n - \left[\frac{g_0 (\bar{N} - N_0)}{1 + \varepsilon \bar{S}} - \frac{g_0 (\bar{N} - N_0) \varepsilon \bar{S}}{(1 + \varepsilon \bar{S})^2} \right] s \\
&- \left[\frac{g_0}{1 + \varepsilon \bar{S}} \quad \frac{g_0 \varepsilon \bar{S}}{(1 + \varepsilon \bar{S})^2} \right] ns + \left[\frac{\varepsilon g_0 (\bar{N} - N_0)}{(1 + \varepsilon \bar{S})^2} \right] s^2
\end{aligned} \tag{9.18}$$

$$\begin{aligned}
\frac{\mathrm{d}s}{\mathrm{d}t} &= \left(\frac{\Gamma g_0 \bar{S}}{1 + \varepsilon \bar{S}} + \frac{\beta \Gamma}{\tau_n} \right) + \left[\frac{\Gamma g_0 (\bar{N} - N_0)}{1 + \varepsilon \bar{S}} - \frac{\Gamma g_0 (\bar{N} - N_0)}{(1 + \varepsilon \bar{S})^2} - \frac{1}{\tau_p} \right] s \\
&+ \left[\frac{\Gamma g_0}{1 + \varepsilon \bar{S}} - \frac{\Gamma \varepsilon \bar{S}}{(1 + \varepsilon \bar{S})^2} \right] n - \left[\frac{\Gamma \varepsilon g_0 (\bar{N} - N_0)}{(1 + \varepsilon \bar{S})^2} \right] s^2
\end{aligned} \tag{9.19}$$

使用待定系数法求解上面的微分方程，假设式 (9.17) 中的微扰项表示为如下形式[4]：

$$\begin{cases} j(t) = j_1 \mathrm{e}^{\mathrm{j}\omega t} \\ n(t) = n_1 \mathrm{e}^{\mathrm{j}\omega t} \\ s(t) = s_1 \mathrm{e}^{\mathrm{j}\omega t} \end{cases} \tag{9.20}$$

可得仅包含基波的速率方程:

$$j\omega n_1 = \frac{j_1}{qV} - An_1 - Bs_1 \tag{9.21}$$

$$j\omega s_1 = Cn_1 + Ds_1 \tag{9.22}$$

其中, 参数 A、B、C、D 分别表示为[4]

$$
\begin{cases}
A = \dfrac{g_0 \overline{S}}{1 + \varepsilon \overline{S}} + \dfrac{1}{\tau_n} \\[2mm]
B = \dfrac{g_0 (\overline{N} - N_0)}{1 + \varepsilon \overline{S}} - \dfrac{g_0 (\overline{N} - N_0) \varepsilon \overline{S}}{(1 + \varepsilon \overline{S})^2} \\[2mm]
C = \dfrac{\Gamma g_0 \overline{S}}{1 + \varepsilon \overline{S}} + \dfrac{\beta \Gamma}{\tau_n} \\[2mm]
D = \dfrac{\Gamma g_0 (\overline{N} - N_0)}{1 + \varepsilon \overline{S}} - \dfrac{\Gamma g_0 (\overline{N} - N_0)}{(1 + \varepsilon \overline{S})^2} - \dfrac{1}{\tau_p}
\end{cases} \tag{9.23}
$$

当微扰项包含二次谐波时, 式(9.20)变为

$$
\begin{cases}
j(t) = j_1 e^{j\omega t} \\
n(t) = n_1 e^{j\omega t} + n_2 e^{j2\omega t} \\
s(t) = s_1 e^{j\omega t} + s_2 e^{j2\omega t}
\end{cases} \tag{9.24}
$$

此时, 可得到包含一二次谐波的速率方程:

$$j2\omega n_2 = -An_2 - Bs_2 - En_1 s_1 + Fs_1^2 \tag{9.25}$$

$$j2\omega s_2 = Cn_2 + Ds_2 + \Gamma En_1 s_1 - \Gamma Fs_1^2 \tag{9.26}$$

其中, 参数 E、F 分别表示为

$$
\begin{cases}
E = \dfrac{g_0}{1 + \varepsilon \overline{S}} - \dfrac{g_0 \varepsilon \overline{S}}{(1 + \varepsilon \overline{S})^2} \\[2mm]
F = \dfrac{\varepsilon g_0 (\overline{N} - N_0)}{(1 + \varepsilon \overline{S})^2}
\end{cases} \tag{9.27}
$$

求解速率方程, 可得[4]

$$s_1 = \frac{j_1 C/(qV)}{g(\omega)} \tag{9.28}$$

$$s_2 = s_1^2 \frac{-\left(\dfrac{ED}{C}+F\right)(\varGamma A - C) + \left[\dfrac{E(\varGamma A - C)}{C} - 2\varGamma\left(\dfrac{ED}{C}+F\right)\right]j\omega + \dfrac{2\varGamma E}{C}(j\omega)^2}{(BC - AD) + 2(A - D)j\omega + 4(j\omega)^2} \tag{9.29}$$

二者之比即二次谐波失真 HD_2:

$$HD_2 = \frac{s_2}{s_1} = \frac{-\left(\dfrac{ED}{C}+F\right)(\varGamma A - C) + \left[\dfrac{E(\varGamma A - C)}{C} - 2\varGamma\left(\dfrac{ED}{C}+F\right)j\omega\right] + \dfrac{2\varGamma E}{C}(j\omega)^2}{(BC - AD) + 2(A - D)j\omega + 4(j\omega)^2}\,\overline{S}m \tag{9.30}$$

9.2.4 激光器削波失真

由于正交频分复用 (orthogonal frequency division multiplexing, OFDM) 信号存在峰均比 (peak-to-average power ratio, PAPR) 过高的问题，当使用 OFDM 信号驱动激光器时，会出现驱动电流过高或过低的问题。此时激光器的输出光强信号就不能如实地反映驱动信号的大小，这种失真是由激光器驱动电流存在阈值引起的，因此称为削波失真。驱动激光器的电流信号可以表示为

$$x(t) = \sum_{k=1}^{N} I_k \sin\left(2\pi f_k + \theta_k\right) \tag{9.31}$$

其中，I_k、f_k 和 θ_k 分别为副载波幅度、频率和相位。

当 $x(t)$ 由非常多 ($N>10$) 不同频率的正弦波叠加而成时，可将 $x(t)$ 视为零均值、方差 $\sigma^2 = NI^2/2$ 的高斯随机过程。相应的激光器输出光强的自相关函数 R_o 可用输入电流 $x(t)$ 的自相关函数 R_i 表示为

$$R_o(\tau) = \sum_{k=1}^{\infty} \frac{1}{k!} h_k^2 \left(\frac{R_i(\tau)}{\sigma^2}\right)^k \tag{9.32}$$

其中，$R_i(\tau)$ 和 h_k 可由式 (9.33) 和式 (9.34) 计算：

$$R_i(\tau) = \frac{1}{2} I^2 \sum_{k=1}^{N} \cos(2\pi f_k \tau) \tag{9.33}$$

$$h_k = \frac{1}{\sigma} \int_{-\infty}^{\infty} P(x) H_k\left(\frac{x}{\sigma}\right) \frac{1}{\sqrt{2\pi}} \exp\left(-\frac{x^2}{2\sigma^2}\right) dx \tag{9.34}$$

其中，H_k 为 k 阶 Hermite 多项式。$x(t)$ 的自相关函数为

$$R_i(\tau) = \frac{1}{2} I^2 \sum_{n=1}^{N} \cos(2\pi f_n \tau) \tag{9.35}$$

在激光器的阈值附近输出的光功率曲线可以表示为

$$P(x) = \begin{cases} S(x + I_b - I_{\text{th}}), & x + I_b \geqslant I_{\text{th}} \\ 0, & x + I_b < I_{\text{th}} \end{cases} \tag{9.36}$$

将式 (9.36) 代入式 (9.34) 中，求得 h_k 的各阶分量为

$$h_0 = s\sigma \left[\frac{1}{\sqrt{2\pi}} e^{-\frac{1}{2\mu^2}} + \frac{1}{2\mu}\left(1 + \text{erf}\left(\frac{1}{\sqrt{2}\mu}\right)\right) \right] \tag{9.37}$$

$$h_1 = s\sigma \left[1 - \frac{1}{2}\text{erfc}\left(\frac{1}{\sqrt{2}\mu}\right) \right] \tag{9.38}$$

其中，$\mu = Nm^2/2$ 为均方根调制指数；$\text{erf}(\cdot)$ 和 $\text{erfc}(\cdot)$ 分别为误差函数和误差补函数。将各阶 h_k 代入自相关函数中，即可得到各阶功率表达式，比值即谐波失真比。

9.3　大气信道噪声模型

光在大气中的传播模型将光场能量分为三部分，如图 9.1 所示。光束在大气中传播，能量分为视线直射传播分量 U_L、视线耦合前向散射传播分量 U_S^C 和散射分量 U_S^G。这里，视线直射传播分量 U_L 是光束的直射分量，视线耦合前向散射传播分量 U_S^C 和散射分量 U_S^G 都是由散射引起的，区别在于 U_S^C 是由直射光路路线上（光轴附近）的介质颗粒前向散射的能量的集合，U_S^G 是光轴外的其他介质颗粒的散射能量的集合。

将光场分为上述三部分，光场 U 可表示为

$$U = \left(U_L + U_S^C + U_S^G\right) \exp(\chi + jS) \tag{9.39}$$

其中，直射传播分量 U_L 可表示为

$$U_L = \sqrt{G}\sqrt{\Omega}\exp(\mathrm{j}\phi_A) \tag{9.40}$$

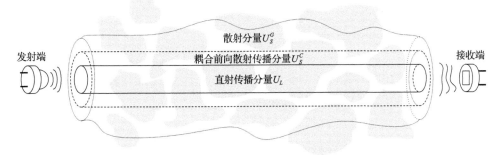

图 9.1 光束在大气中传播模型示意图

耦合前向散射传播分量 U_S^C 可表示为

$$U_S^C = \sqrt{\rho}\sqrt{G}\sqrt{2b_0}\exp(\mathrm{j}\phi_B) \tag{9.41}$$

散射分量 U_S^G 可表示为

$$U_S^G = \sqrt{(1-\rho)}U_S' \tag{9.42}$$

上述 U_L、U_S^C 和 U_S^G 各为不同分布的随机过程，其中 U_L 和 U_S^G 相互独立，U_S^C 和 U_S^G 相互独立。参数 G 表征直射分量 U_L 和 U_S^C 的缓慢起伏，满足 $E[G]=1$；参数 $\Omega=E[|U_L|^2]$ 为光束直射分量的平均功率；参数 b_0 为散射光的平均功率，满足 $2b_0= E\left[|U_S^C|^2+|U_S^G|^2\right]$；$\phi_A$ 和 ϕ_B 分别为光场直射分量 U_L 和耦合前向散射传播分量 U_S^C 的相位；参数 ρ 表示耦合前向散射传播分量占总散射能量的百分比，满足 $0 \leqslant \rho \leqslant 1$，$\rho$ 的大小与许多条件有关，如传播距离、波长、光束直径、传播中产生的光束扩展等；U_S'是表征散射分量 U_S^G 相位的复随机数；χ 和 S 分别为光场的对数振幅和相位。因此，光强 I 可表示为上述三项的和：

$$
\begin{aligned}
I &= \left|U_L + U_S^C + U_S^G\right|^2 \exp(2\chi) \\
&= \left|\sqrt{G}\sqrt{\Omega}\exp(\mathrm{j}\phi_A) + \sqrt{\rho}\sqrt{G}\sqrt{2b_0}\exp(\mathrm{j}\phi_B) + \sqrt{(1-\rho)}U_S'\right|^2 \exp(2\chi)
\end{aligned} \tag{9.43}
$$

可以将光强起伏表示为大尺度起伏 X 和小尺度起伏 Y 两项之积的形式：

$$I = XY \tag{9.44}$$

其中，X 和 Y 可表示为

$$\begin{cases} X \overset{\text{def}}{=\!=} \exp(2\chi) \\ Y \overset{\text{def}}{=\!=} \left| U_L + U_S^C + U_S^G \right|^2 \end{cases} \tag{9.45}$$

对于描述大尺度光强起伏的随机过程 X，Rytov 理论指出在弱湍流环境中 X 服从对数正态分布；对于更一般的情况，X 可近似服从 Gamma 分布，在后面的章节的推导中，可以通过参数变换的方法，使得 Gamma 分布在特定条件下转化为对数正态分布。这里给出 X 服从 Gamma 分布的表达式：

$$f_X(x) = \frac{\alpha^{\alpha}}{\Gamma(\alpha)} x^{\alpha-1} \exp(-\alpha x) \tag{9.46}$$

其中，α 为描述大气湍流大尺度起伏强度的参数。

对于描述小尺度光强起伏的随机过程 Y，有

$$\begin{aligned} Y &= \left| U_L + U_S^C + U_S^G \right|^2 \\ &= \left| \sqrt{G} \left[\sqrt{\Omega} \exp(\mathrm{j}\phi_A) + \sqrt{\rho} \sqrt{2b_0} \exp(\mathrm{j}\phi_B) \right] + \sqrt{(1-\rho)} U_S' \right|^2 \end{aligned} \tag{9.47}$$

其中，Y 包含 G 和 U_S' 两个随机变量，其他的 Ω、b_0、ϕ_A、ϕ_B 以及 ρ 都是常数。表征直射分量 U_L 和 U_S^C 的参数 G 服从 Nakagami 分布；表征散射分量 U_S^G 的参数 U_S' 可表示为一系列瑞利随机矢量之和。因此，Y 服从包含瑞利分量的 Nakagami 分布：

$$f_Y(y) = \frac{1}{\gamma} \left(\frac{\gamma\beta}{\gamma\beta + \Omega'} \right)^{\beta} \exp\left(-\frac{y}{\gamma} \right) {}_1F_1\left(\beta; 1; \frac{1}{\gamma} \frac{\Omega'}{(\gamma\beta + \Omega')} y \right) \tag{9.48}$$

其中，β 为随机变量 G 的均值平方与方差之比；Ω' 为直射光分量和前向散射传播分量的矢量和，Ω' 与 Ω、b_0、ϕ_A、ϕ_B、ρ 的关系为

$$\Omega' = \Omega + \rho 2b_0 + 2\sqrt{2b_0\Omega\rho} \cos(\phi_A - \phi_B) \tag{9.49}$$

其中，参数 $\gamma = 2b_0(1-\rho)$；函数 ${}_1F_1(a;c;x)$ 为第一类合流超几何函数（Kummer 函数）：

$$ {}_1F_1(a;c;z) = \sum_{k=1}^{\infty} \frac{(a)_{k-1}}{(c)_{k-1}} \frac{z^{k-1}}{(k-1)!} \tag{9.50}$$

其中，$(a)_k$ 为波赫哈默尔算子（Pochhammer symbol）：

$$(a)_k = \frac{\Gamma(a+k)}{\Gamma(a)} \tag{9.51}$$

上述分布的随机过程 $I=XY$ 之积，满足广义 M 分布（Málaga 分布），记为 $I\sim M(G)(\alpha,\beta,\gamma,\rho,\Omega')$：

$$f_I(I) = A^{(G)} \sum_{k=1}^{\infty} a_k^{(G)} I^{\frac{\alpha+k}{2}-1} \mathrm{K}_{\alpha-k}\left(2\sqrt{\frac{\alpha I}{\gamma}}\right) \tag{9.52}$$

其中，参数 $A^{(G)}$ 和 $a_k^{(G)}$ 分别用下面公式计算：

$$\begin{cases} A^{(G)} = \dfrac{2\alpha^{\frac{\alpha}{2}}}{\gamma^{1+\frac{\alpha}{2}}\Gamma(\alpha)}\left(\dfrac{\gamma\beta}{\gamma\beta+\Omega'}\right)^{\beta} \\[3mm] a_k^{(G)} = \dfrac{(\beta)_{k-1}(\alpha\gamma)^{\frac{\alpha}{2}}}{\left[(k-1)!\right]^2 \gamma^{k-1}\left(\Omega'+\gamma\beta\right)^{k-1}} \end{cases} \tag{9.53}$$

其中，$\mathrm{K}_v(\cdot)$ 为 v 阶第二类修正贝塞尔函数；$\Gamma(\cdot)$ 为 Gamma 函数。求 $f_I(I)$ 需要计算无穷项级数 $a_k^{(G)}$ 的和，这会使计算变得很麻烦。因此，对其做数学变形，可得

$$f_I(I) = A \sum_{k=1}^{\beta} a_k I^{\frac{\alpha+k}{2}-1} \mathrm{K}_{\alpha-k}\left(2\sqrt{\frac{\alpha\beta I}{\gamma\beta+\Omega'}}\right) \tag{9.54}$$

其中，参数 A 和 a_k 分别用下面公式计算：

$$\begin{cases} A = A^{(G)}\left(\dfrac{\gamma\beta}{\gamma\beta+\Omega'}\right)^{\frac{\alpha}{2}} \\[3mm] a_k = C_{\beta-1}^{k-1}\dfrac{1}{(k-1)!}\left(\dfrac{\Omega'}{\gamma}\right)^{k-1}\left(\dfrac{\alpha}{\beta}\right)^{\frac{k}{2}}\left(\gamma\beta+\Omega'\right)^{1-\frac{k}{2}} \end{cases} \tag{9.55}$$

其中，C_m^n 为组合数，且 β 为自然数。当 $\rho=0.5$、$\gamma=0.5$、$\Omega'=0.5$ 时，不同 α 和 β 值时的 M 分布概率密度分布如图 9.2 所示。

当固定 $\alpha=5$、$\beta=10$、$\gamma=0.5$、$\Omega'=0.5$ 时，不同 ρ 值的 M 分布概率密度分布如图 9.3 所示。

9.3.1　大气湍流噪声模型的演化

在广义 M 分布中，同时考虑了视线直射传播分量 U_L，视线耦合前向散射传播分量 U_S^C 和散射分量 U_S^G 三项。具体应用中，可根据不同的实际情况对模型进行简化。当 $\rho=0$ 且 $|U_L|$ 的方差为零时，又因为 $E[G]=1$，可得

$$E\left[\left|U_L\right|\right]=\sqrt{\Omega} \tag{9.56}$$

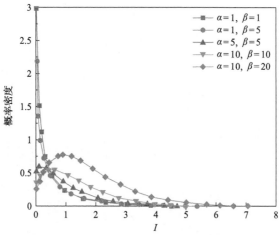

图 9.2　不同 α 和 β 值的 M 分布概率密度分布[4]

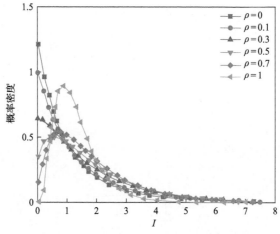

图 9.3　不同 ρ 值的 M 分布概率密度分布[4]

此时，光强 I 中的三项退化为 U_L 和 U_S^G 两项（一阶 Born 近似），有

$$I=\left|\sqrt{G}\sqrt{\Omega}\exp\left(\mathrm{j}\phi_A\right)+U_S'\right|^2 \tag{9.57}$$

此时，光强 I 服从修正 Rice-Nakagami 分布：

$$f_I(I)=\frac{1}{\gamma}\exp\left(-\frac{\left(A_0^2+I\right)}{\gamma}\right)\mathrm{I}_0\left(\frac{2A_0}{\gamma}\sqrt{I}\right) \tag{9.58}$$

其中，$A_0=(G\Omega)^{1/2}$；$\gamma=2b_0$；$I_0(\cdot)$ 为零阶第一类修正贝塞尔函数。

再考虑散射光功率无限小的情况，当 $A_0^2/\gamma \to \infty$ 时，根据一阶 Rytov 近似，有 $I=I_0\exp(2\chi)$，$I_0=|A_0|^2$，σ_χ^2 为 χ 的方差。此时，光强 I 中的三项退化为仅有 U_L 一项：

$$I = \left| U_L \right|^2 \exp(2\chi) = \left| \sqrt{G}\sqrt{\Omega}\exp(\mathrm{j}\phi_A) \right|^2 \exp(2\chi) \tag{9.59}$$

因此，前文所述修正 Rice-Nakagami 分布可转化为对数正态分布：

$$f_I(I) = \frac{1}{2I}\frac{1}{\sqrt{2\pi\sigma_\chi^2}}\exp\left(-\frac{\left(\ln(I/I_0)+2\sigma_\chi^2 \right)^2}{8\sigma_\chi^2} \right) \tag{9.60}$$

考虑另外一种极限情况，即当 $\Omega=0$ 且 $\rho=0$ 时，接收端完全收不到发射端发来的直射光，系统只能接收到散射光。此时，Y 退化为指数分布：

$$f_Y(y) = \frac{1}{\gamma}\exp\left(-\frac{y}{\gamma} \right) \tag{9.61}$$

因此，$I=XY$ 转化为指数分布的随机过程与 Gamma 分布的随机过程的乘积。此时的 I 服从 K 分布：

$$f_I(I) = \frac{2\alpha}{\Gamma(\alpha)}(\alpha I)^{\frac{\alpha-1}{2}}\mathrm{K}_{\alpha-1}\left(2\sqrt{\alpha I} \right) \tag{9.62}$$

若大尺度湍流参数 α 趋近于无穷大，即 $\alpha \to \infty$，则 K 分布会趋近于负指数分布。当光强 I 中的散射分量 U_S^G 近似为零时，有 $\rho=1$，$\gamma=0$，再令 $\Omega'=1$。此时，X、Y 服从相互独立的 Gamma 分布，有

$$\begin{cases} f_X(x) = \dfrac{\alpha(\alpha x)^{\alpha-1}}{\Gamma(\alpha)}\exp(-\alpha x) \\[3mm] f_Y(y) = \dfrac{\beta(\beta y)^{\beta-1}}{\Gamma(\beta)}\exp(-\beta y) \end{cases} \tag{9.63}$$

光强 $I=XY$ 服从 Gamma-Gamma 分布：

$$\begin{aligned} f_I(I) &= \int_0^\infty f_Y(I|x)f_X(x)\mathrm{d}x \\[2mm] &= \frac{2(\alpha\beta)^{\frac{\alpha+\beta}{2}}}{\Gamma(\alpha)\Gamma(\beta)}I^{\frac{\alpha+\beta}{2}-1}\mathrm{K}_{\alpha-\beta}\left(2\sqrt{\alpha\beta I} \right) \end{aligned} \tag{9.64}$$

当假设 $\beta \to \infty$ 时，Y 的概率密度分布函数可化为

$$f_Y(y) = \frac{1}{\gamma} \exp\left(-\frac{y + \Omega'}{\gamma}\right) I_0\left(\frac{2\sqrt{\Omega' y}}{\gamma}\right) \tag{9.65}$$

保持其他条件不变，X 服从 Gamma 分布，此时光强 I 服从 Gamma-Rician 分布：

$$
\begin{aligned}
f_I(I) &= \int_0^\infty f_Y(I|x) f_X(x) \mathrm{d}x \\
&= \int_0^\infty \frac{1}{\gamma} \frac{\alpha^\alpha}{\Gamma(\alpha)} \exp\left(-\frac{\Omega'}{\gamma}\right) I_0\left(\frac{2\sqrt{\Omega' I}}{\gamma\sqrt{x}}\right) x^{\alpha-1} \exp\left(-\frac{I}{x\gamma} - \alpha x\right) \mathrm{d}x \\
&= \frac{1}{\gamma} \frac{\alpha^\alpha}{\Gamma(\alpha)} \exp\left(-\frac{\Omega'}{\gamma}\right) \sum_{k=0}^\infty \frac{(-1)^k (\Omega' I)^k}{k!\,\Gamma(k+1)\gamma^{2k}} \int_0^\infty x^{\alpha-2-k} \exp\left(-\frac{I}{x\gamma} - \alpha x\right) \mathrm{d}x \\
&= \frac{1}{\gamma} \frac{\alpha^\alpha}{\Gamma(\alpha)} \exp\left(-\frac{\Omega'}{\gamma}\right) \sum_{k=1}^\infty \frac{(-1)^{k-1}(\Omega' I)^{k-1}}{(k-1)!\,\Gamma(k)\gamma^{2(k-1)}} \left(\frac{I}{\alpha\gamma}\right)^{\frac{\alpha-k}{2}} K_{\alpha-k}\left(2\sqrt{\frac{\alpha I}{\gamma}}\right)
\end{aligned}
\tag{9.66}
$$

用得到的 Gamma-Rician 分布对比广义 M 分布，很容易得到如下对应关系：

$$f_I(I) = \hat{A} \sum_{k=1}^\infty \hat{a}_k I^{\frac{a+k}{2}-1} K_{\alpha-k}\left(2\sqrt{\frac{\alpha I}{\gamma}}\right) \tag{9.67}$$

其中，$\hat{A}$ 和 $\hat{a}_k$ 分别为

$$
\begin{cases}
\hat{A} = \dfrac{2\alpha^{\frac{\alpha}{2}}}{\gamma^{1+\frac{\alpha}{2}}\Gamma(\alpha)} \exp\left(-\dfrac{\Omega'}{\gamma}\right) \\[3mm]
\hat{a}_k = \dfrac{(-1)^{k-1}\Omega'^{k-1}(\alpha\gamma)^{\frac{k}{2}}}{(k-1)!\,\Gamma(k)\gamma^{2(k-1)}}
\end{cases}
\tag{9.68}
$$

可见，当 $\beta \to \infty$ 时，广义 M 分布可演化为 Gamma-Rician 分布。基于广义 M 分布模型，可演化出对数正态分布、Gamma-Gamma 分布、K 分布、Rice-Nakagami 分布、Gamma-Rician 分布等常用模型。这样，在实际应用中，只需要对广义 M 分布模型的参数进行调整，就可以模拟多种信道噪声条件下的光强闪烁情况。

以弱湍流中中典型光强分布——对数正态分布和中强湍流中的典型光强分布——Gamma-Gamma 分布为例，计算系统接收到包含加性噪声时的信号方差和系统信噪比。对数正态分布和 Gamma-Gamma 分布的概率密度分布函数如式 (9.60)

和式(9.64)所示。Gamma-Gamma 分布的参数 α、β 定义为

$$
\begin{cases}
\alpha = \left(\exp\left(\dfrac{0.49\sigma_R^2}{\left(1 + 1.11\sigma_R^{12/5}\right)^{7/6}} \right) - 1 \right)^{-1} \\[4mm]
\beta = \left(\exp\left(\dfrac{0.51\sigma_R^2}{\left(1 + 0.69\sigma_R^{12/5}\right)^{5/6}} \right) - 1 \right)^{-1}
\end{cases}
$$

由式(9.12)定义,简化的系统模型为

$$
P(t) = f_A P_0(t) + P_n \tag{9.69}
$$

其中,f_A 分别采用对数正态分布模型和 Gamma-Gamma 模型进行仿真;P_n 为电噪声 e_n 的功率谱,服从正态分布。

在 4.1.2 节推导了弱湍流条件下,水平传输时的对数振幅方差如式(4.11)所示。弱湍流条件下,Rytov 指数 σ_R^2 与对数振幅起伏方差的关系为

$$
\sigma_R^2 = \ln^2\left(\frac{A^2}{A_0^2} \right) \approx 4\left\langle \varepsilon^2 \right\rangle = 1.23 C_n^2 k^{7/6} L^{11/6} \tag{9.70}
$$

对实测数据的光强方差 σ_I^2 与 σ_R^2 的关系进行对比,文献[5]发现在强湍流环境下,Gochelashvily、Clifford 和 Tatarskii 根据实验数据得到了归一化光强起伏方差的一系列渐近解析结果,但它们不尽一致,分别可以表示为

$$
\sigma_I^2 = 1 + 0.85\left(\sigma_R^2\right)^{-2/5} \tag{9.71}
$$

$$
\sigma_I^2 = 0.92 + 1.44\left(\sigma_R^2\right)^{-2/5} \tag{9.72}
$$

$$
\sigma_I^2 = 1.36 - 0.907\left(\sigma_R^2\right)^{-2/5} \tag{9.73}
$$

对仿真得到的接收信号分别统计方差和信噪比,为了得到相对平滑的仿真曲面,图中的每个网格节点都计算了 50 万个样本的平均值,方差和信噪比结果分别如图 9.4 和图 9.5 所示。图中 x 轴和 y 轴的坐标分别为 Rytov 指数和单位为 dB 的电噪声强度。可以看出,接收信号的方差随着 Rytov 指数和电噪声的增大而增大,相应的接收信号信噪比也逐渐恶化。

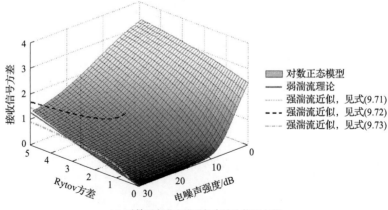

(a) 对数正态噪声模型仿真接收信号方差

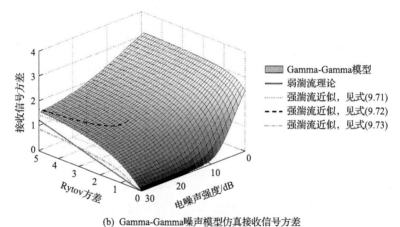

(b) Gamma-Gamma噪声模型仿真接收信号方差

图 9.4　两种噪声模型在不同电噪声下的接收信号方差[4]

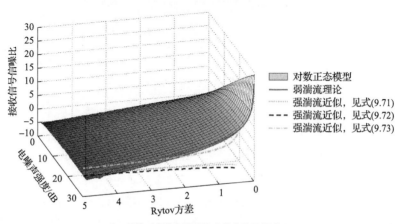

(a) 对数正态噪声模型仿真接收信号信噪比

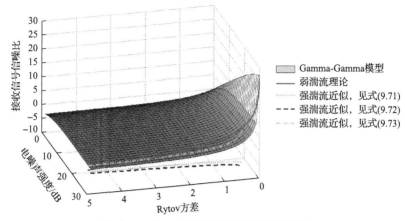

(b) Gamma-Gamma噪声模型仿真接收信号信噪比

图 9.5　两种噪声模型在不同电噪声下的接收信号信噪比[4]

从图 9.4 和图 9.5 中可以看出，对数正态噪声模型与一阶 Rytov 近似的理论结果吻合较好，在电噪声较小（电路信噪比大于 30dB）时，仿真结果与式(9.70)的理论值基本一致；使用 Gamma-Gamma 噪声模型仿真的信号方差则明显大于式(9.70)的理论值，相应的接收信号信噪比也比理论值要小，但是方差和信噪比数值却在式(9.71)～式(9.73)的范围内。

9.3.2　背景光噪声

无线光通信的接收视场通常较窄，因此视场中的背景光源都可近似为可充满整个视场的面光源，视其为均匀发光的面光源。但是，当接收视场放宽时，某些光源，如太阳、灯光等，也可视为点光源。

可使用辐射功率谱函数 $W(\lambda)$ 衡量背景光辐射强度，它表示在波长 λ 处，单位带宽上每单位面积光源辐射到单位立体角内的功率，辐射谱的单位为 $W/(m^2 \cdot Sr \cdot \mu m)$。若接收天线面积为 A，背景光源距离为 Z，则立体角为 A/Z^2。若背景光源的面积为 A_s，接收机的视场为 Ω_{fv}，那么在波长 λ、接收带宽 $\Delta\lambda$ 范围内接收机收集到的背景光功率为

$$P_b = \begin{cases} W(\lambda)\Delta\lambda\left(\Omega_{fv}Z^2\right)\left(A/Z^2\right), & A_s > \Omega_{fv}Z^2 \,(\text{面光源}) \\ W(\lambda)\Delta\lambda A_s\left(A/Z^2\right), & A_s < \Omega_{fv}Z^2 \,(\text{点光源}) \end{cases} \tag{9.74}$$

将背景光源对于接收机所张的立体角表示为 Ω_s，则 $\Omega_s \approx A_s/Z^2$，式(9.74)变为

$$P_b = \begin{cases} W(\lambda)\Delta\lambda\Omega_{fv}A, & \Omega_s > \Omega_{fv}\,(\text{面光源}) \\ W(\lambda)\Delta\lambda\Omega_s A, & \Omega_s < \Omega_{fv}\,(\text{点光源}) \end{cases} \tag{9.75}$$

式(9.75)说明对于面光源，背景光功率与接收面积 A、接收带宽 $\Delta\lambda$ 和接收机视场角 Ω_{fv} 成正比；对于点光源，背景光功率与接收面积 A、接收带宽 $\Delta\lambda$ 和背景光源视场角 Ω_s 成正比；背景光功率与光源距离无关。

定义光源辐照度 $\omega(\lambda)$ 描述点光源：

$$\omega(\lambda)=W(\lambda)\Omega_s \tag{9.76}$$

此时，点光源的背景光功率($\mathrm{W/(m^2 \cdot \mu m)}$)可改写为

$$P_b = \omega(\lambda)\Delta\lambda A \tag{9.77}$$

对无线光通信系统中的背景光噪声建模，可认为实际接收到的背景光噪声为天空背景光噪声与各种点光源噪声的叠加，对于天空背景光辐射模型，可用黑体辐射模型描述；对于各种点光源的背景光噪声模型，有各种实际测量结果可供拟合。

无线光通信系统中的天空背景光，是由背景光源自身辐射或是太阳光散射或漫反射引起的，天空背景光辐射谱，可由黑体辐射模型给出：

$$W(\lambda) = \frac{c^2 h}{\lambda^5}\left(\frac{1}{e^{hc/(k_B \lambda T)} - 1}\right) \tag{9.78}$$

其中，c 为光速；h 为普朗克常量；k_B 为玻尔兹曼常量；T 为黑体辐射温度(K)。对式(9.78)进行积分，可得总辐射功率为

$$W = 5.67 \times 10^{-8} T^4 \tag{9.79}$$

其中，5.67×10^{-8} 称为斯特藩常数($\mathrm{W/(m^2 \cdot K^4)}$)。

黑体辐射与热力学温度的4次方成正比，这就是斯特藩-玻尔兹曼定律(Stefan-Boltzmann law)。

辐射波长与热力学温度也满足反比例关系——维恩位移定律(Wien displacement law)：

$$\lambda T = 2897.8 \tag{9.80}$$

其中，2897.8 称为维恩常数($\mathrm{\mu m \cdot K}$)。下面分别讨论不同的典型背景光源。

1. 点光源背景光——太阳光

太阳光是日间无线光通信的主要背景光源，当接收器视场角大于太阳张角时，可将其视为点光源。许多行业中涉及太阳光谱的国家标准都有太阳光谱的详细数

据, 以标准 ISO 9845-1:2022 为例, 通过数据拟合, 可以发现其与热力学温度为 6000K 的黑体辐射曲线相近, 如图 9.6 所示, 太阳辐射能量主要集中在波长 $0.5\mu m$ 左右的可见光区域。

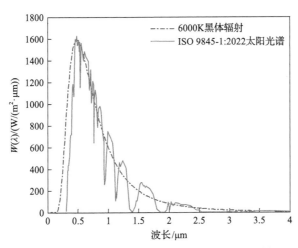

图 9.6　太阳辐射谱近似为 6000K 黑体辐射谱[4]

当需要推算太阳光背景功率时, 将图 9.6 中的 $W(\lambda)$、接收面积 A 以及接收机滤光片带宽 $\Delta\lambda$ 代入式 (9.74) 求出 P_b 即可。例如, 对于 850nm 无线光接收机, 口径为 100mm, 滤光片带宽为 10nm, 若接收机直视太阳, 则接收到的光功率约为 0.075W, 约合 18.75dBm, 这已经远远大于一般信号光的功率了。因此, 无线光系统接收机一定要避免阳光直射。一般来说, 水平传输的无线光通信系统在日出和日落时更易受到阳光的干扰。

当背景光源占接收视场中背景的立体角很小时, 可以将其视为点光源。例如, 大视场接收机被太阳光直射时, 或夜晚距接收机较远的灯光, 或者进入接收机视场的星光, 都可视为背景噪声中的点光源。这些点光源对接收机背景噪声功率的贡献为

$$P_b = T_a T_r \Delta\lambda A_r E_\lambda \tag{9.81}$$

其中, T_a 为大气透射率; T_r 为接收系统透射率; $\Delta\lambda$ 为滤光片或探测器带宽; A_r 为探测器等效接收面积, 若接收机等效口径为 d_r, 则有 $A_r = \pi d_r^2/4$。若接收机视场内有多个背景光点光源, 则应分别求每个点光源的辐射功率, 再对这些功率求和。

2. 球形背景光源

如果接收视场中的背景光源所占立体角不能等同为无限小, 而且不占满整个接收视场, 那么可以按照等效面积将背景光源算作球形背景源处理。当球形光源

直径 d，与接收机的距离为 R 时，光源半球面积为 $\pi d^2/2$，球形光源向半径为 R 的大球内空间辐射的总功率为 $\pi d^2 M_\lambda/2$，对于位于球面上的接收机，球形光源的背景功率为 $\pi d^2 M_\lambda/(4\pi R^2)$，再考虑接收机孔径面积为 $A_r=\pi d_r^2/4$，因此探测器接收到球形光源的背景功率可表示为

$$P_b = \frac{\pi T_a T_r \Delta\lambda d^2 d_r^2}{16R^2} M_\lambda \tag{9.82}$$

若球形光源为各方向亮度相同的朗伯源，则探测器接收到的功率可表示为

$$P_b = \frac{\pi^2 T_a T_r \Delta\lambda d^2 d_r^2}{16R^2} L_\lambda \tag{9.83}$$

3. 扩展背景源

若背景光源可占满接收机的视场，则可称其为扩展背景光源。此时，接收机视场所占的张角仅占扩展源辐射立体角的一部分，用 $\Omega_r=\pi\theta_r^2/4$ 表示接收机视场立体角，θ_r 为接收机视场平面角，用 $\Omega=\pi d^2/(4R^2)$ 表示扩展源对接收机张开的立体角，则接收机收到扩展源的背景辐射功率为

$$P_b = \frac{\pi T_a T_r \Delta\lambda \theta_r^2 d_r^2}{16R^2} M_\lambda \tag{9.84}$$

若该扩展背景光源为朗伯源，则背景辐射功率可表示为

$$P_b = \frac{\pi^2 T_a T_r \Delta\lambda \theta_r^2 d_r^2}{16R^2} L_\lambda \tag{9.85}$$

4. 目标对太阳光的反射

无线光系统在白天工作时，会受到太阳光强烈的干扰，不仅仅体现在太阳光的直射，还体现在太阳光照射在接收机视场内的反射光以及太阳光的大气散射光。

如图 9.7 所示，对于前者，假设视场内的反射体反射光是均匀的漫反射（朗伯漫反射），漫反射系数为 ρ，太阳张开的立体角为 Ω_s，太阳对地面的光谱照度为 $E_\lambda=\Omega_s L_\lambda$。当太阳光与目标法线的夹角为 θ 时，目标的辐射度 M_λ' 和亮度 L_λ' 分别表示为

$$M_\lambda' = \rho L_\lambda \Omega_s \cos\theta \tag{9.86}$$

$$L_\lambda' = \frac{\rho L_\lambda \Omega_s \cos\theta}{\pi} \tag{9.87}$$

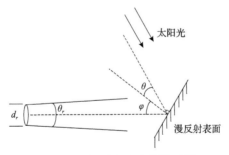

图 9.7　目标对太阳光的漫反射

接收机光轴与目标法线的夹角为 φ，因此由朗伯余弦定律，可得

$$M'_\lambda = \rho L_\lambda \Omega_s \cos\theta \cos\varphi \tag{9.88}$$

$$L'_\lambda = \frac{\rho L_\lambda \Omega_s \cos\theta \cos\varphi}{\pi} \tag{9.89}$$

此时，接收机视场角内收到反射面的辐射功率为

$$
\begin{aligned}
P_b &= \frac{\pi T_a T_r \Delta\lambda \theta_r^2 d_r^2}{16} M'_\lambda = \frac{\pi^2 T_a T_r \Delta\lambda \theta_r^2 d_r^2}{16} L'_\lambda \\
&= \frac{\pi}{16} T_a T_r \Delta\lambda \theta_r^2 d_r^2 \rho L_\lambda \Omega_s \cos\theta \cos\varphi
\end{aligned}
\tag{9.90}
$$

其中，$\cos\theta$ 和 $\cos\varphi$ 表明了太阳光、目标和接收机三者间的相对位置。实际中，φ 为零的情况很多，此时太阳光经反射进入接收机的背景光功率为

$$P_b = \frac{\pi}{16} T_a T_r \Delta\lambda \theta_r^2 d_r^2 \rho L_\lambda \Omega_s \cos\theta \tag{9.91}$$

　　例如，对于地面一般漫反射目标（如垂直的墙面），ρ 为 0.4，太阳可近似为 6000K 黑体辐射源，太阳光可近似为平行光，当工作波长 λ 为 0.5μm 的红光时，可得 $L_{0.5}=1.5\times10^3$W/(cm^2·Sr·μm)。夏至日西安太阳高度角变化范围为 33°～80°（夏至日 80°，冬至日 33°），以夏至日为例，不考虑大气和光学系统透射率的情况下，接收天线口径为 100mm，滤光片带宽为 10nm，发散角为 3mrad，此时接收机面对阳光直射的墙面接收到的漫反射光的功率约为 $\pi/16\times10\times10^{-3}\times(3\times10^{-3})^2\times10^2\times0.4\times1.5\times10^3\times\cos80°\approx1.84\times10^{-4}$W，约合$-7.4$dBm，倘若此时信号光的光功率较低，阳光照射墙面的漫反射光就会影响系统接收信噪比。

5. 太阳光的大气散射

　　假定大气均匀，大气分子对太阳光的散射为各向同性散射。接收机视场中大

气的体积微元可表示为

$$\Delta V = \frac{\pi}{4}(\theta_r x)^2 \, dx \tag{9.92}$$

其中，x 为体积微元到接收机的距离，如图 9.8 所示。太阳光对大气的照度为 $E_\lambda = \Omega_s L_\lambda$，体积微元散射系数为 β，它的散射光强为 $E_\lambda \beta \Delta V / (4\pi)$。接收机孔径在体积元处所占立体角为

$$\frac{A_r}{x^2} = \frac{\pi}{4}\frac{d_r^2}{x^2} \tag{9.93}$$

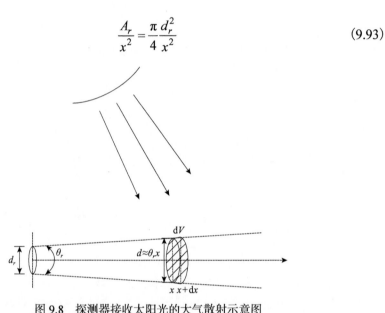

图 9.8　探测器接收太阳光的大气散射示意图

因此，该体积微元散射光对接收机背景光功率的贡献为

$$dP_b = \frac{T_r \Delta\lambda \Omega_s L_\lambda}{4\pi} \frac{\beta\pi}{4}(\theta_r x)^2 \, dx \exp(-ax)\frac{A_r}{x^2} \tag{9.94}$$

其中，a 为大气衰减系数，该参数可通过查表得出。对式(9.94)做积分可以得出所有接收机视场内体积微元的辐射功率之和：

$$P_b = \int dP_b = \frac{\pi}{64} \Omega_s L_\lambda \Delta\lambda \beta \theta_r^2 d_r^2 \frac{1-T_a}{a} \tag{9.95}$$

当大气透射率均匀时，有 $T_a = \exp(-ax)$。将太阳的大气散射光和目标反射光结合起来，可得无线光通信系统在白天工作时的主要背景光噪声功率为

$$P_b = \frac{\pi}{16} T_r \Delta\lambda \theta_r^2 d_r^2 \Omega_s L_\lambda \left[\rho T_a + \frac{\beta}{4\alpha}(1-T_a) \right] \tag{9.96}$$

9.3.3　光强的雨衰减

　　光束在雨中传播，光强会受到雨滴的散射而发生衰减，接收光强与发射光强之比满足比尔-朗伯定律：

$$\frac{I_t}{I_0} = \frac{I_c + I_i}{I_0} = \exp(-\rho\sigma_a L) \tag{9.97}$$

其中，ρ 为粒子数密度；σ_a 为介质的吸收截面，为粒子总截面 σ_t 与散射截面 σ_s 之差；L 为传播距离。根据米氏散射理论，单个球形粒子的总截面和散射截面可表示为

$$\sigma_a = \sigma_t - \sigma_s \tag{9.98}$$

$$\sigma_t = 2\pi \sum_{n=1}^{\infty} (2n+1)\operatorname{Re}(a_n + b_n) \tag{9.99}$$

$$\sigma_s = 2\pi \sum_{n=1}^{\infty} (2n+1)\left(|a_n|^2 + |b_n|^2\right) \tag{9.100}$$

其中，a_n 和 b_n 为米氏散射系数，分别为两个无穷数列的第 n 项，可由式(9.101)和式(9.102)计算得出：

$$a_n = \frac{\psi_n(\alpha)\psi_n'(m\alpha) - m\psi_n'(\alpha)\psi_n(m\alpha)}{\zeta_n(\alpha)\psi_n'(m\alpha) - m\zeta_n'(\alpha)\psi_n(m\alpha)} \tag{9.101}$$

$$b_n = \frac{m\psi_n(\alpha)\psi_n'(m\alpha) - \psi_n'(\alpha)\psi_n(m\alpha)}{m\zeta_n(\alpha)\psi_n'(m\alpha) - \zeta_n'(\alpha)\psi_n(m\alpha)} \tag{9.102}$$

其中，α 为粒子的尺度参数；$\psi_n(\alpha)$ 和 $\zeta_n(\alpha)$ 为与贝塞尔函数有关的函数；m 为介质的复折射率，下面分别介绍其计算方法。

　　α 的值为粒子半径与波数的乘积，即

$$\alpha = kr = \frac{2\pi r}{\lambda} \tag{9.103}$$

其中，r 为粒子半径；k 为波数；λ 为波长。

　　$\psi_n(\alpha)$ 和 $\zeta_n(\alpha)$ 分别为由式(9.104)和式(9.105)递推得到：

$$\psi_{n+1}(\alpha) = \sqrt{\frac{\pi\alpha}{2}} J_{n+1/2}(\alpha) \tag{9.104}$$

$$\zeta_{n+1}(\alpha) = \sqrt{\frac{\pi\alpha}{2}}\left(\mathrm{J}_{n+1/2}(\alpha) + (-1)^n \mathrm{j}\mathrm{J}_{-n-1/2}(\alpha)\right) \tag{9.105}$$

其中，$\mathrm{J}_n(\cdot)$ 为 n 阶第一类贝塞尔函数；j 代表虚部。

相应的 $\psi_n'(\alpha)$ 和 $\zeta_n'(\alpha)$ 为 $\psi_n(\alpha)$ 和 $\zeta_n(\alpha)$ 的导数。递推高阶的 $\psi_n(\alpha)$ 和 $\zeta_n(\alpha)$，需要从数列的零阶开始计算，相应的 $\psi_0(\alpha)$ 和 $\zeta_0(\alpha)$ 初值分别为

$$\psi_0(\alpha) = \sin\alpha \tag{9.106}$$

$$\zeta_0(\alpha) = \sin\alpha + \mathrm{j}\cos\alpha \tag{9.107}$$

需要计算的衰减因子与粒子的尺度参数 α 有关，当 α 很小时，只需要计算 a_n 和 b_n 的前几项就可以得到较为准确的结果；当 α 较大时，需要计算 a_n 和 b_n 的更多项才能得到较为准确的结果，否则计算出的散射截面数值会出现振荡，得到错误的结果。介质复折射率与数列阶数 n 和尺度参数 α 的关系满足：

$$m = \begin{cases} 3, & \alpha < 0.02 \\ \lceil \alpha + 4\sqrt[3]{\alpha} + 1 \rceil, & 0.02 \leqslant n < 8 \\ \lceil \alpha + 4.05\sqrt[3]{\alpha} + 2 \rceil, & 8 \leqslant n < 4200 \\ \lceil \alpha + 4\sqrt[3]{\alpha} + 2 \rceil, & 4200 \leqslant n < 20000 \end{cases} \tag{9.108}$$

其中，$\lceil \cdot \rceil$ 代表向上取整。m 为各个波长对应的介质复折射率，这里计算光强雨衰，则 m 为水的复折射率(复折射率的虚部定义为吸收率的相反数)。常用波长水的光学折射率 $n(\lambda)$ 和吸收率 $k(\lambda)$ 列于表 9.1 中。

表 9.1　水的光学折射率与吸收率

λ/nm	$n(\lambda)$	$k(\lambda)$	λ/nm	$n(\lambda)$	$k(\lambda)$
200	1.396	1.1×10^{-7}	450	1.337	1.02×10^{-9}
225	1.373	4.9×10^{-8}	475	1.336	9.35×10^{-10}
250	1.362	3.35×10^{-8}	500	1.335	1.00×10^{-9}
275	1.354	2.35×10^{-8}	525	1.334	1.32×10^{-9}
300	1.349	1.6×10^{-8}	550	1.333	1.96×10^{-9}
325	1.346	1.08×10^{-8}	575	1.333	3.60×10^{-9}
350	1.343	6.5×10^{-9}	600	1.332	1.09×10^{-8}
375	1.341	3.5×10^{-9}	625	1.332	1.39×10^{-8}
400	1.339	1.86×10^{-9}	650	1.331	1.64×10^{-8}
425	1.338	1.3×10^{-9}	675	1.331	2.23×10^{-8}

续表

λ/nm	$n(\lambda)$	$k(\lambda)$	λ/nm	$n(\lambda)$	$k(\lambda)$
700	1.331	3.35×10^{-8}	950	1.327	2.93×10^{-6}
725	1.330	9.15×10^{-8}	975	1.327	3.48×10^{-6}
750	1.330	1.56×10^{-7}	1000	1.327	2.89×10^{-6}
800	1.329	1.25×10^{-7}	1200	1.324	9.89×10^{-6}
825	1.329	1.82×10^{-7}	1400	1.321	1.38×10^{-4}
850	1.329	2.93×10^{-7}	1600	1.317	8.55×10^{-5}
875	1.328	3.91×10^{-7}	1800	1.312	1.15×10^{-4}
900	1.328	4.86×10^{-7}	2000	1.306	1.1×10^{-3}
925	1.328	1.06×10^{-6}	2200	1.296	2.89×10^{-4}

　　根据式(9.98)~式(9.100)计算水滴粒子的光学截面 σ_t、散射截面 σ_s 和吸收截面 σ_a，结果与粒子截面积之比记为粒子对应的散射系数。计算粒子的散射截面系数 a_s、消光截面系数 a_t 和吸收截面系数 a_a。各系数与粒子尺度参数 α 之间的关系如图 9.9 所示。

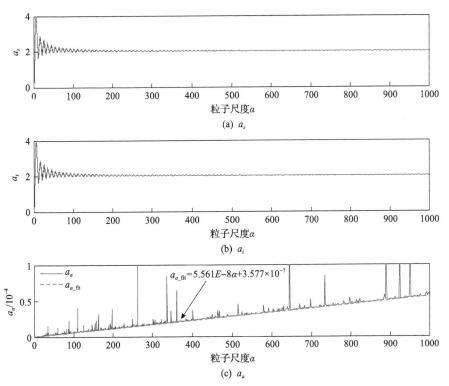

图 9.9　波长 650nm 粒子散射参数[4]

　　每一个不同大小的粒子的散射参数都是由若干项递推数列计算得到的，这样计算会消耗大量的时间，为了简化计算，使用线性拟合的粒子吸收参数代替计算。线性拟合得到的粒子吸收系数为

$$a_{a\_fit}^{650} = 5.564 \times 10^{-8} \alpha + 3.577 \times 10^{-7} \tag{9.109}$$

　　类似地，可以计算其他波长的水粒子吸收系数，例如，550nm 的粒子吸收系数可近似计算如下：

$$\sigma_{a\_fit}^{550} = 6.655 \times 10^{-9} \alpha + 1.161 \times 10^{-7} \tag{9.110}$$

　　将 I_t 与 I_0 的比值转为单位为 dB/km 的单位长度的光强衰减系数，有

$$\frac{I_t}{I_0}(\text{dB}) = 4.343 \times 10^3 \times \frac{\pi}{4} \int_{D_{\min}}^{D_{\max}} a_a(\alpha, m) D^2 N(D) \mathrm{d}D \tag{9.111}$$

其中，α 为粒子尺度参数；m 为介质复折射率；N 为粒子尺度分布函数；D 为粒子直径。

　　对于各种雨势下的雨滴粒子尺度分布函数，有许多符合当地实际情况的拟合公式，常见的雨滴粒子尺度分布为指数型分布，具体有 M-P 分布和 Gamma 分布等。我国气象工作者针对各地雨谱进行了长时间的测量，积累了大量的数据并对其进行了拟合，得到了不同的雨滴谱经验函数。目前可见于文献的雨滴尺度分布有广州、长春、沈阳、青岛、宁夏回族自治区部分地区和西安[5-11]，各地雨滴谱分布函数列于表 9.2 中。

表 9.2　　中国各地雨滴谱分布函数　　　　（单位：个/(m³·mm)）

分布	表达式
M-P 分布	$8000\exp(-4.1p^{-0.21}D)$
广州	$230600p^{0.364}D^{-0.274}\exp(-7.411p^{-0.0527}D^{0.452})$
长春	$2020p^{-0.2}\exp(-3.18p^{-0.28}D)$
沈阳	$13829.7p^{0.1}\exp(-4.56p^{-0.16}D)$
青岛	$1387p^{0.4052}\exp(-2.38p^{-0.0877}D)$
宁夏回族自治区部分地区	$5688.2p^{0.3996}\exp(-4.05p^{-0.1213}D)$
西安	$257p0.315(8315p^{-0.202})2D/(2p^{-0.202} \times 8315K_0 \times D/2))$

　　将表 9.2 中的各种雨滴谱代入式 (9.111) 中，计算得到光在不同降雨率下传播的光强衰减系数，如图 9.10 和图 9.11 所示。

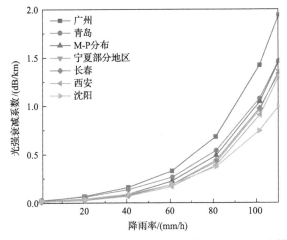

图 9.10　波长 550nm 光强衰减系数随各地降雨率变化[4]

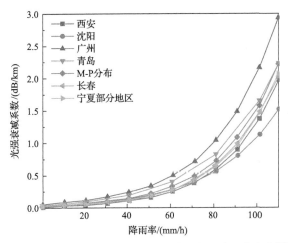

图 9.11　波长 650nm 光强衰减系数随各地降雨率变化[4]

从图 9.10 和图 9.11 中可以看出,由雨滴吸收引起的光强衰减系数随着降雨率的增加而增加。与 M-P 分布比较,各地光强衰减系数分为两组:广州和青岛单位距离光强衰减大于 M-P 分布;其他地区单位距离光强衰减系数小于 M-P 分布。这表明广州、青岛两地相同降雨率下雨滴对光的吸收能力更强。对比图 9.10 和图 9.11,由于水的复折射率虚部在可见光波段随着波长增加而增大,650nm 红光较 550nm 绿光被水介质吸收得更多,单位距离内的衰减更大。

相干场可认为是光传播路径上介质的光学厚度产生的等比例衰减,根据比尔-朗伯定理:

$$\frac{I_c}{I_0} = \exp(-\rho\sigma_t L) \tag{9.112}$$

与式(9.111)类似,将 I_c 与 I_0 的比值转为单位为 dB/km 的单位长度的光强衰减系数,可得

$$\frac{I_c}{I_0}(\text{dB/km}) = 4.343 \times 10^3 \times \frac{\pi}{4} \int_{D_{\min}}^{D_{\max}} a_t(\alpha, m) D^2 N(D) \mathrm{d}D \tag{9.113}$$

根据米氏散射理论计算 σ_t,代入各地雨滴谱,不同降雨率下的光强衰减系数如图9.12所示。

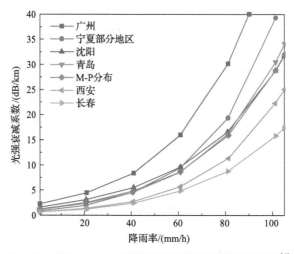

图9.12　波长650nm光传输相干场随各地降雨率衰减[4]

由图9.12可以看出,光强衰减系数总体随着降雨率的增加而增加。对于可见光,雨滴粒子的尺度参数普遍较大,大部分粒子的消光截面系数约等于 2,因此波长对相干场衰减影响不大。550nm光传输相干场衰减与图9.12几乎完全一致。各地雨滴谱与M-P分布比较:其中青岛和沈阳地区雨中的消光率和M-P分布很接近;广州地区雨中消光率大于M-P分布;当降雨率大于11mm/h时,宁夏回族自治区部分地区雨中消光率也大于M-P分布,当降雨率小于11mm/h时,消光率略小于M-P分布;西安和长春地区的雨中消光率明显小于M-P分布。图9.12也说明,在相同降雨率条件下,为了达到相等的接收信噪比,在广州地区需要比长春地区更大的发射功率。

由于光强信号的非负性,散射导致的光强起伏也具有均值,光强起伏均值为[3]

$$\frac{I_i}{I_0} = \exp(-\rho \sigma_a L) - \exp(-\rho \sigma_t L) \tag{9.114}$$

式(9.114)为式(9.111)与式(9.113)之差,计算波长650nm红光在雨中的非相干场衰减如图9.13所示,散射光强均值随着降雨率增大先增大再降低。究其原因,可能是因

为由小雨向中雨变化时，雨滴分布谱中雨滴粒子半径增大而数密度增加不大，此时前向散射强度会随着粒子增大而增大；当降雨率继续增加时，雨滴粒子半径增大不明显而数密度急剧增长，雨滴粒子总的光学厚度增大使得散射光强均值降低。

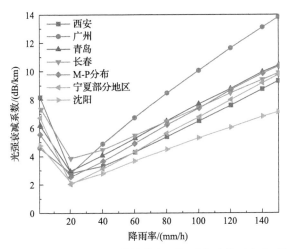

图 9.13 波长 650nm 光传输非相干场随各地降雨率衰减[4]

散射光强均值先增加再降低，因此存在极值，极值点与波长和雨滴谱有关。不同波长的雨滴复折射率不同，不同雨滴谱的影响可从图 9.13 中看出，对于 650nm 红光，M-P 分布的雨中散射光强极大值出现在 12mm/h 处，其他地区雨滴谱分布下极值点出现时的降雨率分别为广州 7mm/h，沈阳和青岛 13mm/h，宁夏回族自治区 15mm/h，长春 18mm/h，西安 21mm/h。同理，计算波长 550nm 绿光的非相干场衰减，如图 9.14 所示。由于复折射率不同，介质对不同波长光的吸收能力不

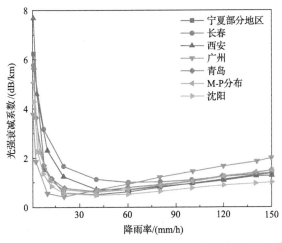

图 9.14 波长 550nm 光传输非相干场随各地降雨率衰减[4]

同，相应的极值点也发生变化。对比图 9.13 和图 9.14，表明绿光的散射光强在雨中衰减小于红光。结果也说明在降雨过程中，接收散射光强随着降雨率的增大会出现先增大再降低的过程，具体极值点与传输波长和不同的雨滴谱分布有关。

虽然由散射导致的非相干场也将能量由发射端传至接收端，但是由于散射介质的随机运动，非相干场发生随机变化。实际环境中测量到光强信号在散射介质中发生的间歇性的消光和增强的现象，可认为是由运动介质散射引起的。实际环境中的散射光强不是恒值，非相干场场强随时间随机变化。

运动介质产生时变的散射场，静止状态下微分界面为 σ_d 的单个粒子以速度 V 运动时，其时间相关微分散射截面可写为[3]

$$\sigma_d(\tau) = \sigma_d \left\langle \exp(jk_s \cdot V\tau) \right\rangle \tag{9.115}$$

将速度 V 分解为平均速度 U 与速度起伏 V_f 之和：

$$\begin{aligned} \sigma_d(\tau) &= \sigma_d \left\langle \exp(jk_s \cdot (U+V_f)\tau) \right\rangle \\ &= \sigma_d \left\langle \exp(jk_s \cdot V_f\tau) \right\rangle \exp(jk_s \cdot U\tau) \end{aligned} \tag{9.116}$$

其中，k_s 为散射波矢；τ 为时差。微分散射截面与总散射截面的关系为

$$\sigma_s = \int_{4\pi} \sigma_d \mathrm{d}\omega \tag{9.117}$$

其中，ω 为空间立体角。运动粒子散射场强的时间相关函数为

$$\begin{aligned} B_u(\tau) &= \left\langle u_f(r,t_1) u_f^*(r,t_2) \right\rangle \\ &= \int_V \sigma_d \left\langle \exp(jk_s \cdot V_f\tau) \right\rangle \exp(jk_s \cdot U\tau) \exp(-\gamma_0 - \gamma') \rho \mathrm{d}V \end{aligned} \tag{9.118}$$

对 $B_u(\tau)$ 做傅里叶变换得到散射场强的功率谱(维纳-辛钦定理)：

$$\begin{aligned} W_u(\omega) &= 2\int_{-\infty}^{\infty} B_u(\tau) \mathrm{e}^{j\omega\tau} \mathrm{d}\tau \\ &= (4\rho\sigma_s L)\left(\frac{\pi\alpha_p}{k^2 U^2}\right)^{1/2} \exp\left(-\gamma - \frac{\alpha_p \omega^2}{k^2 U^2}\right) \end{aligned} \tag{9.119}$$

将前面雨滴尺度分布代入式(9.119)中，得

$$W_u(\omega) = \int_{D_{\min}}^{D_{\max}} N(D)\mathrm{d}D 4\sigma_s L\left(\frac{\pi\alpha_p(D)}{k^2 U^2(D)}\right)^{1/2} \exp\left(-\int_{D_{\min}}^{D_{\max}} N(D)\sigma_t L\mathrm{d}D - \frac{\alpha_p(D)\omega^2}{k^2 U^2(D)}\right) \tag{9.120}$$

其中，$\alpha_p(D) = 2.77/(1.02\lambda/D)^2$。

雨滴速度与雨滴直径有如下近似关系[3]:

$$U(D) = 200.8\left(\frac{D}{2}\right)^{1/2} \tag{9.121}$$

例如，当降雨率 p=12.7mm/h 时，将各种雨滴谱代入式(9.121)计算得到不同雨势下的散射场强频谱，如图 9.15 所示。M-P 分布下频谱带宽为 12.43kHz，比 M-P 分布带宽小的模型有长春 10.1kHz、青岛 11.16kHz 和西安 11.8kHz；比 M-P 分布带宽大的模型有广州 13.38kHz、宁夏回族自治区部分地区 13.9kHz 和沈阳 14kHz。各个模型对雨滴粒子数目估计不同导致带宽计算的结果各不相同，影响雨中频谱展宽的主要因素是雨滴谱中大权重粒子的速度。

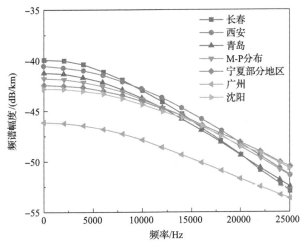

图 9.15　波长 650nm 在各地降雨环境中的散射光频谱[4]

从频谱中可得散射场的场强方差，当 $\omega=0$ 时，由式(9.120)得

$$\begin{aligned}
W_u(0) &= 2\int_{-\infty}^{\infty} B_u(\tau)\mathrm{d}\tau \\
&= 2\int_{-\infty}^{\infty} \left\langle u_f(r,t)u_f^*(r,t)\right\rangle \mathrm{d}\tau
\end{aligned} \tag{9.122}$$

对于接收机采集到的离散光强信号，式(9.122)表示为

$$W_u(0) = 2\sum u_f^2 \tag{9.123}$$

散射场的场强方差可表示为

$$D\left(u_f\right) = E\left(u_f^2 - E^2\left(u_f\right)\right) \tag{9.124}$$

在弱湍流环境下可认为场强均值为零，场强方差与 $W_u(0)$ 成正比，即

$$D\left(u_f\right) \propto W_u(0) \tag{9.125}$$

令 $\omega=0$，通过式(9.125)计算 650nm 红光在不同降雨率下的散射场强方差，如图 9.16 所示。从图中可以看出，散射场方差随着降雨率的增大先增大后减小。从雨滴谱模型上看，随着降雨率的增加，首先是占权重大的小雨滴增大导致散射增强，然后雨滴增大到一定程度便不再增大，此时改为数量增多从而增大降雨率，粒子数量增加的结果是光学厚度的增加，导致散射场方差随之减小。

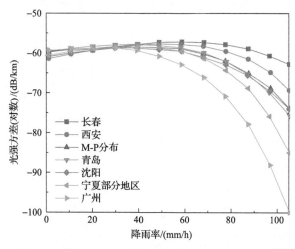

图 9.16　波长 650nm 在各地各种雨势下的接收方差[4]

结合图 9.12 与图 9.16 可得接收光强均值、场强方差与降雨率间的关系，对于没有记录外场降雨率的无线光通信系统接收光强，则可以将接收光强与场强方差联系起来。这里引用西安某地 2007 年到 2014 年 7～9 月的部分降雨天气下的 650nm 红光实测数据[12]，验证光强均值与方差的关系，如图 9.17 所示，图中由于大部分方差的数值都很小，因此参照 $W_u(0)$ 定义，将方差数值转换为对数。有限的实验数据表明，光强方差随着光强均值的增大而减小，趋势与 M-P 以及各地分布都较为吻合，这些实验数据可以验证各模型中光强均值与方差的关系。但是实验数据存在电路噪声、对准误差等，造成结果存在一定散布，因此如何区分各模型的差异还有待于进一步的研究。此外，图中实测数据的方差数值会在光强均值不变的情况下出现大幅度的变化，是因为在降雨环境中接收光会出现短时间的衰落或增强。由于出现的时长很短，对统计得出的均值影响不大，但是会使方差或

大或小地偏离中值。这体现了湍流介质中光传播的时变非平稳等特性。

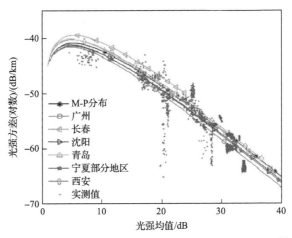

图 9.17　波长 650nm 实测光强方差与光强均值的关系[4]

　　本节通过将各种雨滴谱分布代入米氏散射模型中，计算了接收光场中相干场和非相干场的均值，重点比较了我国部分地区不同雨滴谱的差异。结果发现光强均值会随着降雨率的增加出现先减弱再增强的过程，极值点与波长和不同雨滴分布有关。通过散射场的相关函数计算了接收光强信号的频谱，代入雨滴粒子速度后得到了接收光强的频谱展宽量。计算不同降雨率下的零频衰减，定性分析了散射光强的方差，结果表明散射，光强方差同样依赖于不同的雨滴谱分布，随着降雨率的增大，光强方差先增大后减小。最后通过实验数据验证模型，实测数据可以验证上述模型中光强均值与光强方差的关系。

9.4　探测器噪声模型

　　光电探测器工作过程中会给系统带来探测器噪声。对于半导体光电探测器，根据产生噪声的物理原因分类，光电探测器会产生的探测器噪声大体可分为散粒噪声、光子噪声、热噪声和 1/f 噪声四类。

9.4.1　散粒噪声

　　散粒噪声是指在无光照情况下由于热激发产生的随机电子的起伏噪声，称为"散粒"，因为起伏的电量单元为单电子电荷。散粒噪声模型如图 9.18 所示，当介质中的一个电子运动到极板间 x 处时，在极板 1 和 2 上的感应电荷 Q_1 和 Q_2 分别为

$$Q_1 = e\left(1 - \frac{x}{d}\right) \tag{9.126}$$

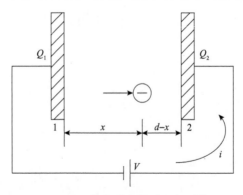

图 9.18　散粒噪声模型示意图[4]

$$Q_2 = e\frac{x}{d} \tag{9.127}$$

其中，d 为极板间的距离。极板间的外接电路回路中的电流为

$$i(t) = \frac{\mathrm{d}Q_2}{\mathrm{d}t} = \frac{ev_x}{d} \tag{9.128}$$

在 t 到 $t+T$ 时刻内，激发电子数为 N_T 个，总电流为

$$i_T(t) = \sum_{i=1}^{N_T} ef\left(t - t_i\right), \quad 0 < t < T \tag{9.129}$$

对式 (9.129) 做傅里叶变换，得

$$\begin{aligned}
F_i(\omega) &= \int_{-\infty}^{\infty} f\left(t - t_i\right)\exp(-\mathrm{j}\omega t)\mathrm{d}t \\
&= \exp(-\mathrm{j}\omega t_i)\int_{-\infty}^{\infty} f(u)\exp(-\mathrm{j}\omega u)\mathrm{d}u \\
&= \exp(-\mathrm{j}\omega t_i)F(\omega)
\end{aligned} \tag{9.130}$$

其中，$F(\omega)$ 为单电子脉冲电流函数 $f(u)$ 的傅里叶变换。因此有

$$i_T(\omega) = \sum_{i=1}^{N_T} eF(\omega)\exp\left(-\mathrm{j}\omega t_i\right) \tag{9.131}$$

$$\left|i_T(\omega)\right|^2 = i_T(\omega)i_T^*(\omega) = e^2\left|F(\omega)\right|^2 \sum_{i=1}^{N_T}\sum_{j=1}^{N_T}\exp\left(-\mathrm{j}\omega\left(t_i - t_j\right)\right) \tag{9.132}$$

对式 (9.132) 求均值，得

$$\overline{\left|i_T(\omega)\right|^2} = e^2\overline{\left|F(\omega)\right|N_T}\tag{9.133}$$

单位时间内的噪声电流均方值为

$$\overline{\left|i_n(\omega)\right|^2} = e^2\overline{N}\overline{\left|F(\omega)\right|^2} = ei_d\overline{\left|F(\omega)\right|^2}\tag{9.134}$$

其中，$i_d = e\overline{N}$ 为热激发电流均值 (暗电流)。考虑电子平均渡越时间 τ，有 $\overline{f(t)} = \overline{v_x}/d = 1/\tau$，又因为

$$\begin{aligned}\overline{F(\omega)} &= \int_{-\infty}^{\infty}\frac{\overline{v_x}}{d}\exp(-j\omega t)\,dt = \int_{-\tau/2}^{\tau/2}\frac{1}{\tau}\exp(-j\omega t)\,dt \\ &= \left.\left|\frac{\sin(\omega\tau/2)}{\omega\tau/2}\right|\right|_{t\to 0} = 1\end{aligned}\tag{9.135}$$

所以可得散粒噪声电流功率谱为

$$g(\omega) = \overline{\left|i_n(\omega)\right|^2} = ei_d\tag{9.136}$$

对于系统带宽为 Δf 的光电探测器，其散粒噪声电流均方值为

$$\overline{i_n^2} = 2ei_d\Delta f\tag{9.137}$$

噪声电流有效值为

$$i_n = \sqrt{2ei_d\Delta f}\tag{9.138}$$

对应内阻为 R 的负载上的噪声电压为

$$u_n = \sqrt{2ei_d\Delta fR^2}\tag{9.139}$$

对于具有内增益为 M 的光电探测器 (光电倍增管、雪崩光电探测器等)，噪声电流和电压均值还需再乘以 M。

9.4.2　光子噪声

光电探测器的作用是探测光信号，信号光和背景光的光功率是上述二者到达探测器的光子数的统计均值，而每一时刻到达探测器的光子数是随机的，因此光子激发的载流子个数也是随机的，由此产生的起伏噪声也是散粒噪声的一种，由

于其是光子激发的，因此称为光子噪声。由信号光和背景光起伏激发的噪声光电流分别为 i_s 和 i_b，光子噪声电流可表示为

$$i_{nb} = \sqrt{2ei_b\Delta f} \tag{9.140}$$

$$i_{ns} = \sqrt{2ei_s\Delta f} \tag{9.141}$$

考虑到光电导探测器的内增益 M，光电导探测器的产生-复合光子噪声可表示为

$$i_{bg\text{-}r} = \sqrt{4ei_bM^2\Delta f} \tag{9.142}$$

$$i_{sg\text{-}r} = \sqrt{4ei_sM^2\Delta f} \tag{9.143}$$

考虑探测器的量子效率 η，i_s 和 i_b 可以用信号光功率 P_s 和背景光功率 P_b 表示出来：

$$i_b = \frac{e\eta}{h\nu}P_b \tag{9.144}$$

$$i_s = \frac{e\eta}{h\nu}P_s \tag{9.145}$$

因此，光电探测器由 i_d、i_b 和 i_s 引起的总散粒噪声可统一表示为

$$i_n = \sqrt{Se\left(i_d + i_b + i_s\right)M^2B} \tag{9.146}$$

其中，S 为探测器类型参数，光生伏特探测器 $S=2$，光电导探测器 $S=4$；M 为探测器内增益，B 为探测器带宽。

9.4.3 热噪声

光电探测器的热噪声是由介质中自由电子的随机热运动产生的，在热平衡条件下，单个电子的平均动能为

$$E_k = \frac{3}{2}k_{\mathrm{B}}T \tag{9.147}$$

其中，k_{B} 为玻尔兹曼常量；T 为热力学温度。电子的运动速率为

$$\overline{v}_x^2 = \overline{v}_y^2 = \overline{v}_z^2 = \frac{k_{\mathrm{B}}T}{m} \tag{9.148}$$

探测器电导率 σ 为

$$\sigma = \frac{ne^2\tau_0}{m} \tag{9.149}$$

其中，n 为介质电子浓度；e 为电子电荷；τ_0 为电子平均碰撞时间。介质内阻 R 为

$$R = \frac{d}{\sigma A} = \frac{md}{ne^2\tau_0 A} \tag{9.150}$$

其中，d 为介质长度；A 为其截面积。

单个电子在相邻两次碰撞间隔 τ 内产生的电流为

$$i_1(t) = \frac{ev_x}{d}, \quad 0 < t < \tau \tag{9.151}$$

由于 v_x 和 τ 都是独立变量，对 $i_1(t)$ 求傅里叶变换，可得

$$\left|i_1(\omega, v_x, \tau)\right|^2 = \frac{e^2 v_x^2}{\omega^2 d^2}(2 - \exp(\mathrm{j}\omega\tau) - \exp(-\mathrm{j}\omega t)) \tag{9.152}$$

又因为电子的碰撞概率为

$$P(\tau) = \frac{1}{\tau_0}\exp\left(-\frac{\tau}{\tau_0}\right) \tag{9.153}$$

且碰撞时间极短，有 $\omega^2\tau_0^2 \ll 1$，分别对 τ 和 v_x 求平均，可得

$$\left|i_1(\omega)\right|^2 = \frac{2e^2\tau_0^2 k_B T}{md^2} \tag{9.154}$$

对于电子浓度 n，体积 $V = Ad$ 的介质，内部共有 nV 个电子，平均碰撞次数为

$$\bar{N} = \frac{nV}{\tau_0} \tag{9.155}$$

因此总的热噪声电流 $i_n(t)$ 的功率谱 $g(\omega)$ 为

$$g(\omega) = \overline{\left|i_n(\omega)\right|^2} = \bar{N}\overline{\left|i_1(\omega)\right|^2} = \frac{2k_B T}{R} \tag{9.156}$$

考虑探测器带宽 Δf，可得内阻为 R 的探测器的热噪声电流和电压的均方值为

$$
\begin{cases}
\overline{i_n^2} = \dfrac{4k_B T \Delta f}{R} \\[3mm]
\overline{u_n^2} = 4k_B T R \Delta f
\end{cases}
\tag{9.157}
$$

相应地，探测器热噪声电流、电压的有效值为

$$
\begin{cases}
i_n = \sqrt{\dfrac{4k_B T \Delta f}{R}} \\[3mm]
u_n = \sqrt{4k_B T R \Delta f}
\end{cases}
\tag{9.158}
$$

9.4.4　1/f噪声

除了上述探测器散粒噪声和热噪声，任何电学器件都存在1/f噪声，光电探测器也不例外。光电探测器的1/f噪声能量主要集中在1kHz以下频段，且与入射光信号的调制频率成反比。目前，对光电探测器的1/f噪声的研究还不很深入，对其产生的机理尚不了解。探测表面加工工艺(结构缺陷、表面不均匀等)对1/f噪声影响很大。因此，1/f噪声也称为表面噪声或过剩噪声。1/f噪声有经验公式：

$$
\overline{i_f^2} = \frac{A i^{\alpha} \Delta f}{f^{\beta}}
\tag{9.159}
$$

其中，A、α、β为待定系数；i为探测器直流电流。对于大部分光电探测器有$\alpha \approx 2$、$\beta \approx 1$，其1/f噪声的电流有效值为

$$
i_f = \sqrt{\frac{A i^2 \Delta f}{f}}
\tag{9.160}
$$

对于光电系统设计，提高光信号的调制频率可以有效避免1/f噪声的影响。

本章举例阐述了无线光通信系统中的噪声模型，涉及光源噪声中的相对强度噪声和调制失真，大气信道中的背景噪声、湍流噪声和散射衰减，光接收器中的散粒噪声、热噪声和1/f噪声等。最后讨论了在各类噪声的影响下，系统的接收信噪比可能受到的影响。

参 考 文 献

[1] 李征，廖志文，梁静远，等. 大气湍流模型与大气信道模型的研究与展望[J]. 光通信技术，2023, (3)：9-17.

[2] 柯熙政，吴加丽，杨尚君. 面向无线光通信的大气湍流研究进展与展望[J]. 电波科学学报，

2021, (3): 323-339.

[3] Ishimaru A. Wave Propagation and Scattering in Random Media[M]. New York: Academic Press, 1978.

[4] 解梦其. 副载波调制直接检测无线光通信系统噪声模型研究[D]. 西安: 西安理工大学, 2017.

[5] Strohbehn J W. Laser Beam Propagation in the Atmosphere[M]. Berlin: Springer, 1978.

[6] 赵振维. 广州地区雨滴尺寸分布模型及雨衰减预报[J]. 电波科学学报, 1995, 10(4): 33-37.

[7] 陈德林, 谷淑芳. 大暴雨雨滴平均谱的研究[J]. 气象学报, 1989, 47(1): 124-127.

[8] 郑娇恒, 陈宝君. 雨滴谱分布函数的选择: M-P 和 Gamma 分布的对比研究[J]. 气象科学, 2007, 27(1): 17-25.

[9] 黄捷, 胡大璋. 青岛地区雨滴尺寸分布模型[J]. 电波科学学报, 1991, 6(S1): 177-180.

[10] 牛生杰, 安夏兰, 桑建人. 不同天气系统宁夏夏季降雨谱分布参量特征的观测研究[J]. 高原气象, 2004, 21(1): 37-44.

[11] 孟升卫, 王一平, 黄际英. K 分布雨滴谱的应用[J]. 电波科学学报, 1995, 10(3): 15-19.

[12] 王丽黎, 柯熙政, 陈丽新. 基于大气激光通信系统的实验测量研究[J]. 光散射学报, 2005, 17(4): 378-383.